计算机应用基础项目化教程

(Windows 10 + Office 2016)

主　审◎冯四东

主　编◎于　薇　吴　媛

副主编◎赖秀珍　罗红阳　谢宏兰

　　　　张丽新　林新红　王桂武

北京理工大学出版社
BEIJING INSTITUTE OF TECHNOLOGY PRESS

内 容 简 介

本书通过实际应用中提炼的典型项目,以项目为驱动、融合知识、突出技能,将单元内容编排为项目和子任务,真正实现学以致用。"知识链接"部分针对项目内容进行知识补充;"高手支招"部分帮助读者解决在工作、学习中遇到的一些常见问题;每个单元附有习题,从而达到实践与理论相结合、强化教学的效果,突出动手能力与创新能力的培养。

本书将计算机应用基础知识分成 7 个单元 28 个项目,内容包括计算机与超级计算机、Windows 10 操作系统、Word 2016 文档制作与处理、Excel 2016 的应用、PowerPoint 2016 幻灯片制作、网络应用与信息安全及新一代信息技术。

本书适合作为高等职业院校计算机公共基础课的教材,也可以作为全国计算机等级(一级)的培训教材。

版权专有　侵权必究

图书在版编目(CIP)数据

计算机应用基础项目化教程:Windows 10 + Office 2016/于薇,吴媛主编. —北京:北京理工大学出版社,2020.11

ISBN 978-7-5682-9208-5

Ⅰ.①计…　Ⅱ.①于…②吴…　Ⅲ.①Windows 操作系统-高等职业教育-教材②办公自动化-应用软件-高等职业教育-教材　Ⅳ.①TP3

中国版本图书馆 CIP 数据核字(2020)第 214266 号

出版发行 / 北京理工大学出版社有限责任公司

社　　址 / 北京市海淀区中关村南大街 5 号

邮　　编 / 100081

电　　话 /(010)68914775(总编室)

　　　　　(010)82562903(教材售后服务热线)

　　　　　(010)68948351(其他图书服务热线)

网　　址 / http://www.bitpress.com.cn

经　　销 / 全国各地新华书店

印　　刷 / 保定市中画美凯印刷有限公司

开　　本 / 787 毫米 × 1092 毫米　1/16

印　　张 / 17　　　　　　　　　　　　　　　责任编辑 / 王玲玲

字　　数 / 390 千字　　　　　　　　　　　　文案编辑 / 王玲玲

版　　次 / 2020 年 11 月第 1 版　2020 年 11 月第 1 次印刷　责任校对 / 刘亚男

定　　价 / 59.80 元　　　　　　　　　　　　责任印制 / 施胜娟

图书出现印装质量问题,请拨打售后服务热线,本社负责调换

Preface 前言

在信息技术飞速发展的今天，电脑的使用已经非常普及，但高职新生的计算机应用能力仍然存在较大的差距。高职计算机基础公共课程作为高等职业教育的通识课程，应该着重于专业教育与文化素质教育的融合，同时紧跟计算机应用技术的发展，吸纳发展中出现的新技术、新成果，培养学生具备就业所需的信息素养、计算思维能力、创新实践能力和终身学习能力。

本书主要面向高职学生，按照项目引领能力和任务驱动教学法的思想，以典型工作过程为载体，提炼多个典型项目，整合相应知识和技能，设计出符合职业需求的课程内容。内容包括单元 1 计算机基础相关知识，我国超级计算机的发展及应用；单元 2 Windows 10 操作系统安装与更新，Windows 10 的新功能的使用，桌面、窗口、文件等 Windows 10 的基本操作，系统账户、高效工作模式等个性化系统设置；单元 3 Word 排版基础、长文档排版、邮件合并；单元 4 Excel 数据计算与筛选、数据统计、数据分析；单元 5 PowerPoint 应用；单元 6 网络的组建与应用、网络的相关概念、信息安全技术；单元 7 大数据、云计算、区块链等新一代信息技术介绍。

本书具有如下特点：

（1）从零开始，快速掌握。在内容编排上，由电脑小白选机装机、Windows 10 操作系统安装与使用、Office 2016 办公软件应用、网络冲浪到对新一代信息技术的了解，让不同水平的学习者都能轻松学习。

（2）项目引入，细分任务，学以致用。以实际应用中提炼的多类型典型项目为主线，细分任务，提升实操性，真正实现学以致用。从工作岗位设计制作的层面讲授 Office 办公软件的使用，站在专业的应用设计者角度来设计和完成项目，培养学习者用计算机解决专业问题的能力。

（3）以"计算机文化"切入课程，通过介绍我国超级计算机的发展与应用领域，引导学生树立严谨的科学态度，勇于挑战的工作作风，敢于攻坚克难的科研精神。通过介绍我国在大数据、云计算、区块链、VR 新一代信息技术的经典应用，树立民族自豪感，激发学生对新一代信息技术深入学习的兴趣。

（4）通过"层递式设计"展开教学，强化教学的效果。项目由浅入深，由简及繁，使学生在掌握技能的同时，学习相关重要的知识点；"知识链接"对项目内容进行补充；"高手支招"帮助读者解决在工作、学习中遇到的一些常见问题；在每个单元后还附有习题，从而达到实践与理论相结合、强化教学的效果。

本书的编者都是具有丰富教学经验的教学一线专职教师，确保了教材的正确性和实用性。本书由江西陶瓷工艺美术职业技术学院于薇、吴媛任主编，赖秀珍、罗红阳、谢宏兰、张丽新、林新红、王桂武任副主编。其中单元1、单元7由于薇编写，单元2由谢宏兰、张丽新编写，单元3由罗红阳编写，单元4由赖秀珍编写，单元5由林新红、王桂武编写，单元6由吴媛编写。

在编写过程中，尽管我们力求精益求精，但由于编者水平有限，加之编写时间较紧，书中难免存在疏漏和不足之处，恳请广大读者批评指正。

学习通在线课程
邀请码：35715385
学习通首页右上角输入

Contents 目 录

单元 1　计算机与超级计算机 ⋯⋯⋯⋯⋯⋯⋯⋯⋯⋯⋯⋯⋯⋯⋯⋯⋯⋯⋯⋯⋯⋯⋯⋯ 1
　　教学目标 ⋯⋯⋯⋯⋯⋯⋯⋯⋯⋯⋯⋯⋯⋯⋯⋯⋯⋯⋯⋯⋯⋯⋯⋯⋯⋯⋯⋯⋯⋯⋯ 1
　项目 1.1　计算机硬件的选购与组装 ⋯⋯⋯⋯⋯⋯⋯⋯⋯⋯⋯⋯⋯⋯⋯⋯⋯⋯⋯⋯ 1
　　项目目标 ⋯⋯⋯⋯⋯⋯⋯⋯⋯⋯⋯⋯⋯⋯⋯⋯⋯⋯⋯⋯⋯⋯⋯⋯⋯⋯⋯⋯⋯⋯⋯ 1
　　项目描述 ⋯⋯⋯⋯⋯⋯⋯⋯⋯⋯⋯⋯⋯⋯⋯⋯⋯⋯⋯⋯⋯⋯⋯⋯⋯⋯⋯⋯⋯⋯⋯ 1
　　　任务 1.1.1　计算机硬件的选购 ⋯⋯⋯⋯⋯⋯⋯⋯⋯⋯⋯⋯⋯⋯⋯⋯⋯⋯⋯⋯ 2
　　　任务 1.1.2　计算机硬件组装 ⋯⋯⋯⋯⋯⋯⋯⋯⋯⋯⋯⋯⋯⋯⋯⋯⋯⋯⋯⋯⋯ 9
　　　知识链接 ⋯⋯⋯⋯⋯⋯⋯⋯⋯⋯⋯⋯⋯⋯⋯⋯⋯⋯⋯⋯⋯⋯⋯⋯⋯⋯⋯⋯⋯ 12
　项目 1.2　走近中国超级计算机 ⋯⋯⋯⋯⋯⋯⋯⋯⋯⋯⋯⋯⋯⋯⋯⋯⋯⋯⋯⋯⋯⋯ 18
　　项目目标 ⋯⋯⋯⋯⋯⋯⋯⋯⋯⋯⋯⋯⋯⋯⋯⋯⋯⋯⋯⋯⋯⋯⋯⋯⋯⋯⋯⋯⋯⋯ 18
　　项目描述 ⋯⋯⋯⋯⋯⋯⋯⋯⋯⋯⋯⋯⋯⋯⋯⋯⋯⋯⋯⋯⋯⋯⋯⋯⋯⋯⋯⋯⋯⋯ 18
　　　任务 1.2.1　四连冠军——"神威·太湖之光" ⋯⋯⋯⋯⋯⋯⋯⋯⋯⋯⋯⋯⋯ 19
　　　任务 1.2.2　"国之重器"——中国超级计算机 ⋯⋯⋯⋯⋯⋯⋯⋯⋯⋯⋯⋯ 24
　　　任务 1.2.3　中国超算有多强？⋯⋯⋯⋯⋯⋯⋯⋯⋯⋯⋯⋯⋯⋯⋯⋯⋯⋯⋯ 30
　　　知识链接 ⋯⋯⋯⋯⋯⋯⋯⋯⋯⋯⋯⋯⋯⋯⋯⋯⋯⋯⋯⋯⋯⋯⋯⋯⋯⋯⋯⋯ 32
　　单元综合实训一 ⋯⋯⋯⋯⋯⋯⋯⋯⋯⋯⋯⋯⋯⋯⋯⋯⋯⋯⋯⋯⋯⋯⋯⋯⋯⋯⋯ 35
单元 2　Windows 10 操作系统 ⋯⋯⋯⋯⋯⋯⋯⋯⋯⋯⋯⋯⋯⋯⋯⋯⋯⋯⋯⋯⋯⋯ 36
　　教学目标 ⋯⋯⋯⋯⋯⋯⋯⋯⋯⋯⋯⋯⋯⋯⋯⋯⋯⋯⋯⋯⋯⋯⋯⋯⋯⋯⋯⋯⋯⋯ 36
　项目 2.1　Windows 10 操作系统安装与升级 ⋯⋯⋯⋯⋯⋯⋯⋯⋯⋯⋯⋯⋯⋯⋯⋯ 36
　　项目目标 ⋯⋯⋯⋯⋯⋯⋯⋯⋯⋯⋯⋯⋯⋯⋯⋯⋯⋯⋯⋯⋯⋯⋯⋯⋯⋯⋯⋯⋯⋯ 36
　　项目描述 ⋯⋯⋯⋯⋯⋯⋯⋯⋯⋯⋯⋯⋯⋯⋯⋯⋯⋯⋯⋯⋯⋯⋯⋯⋯⋯⋯⋯⋯⋯ 36
　　　任务 2.1.1　系统安装前准备 ⋯⋯⋯⋯⋯⋯⋯⋯⋯⋯⋯⋯⋯⋯⋯⋯⋯⋯⋯⋯ 36
　　　任务 2.1.2　安装 Windows 10 操作系统 ⋯⋯⋯⋯⋯⋯⋯⋯⋯⋯⋯⋯⋯⋯⋯ 37
　　　任务 2.1.3　查看 Windows 10 激活状态及版本信息 ⋯⋯⋯⋯⋯⋯⋯⋯⋯⋯ 40
　　　任务 2.1.4　升级 Windows 10 系统到最新版本 ⋯⋯⋯⋯⋯⋯⋯⋯⋯⋯⋯⋯ 41
　　　任务 2.1.5　清理系统升级的遗留数据 ⋯⋯⋯⋯⋯⋯⋯⋯⋯⋯⋯⋯⋯⋯⋯⋯ 42
　　　知识链接 ⋯⋯⋯⋯⋯⋯⋯⋯⋯⋯⋯⋯⋯⋯⋯⋯⋯⋯⋯⋯⋯⋯⋯⋯⋯⋯⋯⋯ 43
　项目 2.2　认识 Windows 10 新功能 ⋯⋯⋯⋯⋯⋯⋯⋯⋯⋯⋯⋯⋯⋯⋯⋯⋯⋯⋯ 44
　　项目目标 ⋯⋯⋯⋯⋯⋯⋯⋯⋯⋯⋯⋯⋯⋯⋯⋯⋯⋯⋯⋯⋯⋯⋯⋯⋯⋯⋯⋯⋯⋯ 44

项目描述 …… 44
　　任务 2.2.1　挑战全新的"开始"菜单 …… 44
　　任务 2.2.2　合理使用虚拟桌面功能 …… 46
　　任务 2.2.3　分屏多窗口功能 …… 47
　　任务 2.2.4　操作中心功能 …… 48
　　任务 2.2.5　智能助理——Cortana（小娜） …… 49
　知识链接 …… 50
项目 2.3　Windows 10 基本操作 …… 53
　项目目标 …… 53
　项目描述 …… 53
　　任务 2.3.1　桌面基本操作 …… 53
　　任务 2.3.2　窗口的基本操作 …… 55
　　任务 2.3.3　文件管理基本操作 …… 57
　　任务 2.3.4　软件的安装与管理 …… 61
　知识链接 …… 64
项目 2.4　个性化设置 Windows 10 操作系统 …… 67
　项目目标 …… 67
　项目描述 …… 68
　　任务 2.4.1　系统账户设置 …… 68
　　任务 2.4.2　设置个性化的操作界面 …… 70
　　任务 2.4.3　高效工作模式设置 …… 72
　知识链接 …… 74
单元综合实训二 …… 75

单元 3　Word 2016 文档制作与处理 …… 77
教学目标 …… 77
项目 3.1　撰写公司招聘启事 …… 77
　项目目标 …… 77
　项目描述 …… 77
　　任务 3.1.1　创建文档并录入内容 …… 77
　　任务 3.1.2　设置字体及段落格式 …… 79
　知识链接 …… 80
项目 3.2　会议日程安排表 …… 89
　项目目标 …… 89
　项目描述 …… 89
　　任务 3.2.1　创建会议日程安排表文档 …… 89
　　任务 3.2.2　编辑表格 …… 90
　知识链接 …… 91
项目 3.3　制作图文并茂的文档 …… 95
　项目目标 …… 95

项目描述 · · · · · · 95
　　任务 3.3.1　创建"匆匆－朱自清"文档 · · · · · · 96
　　任务 3.3.2　插入各种文本效果并设置分栏 · · · · · · 97
　　知识链接 · · · · · · 98
项目 3.4　文档排版——制作员工手册 · · · · · · 105
　　项目目标 · · · · · · 105
　　项目描述 · · · · · · 105
　　任务 3.4.1　制作员工手册封面 · · · · · · 105
　　任务 3.4.2　编辑员工手册正文并生成目录 · · · · · · 106
　　知识链接 · · · · · · 108
项目 3.5　邮件合并的应用——生日邀请函 · · · · · · 114
　　项目目标 · · · · · · 114
　　项目描述 · · · · · · 114
　　任务 3.5.1　制作邀请函整体效果 · · · · · · 114
　　任务 3.5.2　邮件合并 · · · · · · 115
　　知识链接 · · · · · · 118
　单元综合实训三 · · · · · · 119
单元 4　Excel 2016 的应用 · · · · · · 120
　教学目标 · · · · · · 120
项目 4.1　制作企业员工信息登记表 · · · · · · 120
　　项目目标 · · · · · · 120
　　项目描述 · · · · · · 120
　　任务 4.1.1　创建工作簿并录入信息 · · · · · · 120
　　任务 4.1.2　美化表格 · · · · · · 122
　　任务 4.1.3　修改并打印登记表 · · · · · · 125
　　知识链接 · · · · · · 126
项目 4.2　公司员工工资管理 · · · · · · 130
　　项目目标 · · · · · · 130
　　项目描述 · · · · · · 130
　　任务 4.2.1　创建公司员工档案 · · · · · · 130
　　任务 4.2.2　使用公式计算每个员工的实发工资 · · · · · · 134
　　任务 4.2.3　使用函数计算公司工资总额及部门平均工资 · · · · · · 136
　　知识链接 · · · · · · 138
项目 4.3　统计分析公司员工工资 · · · · · · 144
　　项目目标 · · · · · · 144
　　项目描述 · · · · · · 144
　　任务 4.3.1　对工资表进行数据排序和分类汇总 · · · · · · 145
　　任务 4.3.2　利用"数字筛选"功能查看和修改员工工资 · · · · · · 146
　　任务 4.3.3　利用数据透视表统计员工信息 · · · · · · 148

　　　　任务 4.3.4　创建公司员工工资图表 ················· 154
　　　　知识链接 ····································· 156
　项目 4.4　拆分和打印公司员工工资表 ····················· 160
　　　　项目目标 ····································· 160
　　　　项目描述 ····································· 161
　　　　任务 4.4.1　按部门拆分公司员工工资表 ················· 161
　　　　任务 4.4.2　打印公司员工工资表 ···················· 162
　　　　知识链接 ····································· 167
　项目 4.5　求最佳投资方案 ···························· 169
　　　　项目目标 ····································· 169
　　　　项目描述 ····································· 170
　　　　任务 4.5.1　加载"规划求解"分析工具 ················· 170
　　　　任务 4.5.2　获取最佳投资方案 ····················· 171
　　　　知识链接 ····································· 173
　单元综合实训四 ································· 175

单元 5　PowerPoint 2016 幻灯片制作 ······················· 177
　　　　教学目标 ····································· 177
　项目 5.1　PowerPoint 2016 基本操作——制作毕业论文 ············· 177
　　　　项目目标 ····································· 177
　　　　项目描述 ····································· 177
　　　　任务 5.1.1　幻灯片模板设计 ······················ 177
　　　　任务 5.1.2　幻灯片的基本操作 ····················· 181
　　　　任务 5.1.3　幻灯片的目录 ······················· 181
　　　　任务 5.1.4　课题背景及内容 ······················ 183
　　　　任务 5.1.5　完善后续框架 ······················· 183
　　　　知识链接 ····································· 184
　项目 5.2　图形与图表的应用——元旦晚会策划方案 ·············· 186
　　　　项目目标 ····································· 186
　　　　项目描述 ····································· 186
　　　　任务 5.2.1　制作母版 ·························· 187
　　　　任务 5.2.2　绘制和编辑图形 ······················ 190
　　　　任务 5.2.3　添加数据表格 ······················· 192
　　　　任务 5.2.4　使用 SmartArt 图形 ···················· 193
　　　　任务 5.2.5　图文混排制作"结束"页 ··················· 194
　　　　知识链接 ····································· 195
　项目 5.3　动画的应用——制作学校简介 ···················· 198
　　　　项目目标 ····································· 198
　　　　项目描述 ····································· 198
　　　　任务 5.3.1　封面的制作 ························· 198

任务 5.3.2　制作"学校介绍"页 ·· 201
　　任务 5.3.3　制作"主要荣誉" ·· 202
　　任务 5.3.4　制作"院系设置" ·· 202
　　任务 5.3.5　制作"结束" ··· 203
　　任务 5.3.6　为幻灯片设置切换效果 ··· 204
　　知识链接 ·· 204
项目 5.4　第三方插件——美化大师 ··· 208
　　项目目标 ·· 208
　　项目描述 ·· 208
　　任务 5.4.1　美化大师的安装 ·· 208
　　任务 5.4.2　美化大师功能详情 ··· 209
　　任务 5.4.3　美化大师制作关系图 ·· 212
　　任务 5.4.4　美化大师制作画册 ··· 212
项目 5.5　输出与演示——电子相册 ··· 213
　　项目目标 ·· 213
　　项目描述 ·· 213
　　任务 5.5.1　保护演示文稿 ··· 213
　　任务 5.5.2　将演示文稿转换为 PDF 文档 ····································· 214
　　任务 5.5.3　将演示文稿转换为视频 ··· 214
　　任务 5.5.4　将演示文稿打包 ·· 215
　　任务 5.5.5　幻灯片放映方式 ·· 216
　　任务 5.5.6　播放幻灯片 ·· 217
　　任务 5.5.7　演示文稿的打印 ·· 217
　　知识链接 ·· 219
单元综合实训五 ··· 220
单元 6　网络应用与信息安全 ··· 221
　　教学目标 ·· 221
项目 6.1　搭建局域网及创建家庭组 ··· 221
　　项目目标 ·· 221
　　项目描述 ·· 221
　　任务 6.1.1　搭建局域网 ·· 221
　　任务 6.1.2　创建家庭组 ·· 224
　　知识链接 ·· 225
项目 6.2　使用 Internet 检索公司招聘信息及发送应聘资料 ························ 232
　　项目目标 ·· 232
　　项目描述 ·· 232
　　任务 6.2.1　使用 Internet 检索公司招聘信息 ································ 232
　　任务 6.2.2　使用电子邮件发送应聘资料 ······································· 234
　　知识链接 ·· 237

项目 6.3　信息安全新技术 ·· 241
　　项目目标 ··· 241
　　项目描述 ··· 241
　　任务 6.3.1　生物识别安全 ·· 241
　　任务 6.3.2　云计算信息安全 ·· 242
　　任务 6.3.3　大数据信息安全 ·· 243
单元综合实训六 ·· 244

单元 7　新一代信息技术 ·· 245
　　教学目标 ··· 245
项目 7.1　走进大数据时代 ·· 245
　　项目目标 ··· 245
　　项目描述 ··· 245
　　任务 7.1.1　初识大数据 ·· 245
　　任务 7.1.2　大数据技术 ·· 247
项目 7.2　云计算 ·· 250
　　项目目标 ··· 250
　　项目描述 ··· 251
　　任务 7.2.1　理解什么是云计算 ·· 251
　　任务 7.2.2　云计算技术 ·· 253
项目 7.3　区块链 ·· 255
　　项目目标 ··· 255
　　项目描述 ··· 255
　　任务 7.3.1　解读区块链 ·· 255
　　任务 7.3.2　区块链的应用 ·· 256
项目 7.4　虚拟现实 ·· 258
　　项目目标 ··· 258
　　项目描述 ··· 259
　　任务 7.4.1　如真如幻——虚拟现实 ·· 259
　　任务 7.4.2　VR+ ··· 260
单元综合实训七 ·· 262

单元 1
计算机与超级计算机

教学目标

- 了解组装一台计算机的必备部件
- 掌握计算机系统的组成、工作原理及数据编码
- 掌握组装计算机的一般步骤及各部件安装方法
- 掌握计算机硬件的市场行情及变化趋势
- 了解"神威·太湖之光"超级计算机的性能、系统组成
- 了解国家超级计算机的应用领域和典型案例
- 了解中国超级计算机在世界超级计算机领域的位置

项目 1.1　计算机硬件的选购与组装

项目目标

- 了解计算机硬件的主流品牌及性能特点
- 根据需求选购合适的部件
- 掌握计算机各部件的安装方法
- 熟悉计算机各设备的连接方法
- 了解计算机系统的组成

项目描述

李某是某大学计算机专业的大一新生,因专业学习需要,需到电子购物平台选配并组装一台台式计算机,由于计算机硬件发展很快,希望能选购一台价格适中、性能稳定的计算机。计算机组件买好后,作为计算机专业的学生,李某希望对计算机的组装过程有完全的了解,想自己进行计算机的组装。

任务 1.1.1　计算机硬件的选购

1. 认识 PC 整机

从外部结构看，一台计算机包括的硬件主要有主机、显示器（图 1-1）、键盘、鼠标、音箱、打印机等。

2. 选购主要部件

（1）主板

主板，又叫主机板（mainboard）或母板（motherboard），它安装在机箱内，是微机最基本的也是最重要的部件之一。主板一般为矩形电路板，上面安装了组成计算机的主要电路系统，一般有 BIOS 芯片、I/O 控制芯片、键盘和面板控制开关接口、扩充插槽、主板及插卡的直流电源供电接插件等元件，如图 1-2 所示。

图 1-1　PC 整机

图 1-2　主板

主板的性能指标有：

①主板芯片组类型：主板芯片组是主板的灵魂与核心，芯片组性能的优劣，决定了主板性能的好坏与级别的高低。主板芯片组不仅要支持 CPU 工作，而且要控制协调整个系统的正常运行。主流芯片组主要分为支持 Intel 公司的 CPU 芯片组和支持 AMD 公司的 CPU 芯片组两种。

②主板 CPU 插座：它是 CPU 与主板连接的装置之一，插座接口有引脚式、卡式、触点式、针脚式等。目前 CPU 的接口大多是针脚式，对应到主板上就有相应的插槽类型。CPU

接口类型不同，在插孔数、体积、形状上都有变化，所以不能互相接插。CPU 接口类型的命名，习惯用针脚数来表示，比如 Socket 1155（LGA 1155）有 1 155 个针脚数。针脚数越多，表示主板所支持的 CPU 性能越好。

③支持最高的前端总线：前端总线是处理器与主板北桥芯片或内存控制集线器之间的数据通道，其频率高低直接影响 CPU 访问内存的速度。

④支持最高的内存容量和频率：支持的内存容量和频率越高，计算机性能越好。

选购主板时注意：

★ 对 CPU 的支持程度，主板和 CPU 是否配套，对内存、显卡、硬盘的支持，要求兼容性和稳定性好。

★ 扩展性能与外围接口，考虑计算机的日常使用，主板上除了有 AGP 插槽和 DIMM 插槽外，还有 PCI、AMR、CNR、SATA、ISA 等扩展槽。

★ 主板的用料和制作工艺，就主板电容而言，全固态电容主板优于半固态电容主板。

★ 品牌，目前知名的主板品牌有华硕（ASUS）、微星（MSI）、技嘉（GIGABYTE）等。

(2) CPU

CPU（Central Processing Unit，中央处理器）是计算机中的核心配件，只有火柴盒那么大，几十张纸那么厚，但它却是一台计算机的运算和控制中心。计算机中所有操作都由 CPU 负责读取指令、对指令译码并指定执行指令的核心部件，如图 1-3 所示。

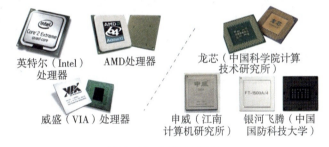

图 1-3　国内外 CPU

CPU 的性能指标有：

①主频：也叫时钟频率，单位是 MHz（或 GHz），用来表示 CPU 的运算、处理数据的速度。主频越高，速度越快。由于内部结构不同，并非所有的时钟频率相同的 CPU 的性能都一样。

②缓存：缓存大小也是 CPU 的重要指标之一，并且缓存的结构和大小对 CPU 速度的影响非常大，实际工作时，CPU 往往需要重复读取同样的数据块，而缓存容量的增大，可以大幅度提升 CPU 内部读取数据的命中率，而不用再到内存或者硬盘上寻找，以此提高系统性能。现在 CPU 的缓存分为一级缓存（L1）、二级缓存（L2）和三级缓存（L3）。

③核心/线程：

核心也就是所谓的核心数量，表明 CPU 是几核的，比如双核就是包括 2 个相对独立的 CPU 核心单元组、四核就包含 4 个相对独立的 CPU 核心单元组等，依此类推。

CPU 的线程数越多，越有利于同时运行多个程序，因为线程数等同于在某个瞬间 CPU 能同时并行处理的任务数。线程数是一种逻辑的概念，简单地说，就是模拟出的 CPU 核心数。一个核心最少对应一个线程，但英特尔有个超线程技术，其可以把一个物理线程模拟出两个线程来用，充分发挥 CPU 性能，即一个核心可以有两个到多个线程。

④字长：CPU 在单位时间内（同一时间）能一次处理的二进制数的位数叫字长。能处理字长为 8 位数据的 CPU 通常叫作 8 位的 CPU。8 位的 CPU 一次只能处理 1 个字节，字长

为 64 位的 CPU 一次可以处理 8 个字节；字长越长，CPU 处理速度越快。

⑤制造工艺：制造工艺的趋势是向密集度高的方向发展。密度高的 IC 电路设计，意味着在同样面积的 IC 中，可以拥有密度更高、功能更复杂的电路设计。目前英特尔已经有 14 nm 制造工艺的酷睿 I5/I7 系列了。总之，制造工艺越精细，CPU 越好。

选购 CPU 时应注意：

★ 确定 CPU 的品牌：可以选用英特尔或 AMD，AMD 的性价比较高，而英特尔的稳定性较高。

★ CPU 和主板配套：CPU 的前端总线频率应不大于主板的前端总线频率。

★ 查看 CPU 的参数：包括架构、主频、前端总线频率、缓存、工作电压等，如图 1－4 和图 1－5 所示。

★ 确定 CPU 风扇转速：风扇转得越快，风力越大，降温效果越好。

第九代英特尔® 酷睿™ F 系列处理器

处理器型号	英特尔® 酷睿™ i9-9900KF	英特尔® 酷睿™ i7-9700KF	英特尔® 酷睿™ i5-9600KF	英特尔® 酷睿™ i5-9400F	英特尔® 酷睿™ i3-9350KF
基础频率 (GHz)	3.6	3.6	3.7	2.9	4.0
英特尔® 睿频加速 3.0 频率 (GHz)	5.0	4.9	4.6	4.1	4.6
核心 / 线程	8 / 16	8 / 8	6 / 6	6 / 6	4 / 4
支持内存类型	DDR4-2666	DDR4-2666	DDR4-2666	DDR4-2666	DDR4-2400
热设计功耗	95W	95W	95W	65W	91W
内建核显	无				
主板芯片组	300 系列以及全新 Z390 芯片组				

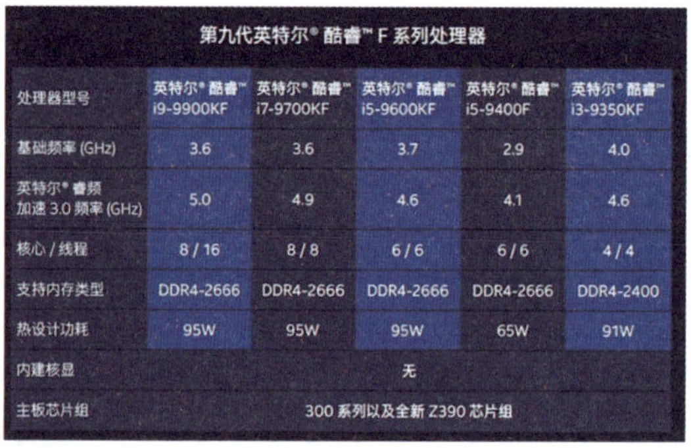

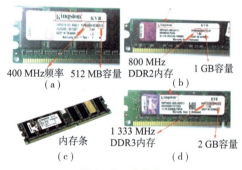

图 1－4　第九代英特尔酷睿 F 系列处理器参数

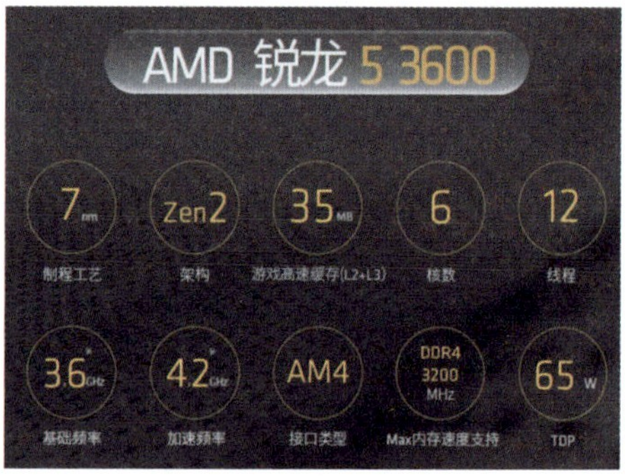

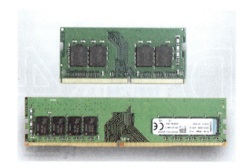

图 1－5　AMD 芯片参数

（3）内存条

内存又称主存，是计算机中重要的部件之一，其功能是暂时存放 CPU 中的运算数据，以及与硬盘等外部存储器交换的数据。计算机所需处理的全部信息都是由内存来传递给 CPU 的，因此，内存的性能对计算机的影响非常大。内存条如图 1－6 所示。

台式机的内存条和笔记本的内存条不能通用，这是因为笔记本内存条和台式机内存条的长度不一样，台式机内存条比笔记本内存条要长一些；笔记本内存和台式机内存之间的金手指也不同。如图 1－7 所示。

图 1－6　内存条

图 1－7　台式机内存条和笔记本内存条对比

内存的性能指标有：

①传输类型：传输类型实际上是指内存的规格，如图 1－6（b）和图 1－6（d）所示。

目前 DDR、DDR2、DDR3 已经被淘汰，新装机或者笔记本电脑使用的都是 DDR4 内存。DDR4 内存在传输速率、工作频率、工作电压等方面都优于前三者。

②主频：内存主频和 CPU 主频一样，习惯上被用来表示内存的速度，它代表着该内存所能达到的最高工作频率。内存主频是以 MHz（兆赫）为单位来计量的。例如，8 GB DDR4 2 400 MHz，这里的 2 400 MHz 就是内存频率。理论上内存频率越高，速度越快。同代同容量的内存，频率不同，性能差距并不明显。

③存储容量：即一根内存条可以容纳的二进制信息量，当前常见的内存容量有 4 GB、8 GB、16 GB、32 GB 等；目前主流内存基本在 8 GB 以上。

④内存时序：内存时序表示系统进入数据存取操作就绪状态前等待内存相应的时间，通常用 4 个连着的阿拉伯数字来表示，如 4 - 4 - 4 - 12 等，分别代表 CL - tRP - tRCD - tRAS，如图 1 - 8 所示。在内存的 4 项延迟参数中，CL 最为重要，表示内存在收到数据读取指令到输出第一个数据之间的延迟。对于容量和频率都相同的内存条，时序越低，性能越好。tRP 用于标识内存行地址控制器预充电的时间，即内存从结束一个行访问到重新开始的间隔时间。tRCD 表示从内存行地址到列地址的延迟时间。tRAS 表示内存行地址控制器的激活时间，如图 1 - 8 所示。

图 1 - 8　内存时序

选购内存时应注意：

★ 确定内存的品牌，最好选择名牌厂家的产品。

★ 内存容量的大小。

★ 内存的工作频率，一般入门到主流级的计算机建议 2 400 MHz。

★ 同容量同频率的内存条，时序越低越好。

（4）机械硬盘

硬盘是计算机中最重要的外存储器，它用来存放大量数据。硬盘分为机械硬盘（图 1 - 9）和固态硬盘。

硬盘的性能指标有：

①容量：单碟容量越大，单位成本越低，平均访问时间也越短。目前性价比最高的是 1 TB、2 TB 机械硬盘。

图 1 - 9　机械硬盘结构图

②转速：是硬盘内电动机主轴的旋转速度。硬盘的转速越快，其寻找文件的速度也就越快，相对地，硬盘的传输速度也就得到了提高。硬盘转速以每分钟多少转（r/min）来表示。目前市面上常见的键盘转速只有两种，分别为 5 900 r/min 和 7 200 r/min。

③平均访问时间：是指磁头从起始位置到达目标磁道位置，并且从目标磁道上找到要读写的数据扇区所需的时间。

④传输速率：指硬盘读写数据的速度，单位为兆字节每秒（MB/s）。硬盘的传输速率取决于硬盘接口，常用的接口有 IDE 接口和 SATA 接口，SATA 接口传输速率普遍较高。

⑤缓存：缓存（Cache Memory）是硬盘控制器上的一块内存芯片，具有极快的存取速

度，它是硬盘内部存储和外界接口之间的缓冲器。一般缓存较大的硬盘在性能上会有更突出的表现。

选购硬盘时应注意：

★ 硬盘容量的大小。

★ 硬盘的接口类型：目前流行的是 SATA 接口。

★ 硬盘数据缓存及寻道时间：对于大缓存的硬盘，在存取零碎数据时具有非常大的优势，因此，当硬盘存取零碎数据时，需要不断地在硬盘与内存之间交换数据。

★ 硬盘的品牌选择：目前市场上知名的品牌有希捷、三星、西部数据、日立等。

（5）固态硬盘

固态硬盘（SSD）是用固态电子存储芯片阵列制成的硬盘。整个固态硬盘结构没有机械装置，全部由电子芯片及电路板组成。

目前市场常见的固态硬盘接口可以分为三种类型，即 SATA 接口、mSATA 接口、M.2 接口，如图 1-10 所示。选用最多的是 SATA 和 M.2 接口，PCI-E 接口定位高性能计算机，在价格上也偏高。

【SATA接口】

【mSATA接口】

【M.2接口】
（PCI-E、SATA）

图 1-10　固态硬盘接口

SATA 接口：是主板上十分普遍的接口之一，传统机械硬盘、光驱也采用这种类型的接口。目前最高版本是 SATA 3.0，最大传输速度为 6 Gb/s。SATA 接口的固态硬盘尺寸为 2.5 in[①]，与笔记本机械硬盘尺寸相同，比台式机机械硬盘 3.5 in 小一些。

mSATA 接口：mSATA 也提供了和 SATA 接口标准相同的速度和可靠性。该接口主要用于小型化的笔记本电脑，如商务本和超极本等。在一些 MATX 板型的主板上也有该接口的插槽。

M.2 接口：M.2 接口的设计目的是取代 mSATA 接口。不管是在规格尺寸上还是在传输性能上，这种接口都比 mSATA 接口好很多。M.2 接口能够同时支持 PCI-E 通道和 SATA 接口，使固态硬盘的性能大幅提升。对于 M.2 固态规格，有 2242、2260 和 2280 三种规格，即 22 mm×42 mm、22 mm×60 mm、22 mm×80 mm，目前主流的是 2280 规格。此外，现在也有 PCI-E 4.0 通道的 M.2 固态硬盘，价格偏高。

（6）显卡

显卡是主机与显示器连接的"桥梁"，是连接显示器和主板的适配卡，主要承担输出显示图形任务。显卡的作用是将 CPU 发出的图像信号经过处理后再输送到显示器进行显示。显卡主要由显示芯片、显存、金手指及各种接口等组成，如图 1-11 所示。

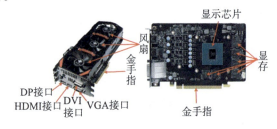

图 1-11　显卡

---

① 1 in = 2.54 cm。

①显卡分类。

显示卡分为集成显卡（将图形核心以单独芯片的方式集成在主板上）和独立显卡（将显示芯片、显存及相关电路单独做在一块电路板上，自成一体而作为一块独立的板卡存在，它需占用主板的扩展插槽（ISA、PCI、AGP 或 PCI-E）），如图 1-12 和图 1-13 所示。

图 1-12　集成显卡

图 1-13　独立显卡

独立显卡目前分为两大阵营，即 NVIDIA 和 AMD，是显卡芯片的生产厂商，也就是用户经常说的 N 卡和 A 卡。其中，NVIDIA 的市场份额最大，从入门到高端，产品线十分全面；AMD 偏重性价比，产品线相比之下不算全面，在高端显卡领域，AMD 产品较少。

②显卡型号的含义。

N 卡的芯片型号含义：N 卡的型号由前缀 + 数字组成（例如 GTX1660、RTX2080Ti，型号后缀带 Ti 代表加强版）。目前前缀有 GT、GTX、RTX，GT 定位低端；GTX 定位中低端及以上级别，最大能到主流级；RTX 是 NVIDIA 高端显卡的代表，支持光线追踪和 DLSS 技术，理论上，其后面的数字越大，则性能越强，如图 1-14 所示。

A 卡的芯片型号含义：A 卡的型号由 RX + ×××组成，其后面的数字越大，则性能越强，如图 1-15 所示。

图 1-14　N 卡的芯片型号含义　　　　图 1-15　A 卡的芯片型号含义

③显卡的性能指标。

分辨率：显卡的分辨率表示显卡在显示器上所能描绘的像素的最大数量。一般以横向点数×纵向点数来表示。分辨率越高，在显示器上显示的图像越清晰。

色深：像素的颜色数称为色深。该指标用来描述显卡在某一分辨率下，每一个像素能够显示的颜色数量，一般以多少色或多少"位"色来表示。

显存容量：显存与系统内存一样，其容量也是越多越好，因为显存越大，可以存储的图像数据就越多，支持的分辨率与颜色数也就越高，做设计或游戏时，运行起来就更加流畅。现在主流显卡基本具备 2 GB 容量，一些中高端显卡则配备了 8 GB 的显存容量。

刷新频率：刷新频率是指图像在显示器上更新的速度，也就是图像每秒在屏幕上出现的帧数，单位为 Hz。刷新频率越高，屏幕上图像的闪烁感就越小，图像越稳定，视觉效果也越好。一般刷新频率在 75 Hz 以上时,人眼对影像的闪烁才不易察觉。

核心频率与显存频率:核心频率是指显卡视频处理器的时钟频率,显存频率则是指显存的工作频率。显存频率一般比核心频率略低,或者与核心频率相同。显卡的核心频率和显存频率越高,则显卡的性能越好。

选购显卡时应注意:

★ 显存容量和速度、散热性能、显卡芯片。

★ 显存位宽:目前市场上的显存位宽有 64 位、128 位、256 位、512 位等多种。显存位宽越高,性能越好,价格也越高。

★ 显卡的品牌:目前市场上知名的品牌有七彩虹、影驰、华硕等。

(7) 显示器

显示器是计算机的输出设备。目前一般选择液晶显示器,其性能指标主要有:

①可视面积:液晶显示器所标识的尺寸就是实际可以使用的屏幕范围。例如,一个 15.1 in 的液晶显示器约等于 17 in CRT 屏幕的可视范围。

②点距:点距 = 可视宽度/水平像素(或者可视高度/垂直像素),例如,14 in LCD 的可视面积为 285.7 mm × 214.3 mm,它的最大分辨率为 1 024 × 768,点距为 285.7 mm/1 024 = 0.279 mm。

③色彩度:高端液晶显示器使用了 FRC(Frame Rate Control,帧比率控制)技术,以仿真的方式来表现出全彩的画面,也就是每个基本色(R,G,B)能达到 8 位,即 256 种颜色,那么每个独立的像素有高达 256 × 256 × 256 = 16 777 216(种)色彩。

④亮度和对比度:液晶显示器的亮度越高,显示的色彩就越鲜艳。

(8) 光驱

光驱是计算机用来读写光碟内容的设备。在安装系统软件、应用软件及进行数据保存等时,经常用到光驱。目前,光驱可分为 CD - ROM 驱动器、DVD 光驱(DVD - ROM)、康宝(COMBO)和刻录机等。

光驱的性能指标有数据传输率、平均访问时间、CPU 占用时间。

(9) 音箱

音箱是指将音频信号变换为声音的一种设备。音箱主机箱体或低音炮箱体内自带功率放大器,对音频信号进行放大处理后,由音箱本身回放出声音。

音箱的性能指标有功率、信噪比(功放最大不失真输出电压和残留噪声电压之比)、频率范围。

(10) 机箱

机箱是计算机主机的"房子",起到容纳和保护 CPU 等计算机内部配件的重要作用。分为立式和卧式两种。机箱一般包括外壳、用于固定软硬盘驱动器的支架、面板上必要的开关、指示灯和显示数码管等。选购机箱时,应注意以下几方面:制作材料、制作工艺、使用的方便度、机箱的散热能力、机箱的品牌。

(11) 键盘和鼠标

键盘是计算机最常用的输入设备,包括数字键、字母键、功能键、控制键等。

鼠标按键数分类,可以分为传统双键鼠标、三键鼠标和新型的多键鼠标;按内部构造分类,可以分为机械式、光机式和光电式三大类；按接口分类，可以分为 COM、PS/2、USB 三类。

任务 1.1.2　计算机硬件组装

1. 准备好机箱

在打开机箱时，使用螺丝刀拧开机箱后部的固定螺丝，将侧面板向后平移取下。使用尖嘴钳将主板外部接口挡板拆掉，如图 1-16 所示。

2. 安装电源

安装电源很简单，先将电源放进机箱上的电源位，并将电源上的螺丝固定孔与机箱上的固定孔对正。然后拧上一颗螺钉（固定住电源即可），再将剩下的 3 颗螺钉孔对正位置并拧紧即可，如图 1-17 所示。

图 1-16　拆卸挡板

图 1-17　电源的安装

3. 安装 CPU 及散热器（图 1-18）

①用适当力向下微压固定 CPU 的压杆，同时用力往外推压杆，使其脱离固定卡扣。

②将固定处理器的盖子与压杆反方向提起。

③将 CPU 安放到位后，盖好扣盖，并反方向微用力扣下处理器的压杆。至此，CPU 便被稳稳地安装到主板上，安装过程结束。

⑤安装散热器时，将散热器的四角对准主板相应的位置，然后用力压下四角扣具即可。有些散热器采用了螺丝设计，只需使四颗螺丝受力均匀即可。连接电源，散热风扇上有一个需要与主板相连的电源接口，如图 1-19 所示。

图 1-18　CPU 的安装

图 1-19　散热风扇

4. 安装内存条

先用手将内存条插槽两端的扣具打开，然后将内存条平行放入内存条插槽中（内存条插槽也使用了防呆式设计，反方向无法插入，在安装时，可以将内存条与插槽上的缺口对应),两手拇指按住内存条两端轻微向下压,听到"啪"的一声响后,即说明内存条安装到位,如图 1－20 所示。

★1 根内存条情况下,插入第 2 个插槽,单通道内存。

★2 根内存条情况下,优先插入第 2 个和第 4 个插槽,其次第 1 个和第 3 个插槽,双通道内存。

★3 根内存条情况下,将其中两根插入第 2 个和第 4 个插槽,而第 3 根任意,建议插入第 3 个插槽,避免塔式 CPU 散热器被挡住,完成组建双通道内存。

5. 安装光盘驱动器

先把机箱面板的挡板去掉,然后把光驱从前面放进去。安装光驱后,固定光驱螺丝,如图 1－21 所示。

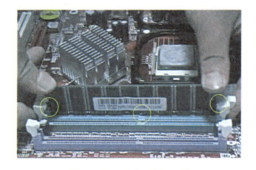
图 1－20 内存条的安装

图 1－21 光盘驱动器的安装

6. 安装硬盘

①在机箱内找到硬盘驱动器仓,再将硬盘插入驱动器仓内,并使硬盘侧面的螺丝孔与驱动器仓上的螺丝孔对齐,如图 1－22 所示。

②用螺丝将硬盘固定在驱动器仓中。在安装的时候,要尽量把螺丝上紧,把它固定得稳一点,因为硬盘经常处于高速运转的状态,这样可以减小噪声和防止震动。

7. 安装主板

①在安装主板之前,先将机箱提供的主板垫脚螺母安放到机箱主板托架的对应位置。

②双手平行托住主板,将主板放入机箱中。可以通过机箱背部的主板挡板来确定主板是否安放到位。拧紧螺丝,固定好主板,如图 1－23 所示。

图 1－22 硬盘的安装

图 1－23 主板的安装

8. 安装显卡

显卡插入插槽中后，用螺丝固定显卡，如图1-24所示。固定显卡时，要注意显卡挡板下端不要顶在主板上，否则无法插到位。固定挡板螺丝时，要松紧适度，不要影响显卡插脚与PCI/PCE-E槽的接触，更要避免引起主板变形。

9. 连接相关数据线和电源线

①连接电源线：主板上一般提供24 pin的供电接口或20 pin的供电接口。连接硬盘和光驱上的电源线，如图1-25所示。

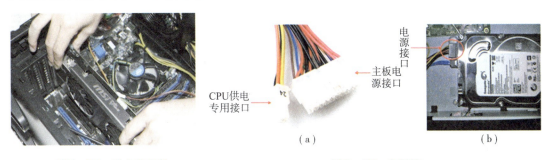

图1-24 显卡的安装　　　　图1-25 电源线
（a）主板电源接口；（b）硬盘电源接口

②连接数据接口：硬盘一般采用SATA接口或IDE接口，光驱采用IDE接口。主板上一般有多个SATA接口和一个IDE接口，如图1-26和图1-27所示。

图1-26 硬盘数据线　　　　图1-27 光驱数据线

③跳线：除了电源线与数据线外，机箱还有很多"线头"，这些线头称为跳线。主要是控制线和信号线，用于控制机箱面板上的按钮与信号灯。将它们分别连接到主板上，用户就可以通过按钮来操控计算机了，如图1-28和图1-29所示。

图1-28 跳线　　　　图1-29 跳线对应接口

POWER SW 是电源开关接线；RESET SW 是复位开关接线，它控制着重启按钮；POWER LED 是电源指示灯接线，它分正负极，如果接错，不会对计算机造成影响，但电源指示灯不亮；H.D.D.LED 是硬盘指示灯接线；SPEAKER 是机箱喇叭线。

10. 整理内部连线和合上机箱盖

机箱内部的空间并不宽敞，加之设备发热量都比较大，如果机箱内没有一个宽敞的空间，会影响空气流动与散热，同时容易发生连线松脱、接触不良或信号紊乱的现象。安装机箱盖时，要仔细检查各部分的连接情况，确保无误后，把主机的机箱盖盖上，上好螺丝。

至此，主机安装成功完成。

11. 连接外设

主机安装完成后，把相关的外部设备如键盘、鼠标、显示器、音箱等与主机连接起来。

至此，所有的计算机设备都已经安装好，按下机箱正面的开机按钮启动计算机，可以听到 CPU 风扇和主机电源风扇转动的声音，还有硬盘启动时发出的声音。显示器上开始出现开机画面，并且进行自检。

计算机是一种能自动、高速、精确地进行信息处理的电子设备，自诞生以来，计算机的发展极其迅速，至今已在各个方面得到广泛的应用，它使人们传统的工作、学习、日常生活甚至思维方式都发生了深刻变化。可以说，在人类发展史中，计算机的发明具有特殊的意义。

1. 计算机的发展

1946 年 2 月，第一台电子数字计算机在美国宾夕法尼亚大学诞生，取名为 ENIAC（Electronic Numerical Integrator and Calculator，电子数字积分计算机）。这台计算机有 18 000 个电子管、1 500 个继电器，质量超过 30 t，占地面积170 m^2，高约两层楼高度，每小时耗电 140 kW，可进行每秒 5 000 次加法运算。但 ENIAC 并不具备现代计算机的主要特征。第一台"存储程序式"计算机 EDVAC 在 1952 年正式投入运行，速度是 ENIAC 的 240 倍。

人们按照计算机中的主要功能部件所采用的电子器件（逻辑组件）的不同，将计算机的发展分成四个阶段，习惯上称为四代。每一阶段在技术上都有新的突破，在性能都是一次质的飞跃。

第一代：电子管时代（1946—1958 年）。软件方面产生了程序设计的概念，出现了高级语言的雏形。特点是体积大、耗能高、速度慢（一般每秒数千次至数万次）、容量小、价格高昂。主要用于军事和科学计算，速度为每秒几千次至几万次。其为计算机技术的发展奠定了基础。其研究成果扩展到民用，形成了计算机产业，由此揭开了一个新的时代——计算机时代。

第二代：晶体管时代（1959—1964 年）。软件方面出现了一系列的高级程序设计语言（如 Fortran、Cobol 等），并提出了操作系统的概念。计算机设计出现了系列化的思想。特点是：体积缩小，能耗降低，寿命延长，运算速度提高（一般每秒数十万次，可高达 300 万次），可靠性提高，价格不断下降。其应用范围也进一步扩大，从军事与尖端技术领域延伸到气象、工程设计、数据处理及其他科学研究领域。

第三代：中、小规模集成电路计算机时代（1965—1970年）。软件方面出现了操作系统及结构化、模块化程序设计方法。软、硬件都向通用化、系列化、标准化的方向发展。计算机的体积更小，寿命更长，能耗、价格进一步下降，而速度和可靠性进一步提高，应用范围进一步扩大。

第四代：大规模和超大规模集成电路计算机时代（1971年至今）。CPU高度集成化是这一代计算机的主要特征。

此外，智能化计算机正在研制中，其具有人工智能，可以像人一样看、听、说、思考、学习并自动进行逻辑判断等。

2. 计算机的分类

计算机一般分为巨型机、小巨型机、大型主机、小型机、工作站和个人计算机6类。

（1）巨型机（Super Computer）

巨型机也称为超级计算机，在所有计算机类型中，其体积最大、价格最高、功能最强、浮点运算速度最快（2016年6月，我国超级计算机运算速度已达125.436 PFlops，即每秒进行12.5亿亿次的浮点运算，我国还将开发运算速度每秒百亿亿次的超级E级计算机）。目前我国联想、浪潮和中科曙光位居全球巨型机制造商前三位，产品多用于战略武器（如核武器和反导弹武器）的设计、空间技术、石油勘探、中长期大范围天气预报及社会模拟等领域。

（2）小巨型机（Mini Super Computer）

小巨型机是小型超级计算机或称桌上型超级计算机，产生于20世纪80年代中期。其功能略低于巨型机，运算速度达1 GFlops，即每秒10亿次浮点运算，而价格只有巨型机的1/10，可以满足一些有较高应用需求的用户。

（3）大型主机（Mainframe）

大型主机也称大型计算机，其包括国内常说的大、中型机。特点是大型、通用，内存可达1 GB以上，整机运算速度高达300 750 MIPS（MIPS，每秒钟可执行百万条指令），即每秒30亿次浮点运算，具有很强的处理和管理能力。主要用于大银行、大公司、规模较大的高校和科研院所。

（4）小型机（Mini Computer）

小型机结构简单，可靠性高，成本较低，不需要经长期培训即可维护和使用。

（5）工作站（Workstation）

工作站是介于PC机与小型机之间的一种高档微机，其运算速度比微机的快，且有较强的联网功能。主要用于特殊的专业领域，例如图像处理、计算机辅助设计等。

它与网络系统中的工作站的含义不同。网络系统中的工作站泛指联网用户的结点，以区别于网络服务器。网络上的工作站常常只是一般的PC机。

（6）个人计算机（Personal Computer，PC）

这是1971年出现的新机种，其以设计先进（总是率先采用高性能微处理器）、软件丰富、功能齐全、价格低廉等优势而拥有广大的用户，大大推动了计算机的普及应用。

3. 计算机的发展趋势

计算机的发展表现为巨（型化）、微（型化）、多（媒体化）、网（络化）和智（能化）五种趋向。

（1）巨型化

巨型化是指运算速度快、存储容量大和功能强的超大型计算机。这既是研究诸如天文、气象、宇航、核反应等尖端科学及基因工程、生物工程等新兴科学的需要，也是为了让计算机具有人脑学习、推理的复杂功能。

（2）微型化

因集成电路集成度的提高、体积的缩小，微型机可渗透到诸如仪表、家电等设备中，所以发展异常迅速。当前微型机的标志是运算部件和控制部件集成在一起，今后将逐步发展到对存储器、通道处理机、高速运算部件、图形卡、声卡的集成，进一步将系统的软件固化，实现整个微型机系统的集成。

（3）多媒体化

多媒体是以数字技术为核心的图像、声音与计算机、通信等融为一体的信息环境的总称。多媒体技术的目标是：无论在什么地方，只需要简单的设备，就能自由自在地以接近自然的交互方式收发所需要的各种媒体信息。

（4）网络化

计算机网络是现代通信技术与计算机技术结合的产物。所谓计算机网络，就是在一定的地理区域内，将分布在不同地点的不同机型的计算机和专门的外部设备由通信线路互联，组成一个规模大、功能强的网络系统，以达到共享信息、共享资源的目的。

（5）智能化

智能化是综合性很强的边缘学科。它通过让计算机来模拟人的感觉、行为、思维过程的机理，使计算机具备视觉、听觉、语言、行为、思维、逻辑推理、学习、证明等能力，形成智能型计算机。

4. 计算机的应用

目前计算机服务于科研、生产、交通、商业、国防、卫生等各个领域，可以预见，其应用领域还将进一步扩大。计算机的主要用途如下：

（1）数值计算

主要指计算机完成和解决科学研究和工程技术中的数学计算问题，尤其是一些十分庞大而复杂的科学计算。如天气预报，不但复杂，而且时间性要求很强，如果不提前发布，就失去了预报天气的意义，而用解气象方程式的方法预测气象变化准确度高，但计算量相当大，只有借助计算机，才能更及时、准确地完成。

（2）数据处理

所谓数据处理，泛指非科技方面的数据处理。其主要特点是，要处理的原始数据量大，而算术运算较简单，并有大量的逻辑运算和判断，运算结果常要求以表格或图形等形式存储或输出。如银行日常账务、股票交易、图书资料的检索等。

（3）自动控制与人工智能

由于计算机有逻辑判断能力，因此可以广泛用于自动控制。随着智能机器人的研制成功，其可以完成不宜由人类进行的工作。目前人工智能已经能让计算机更好地模拟人的思维活动，计算机将可以完成更复杂的控制任务。

（4）计算机辅助设计、辅助制造和辅助教学

计算机辅助设计（Computer Aided Design，CAD）和计算机辅助制造（Computer Aided Manufacturing，CAM）是设计人员利用计算机来协助进行最优化设计，以及制造人员进行生产设备的管理、控制和操作，从而提高设计质量，缩短设计和生产周期，提高自动化水平。计算机辅助教学（Computer Aided Instruction，CAI）是利用计算机的功能程序把教学内容变成软件，使学生可以在计算机上学习，教学内容更加多样化、形象化，从而取得更好的教学效果。

（5）通信与网络

随着通信业和网络的发展，计算机在通信领域的作用越来越大。目前利用计算机辅助教学，以及利用计算机网络在家里学习，从而代替去学校学习这种传统的教学方式已经在许多国家变成现实。除此之外，计算机在电子商务、电子政务等应用领域也得到了快速的发展。

5. 数制与数制转换

在计算机中最常用到的是二进制，这是因为计算机中的电子组件一般只有两种稳定的工作状态，用高、低两个电位表示"1"和"0"在物理上最容易实现。

计算机中还常常用到八进制、十进制和十六进制。一般情况下，用户并不直接使用二进制数，而是使用十进制数（或八进制、十六进制数），然后由计算机自动转换为二进制数。

（1）进位计数制

①计数符号：每一种进制都有固定数目的计数符号。

十进制：10个记数符号，0，1，2，…，9；

二进制：2个记数符号，0和1；

八进制：8个记数符号，0，1，2，…，7；

十六进制：16个记数符号，0~9，A，B，C，D，E，F，其中A~F对应十进制的10~15。

②权值：在任何进制中，一个数的每个位置都有一个权值。如十进制数34948，其值为：

$(34948)_{10} = 3 \times 10^4 + 4 \times 10^3 + 9 \times 10^2 + 4 \times 10^1 + 8 \times 10^0$。

从左向右，各位对应的权值分别为10^4、10^3、10^2、10^1、10^0。

不同进制由于其进位的基数不同，权值也不同。如二进制数100101，其值为：

$(100101)_2 = 1 \times 2^5 + 0 \times 2^4 + 0 \times 2^3 + 1 \times 2^2 + 0 \times 2^1 + 1 \times 2^0$

从左向右，各位对应的权值分别为2^5、2^4、2^3、2^2、2^1、2^0。

（2）不同数制的相互转换

计算机常用的四种进制之间有着一定的联系，即各进制之间可以相互进行转换。

①二进制数、八进制数、十六进制数转换为十进制数。

按权展开求和，即将每位数码乘以相应的权值并累加。

②十进制数转换为二进制数、八进制数、十六进制数。

整数部分和小数部分分别遵守不同的转换规则。例如，将十进制数转换为 R 进制数：

整数部分：除以 R 取余法，直到商为 0 为止。最先得到的余数为最低位，最后得到的余数为最高位。

小数部分：乘 R 取整法，直到积为 0 或达到有效精度为止。最先得到的整数为最高位（最靠近小数点），最后得到的整数为最低位。

③二进制数转换为八进制数、十六进制数。

因为 $2^3=8$，$2^4=16$，所以 3 位二进制数对应 1 位八进制数，4 位二进制数对应 1 位十六进制数。二进制数转换为八进制数、十六进制数比转换为十进制数容易得多，因此常用八进制数、十六进制数来表示二进制数。将二进制数以小数点为中心分别向两边分组，转换成八（或十六）进制数，每 3（或 4）位一组，不够位数时，在两边加 0 补足，然后将每组二进制数转换为八（或十六）进制数。

④八进制数、十六进制数转换为二进制数。

将每位八（或十六）进制数展开为 3（或 4）位二进制数，不够位数时，在左边加 0 补足。

6. 数据存储的组织形式

任何一个数都是以二进制形式在计算机内存储的。计算机的内存是由千千万万个小的电子线路组成的，每一个能代表 0 和 1 的电子线路都可以存储一位二进制数。关于内存，常用到以下一些术语。

位（Bit）：数据存储的最小单位。在计算机的二进制数系统中，每个 0 或 1 就是一个位。

字节（Byte）：简写为 B，通常每 8 个二进制位组成一个字节。字节的容量一般用 KB、MB、GB、TB 等来表示，它们之间的换算关系如下：

1 KB = 1 024 B，1 MB = 1 024 KB，1 GB = 1 024 MB，1 TB = 1 024 GB

字（Word）：在计算机中作为一个整体被存取、传送、处理的二进制数字符串叫作一个字或单元。每个字中二进制位数的长度称为字长。不同的计算机系统，其字长不同，常见的有 8 位、16 位、32 位、64 位等。字长越长，计算机一次处理的信息位就越多，精度越高。字长是性能的一个重要指标。

地址（Address）：为了便于存取，每个存储单元必须有唯一的编号（称为地址），通过地址可以找到所需的存储单元，取出或存入信息。

7. 计算机中字符的表示

计算机中用二进制表示字母、数字、符号及控制符号，目前主要使用 ASCII 码（American Standard Code for Information Interchange，美国标准信息交换码）。

ASCII 码是国际通用码，是 7 位二进制字符编码，包含 128 种字符编码，包括 34 种控制字符，52 个英文大小写字母，0、1、…、9 这 10 个数字，32 个字符和运算符，详见表 1 − 1。

表 1–1 ASCII 码

低位	高位							
	0	1	2	3	4	5	6	7
0	Ctrl + @	Ctrl + P	空格	0	@	P	、	p
1	Ctrl + A	Ctrl + Q	!	1	A	Q	a	q
2	Ctrl + B	Ctrl + R	"	2	B	R	b	r
3	Ctrl + C	Ctrl + S	#	3	C	S	c	s
4	Ctrl + D	Ctrl + T	$	4	D	T	d	t
5	Ctrl + E	Ctrl + U	%	5	E	U	e	u
6	Ctrl + F	Ctrl + V	&	6	F	V	f	v
7	Ctrl + G	Ctrl + W	'	7	G	W	g	w
8	BS(退格)	Ctrl + X	(	8	H	X	h	x
9	Tab(制表)	Ctrl + Y	)	9	I	Y	i	y
A	Ctrl + J	Ctrl + Z	*	:	J	Z	j	z
B	Ctrl + K	Esc	+	;	K	[	k	{
C	Ctrl + L	Ctrl +／	,	<	L	\	l	|
D	(回车)	Ctrl +]	—	=	M	]	m	}
E	Ctrl + N	Ctrl + 6	.	>	N	^	n	~
F	Ctrl + O	Ctrl + −	／	?	O	—	o	DEL

8. 计算机系统概述

计算机是由若干相互区别、相互联系和相互作用的要素组成的有机整体。其包括硬件系统和软件系统两大部分，如图 1–30 所示。

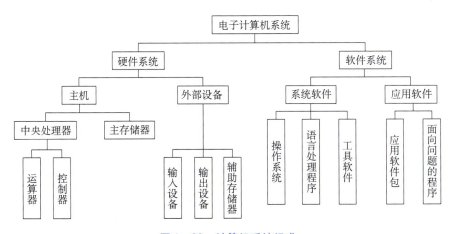

图 1–30 计算机系统组成

硬件就是泛指的实际的物理设备,主要包括运算器、控制器、存储器、输入设备和输出设备五部分。只有硬件的计算机是无法运行的,还需要软件的支持。所谓软件,是指为解决问题而编制的程序及其文档。软件包括计算机本身运行所需要的系统软件和用户完成任务的应用软件。计算机是依靠硬件系统和软件系统的协同工作来执行给定任务的。

在计算机系统中,硬件是物质基础,软件是指挥"枢纽",是"灵魂"。软件的功能与质量在很大程度上决定了整个计算机的性能,因此,软件和硬件一样,是计算机工作必不可少的组成部分。

9. 计算机硬件组成

计算机是自动化的信息处理装置,它采用了"存储程序"工作原理。这一原理是美籍匈牙利数学家冯·诺依曼于1946年提出的,其主要思想如下:用户信息(包括控制信息与数据信息)通过输入设备送到存储器。控制信息送往控制器,控制器根据控制信息对各部件进行控制;数据信息由运算器从存储器中提取并进行处理,再放回存储器。信息处理完毕后,由存储器经输出设备输出。

这一原理确定了计算机的基本组成和工作方式,如图1-31所示。

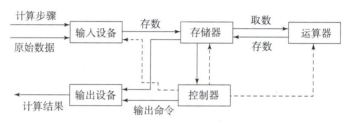

图1-31 计算机硬件基本组成

图1-31中,实线为程序和数据,虚线为控制命令。在控制命令的作用下,计算步骤的程序和计算中需要的原始数据通过输入设备送入计算机的存储器。当计算开始时,在取指令的作用下,把程序指令逐条送入控制器。控制器向存储器和运算器发出取数命令和运算命令,运算器进行计算,然后控制器发出存数命令,计算结果放回存储器,最后在输出命令的作用下通过输出设备输出结果。

项目1.2 走近中国超级计算机

 项目目标

- 认识超级计算机的运算速度、计算机系统、处理器
- 了解超级计算机的应用领域
- 了解我国超级计算机的发展水平

项目描述

2020年,一场突如其来的新冠肺炎疫情席卷全国,我国"天河二号"超级计算机以每

秒最高十亿亿次的超强计算力，助力筛选出能抑制病毒的小分子药物，搭建"15 秒诊断"的新冠肺炎 CT 影像智能诊断平台，建立新冠肺炎病患时空数据库等，以国之重器之力，为我国人民筑建了一道牢固的安全墙。作为新一代大学生的小黄，特别想了解我国的超级计算机。

任务 1.2.1　四连冠军——"神威·太湖之光"

1. 认识"神威·太湖之光"的超级速度

（1）了解"神威·太湖之光"的夺冠之路

2015 年 12 月，中国研发出当时世界上计算速度最快的超级计算机——"神威·太湖之光"，其落户于国家超级计算无锡中心，如图 1-32 和图 1-33 所示。

图 1-32　"神威·太湖之光"超级计算机

图 1-33　国家超级计算无锡中心

2016 年 6 月 19 日，在美国丹佛第 47 届全球超级计算大会上，中国"神威·太湖之光"以系统峰值运算性能 125.436 PFlops 夺冠，世界排名第一，昔日冠军中国"天河二号"世界排名第二，如图 1-34 和图 1-35 所示。

图 1-34　"神威·太湖之光"全球第一证书

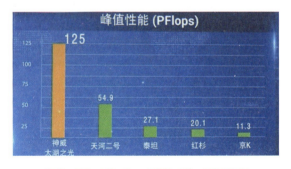

图 1-35　"神威·太湖之光"峰值性能

据了解，全球超算 500 强榜单每半年发布一次，2016 年 6 月—2017 年 11 月，"神威·太湖之光"连续四届蝉联全球超算 Top 500 榜单第一。

（2）理解"神威·太湖之光"系统峰值运算性能

"神威·太湖之光"系统峰值运算性能为 125.436 PFlops，具体又是怎样的运算速度呢？

P 是常量，为 10^{15}；Flops（floating-point operations per second，每秒所执行的浮点运算次数）是衡量计算机计算能力的标准。

"神威·太湖之光"每秒进行 12.5 亿亿次的浮点运算。

2. "神威·太湖之光"计算机系统

（1）了解"神威·太湖之光"计算机系统参数

"神威·太湖之光"计算机系统是我国"863 计划"重大专项的研究成果，是第一台全部采用国产处理器构建的超级计算机。系统峰值运算性能 125.436 PFlops，持续运算性能为 93.015 PFlops，系统效率达 74.153%。实测系统整体功耗为 15.37 MW，性能功耗比为 6.05 GFlops/W。该系统包含 40 960 个"申威 26010"众核处理器，每个处理器包含 260 个运算核心。详细参数如图 1-36 所示。

峰值运算性能	125.436 PFlops	编程语言	C、C++、Fortran
持续运算性能	93.015 PFlops	SSD存储	230 TB
处理器型号	申威26010众核处理器	缓存总带宽	5.591 TB/s
处理器主频	1.5 GHz	网络链路传输宽带	14 GB/s
单芯片峰值	3.168 TFlops	网络对宽带	70 TB/s
整机处理器个数	40 960个	磁盘容量	20 PB
实整机处理器核数	10 649 600个	I/O 聚合带宽	341 GB/s
内存总容量	1 310 720 GB	Linpack 运行功耗	15.37 MW
操作系统	Raise Linux	性能功耗比	6.05 GFlops/W

图 1-36 "神威·太湖之光"计算机系统参数

（2）"神威·太湖之光"计算机系统构成

"神威·太湖之光"是一台规模宏大的超级计算机，机房占地面积不到 1 000 m²。它由硬件系统、软件系统、应用系统组成，其中硬件系统包括运算系统、网络系统、冷却系统、供电系统、外围系统等，如图 1-37～图 1-40 所示。

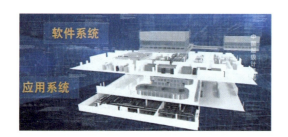

图 1-37 "神威·太湖之光"系统

图 1-38 运算系统和网络系统

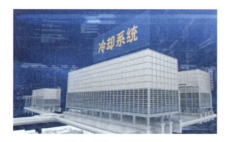

图 1-39 冷却系统

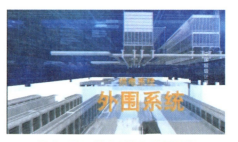

图 1-40 供电系统和外围系统

①运算系统。

高效能运算系统结构从顶至下依次为运算机仓、运算超节点、运算插件和运算节点。最底层共包含 40 960 个运算节点，是运算系统的基本组成单元，如图 1-41 所示。

单个节点集成了处理器、存储器、节点管理控制器、网络通信接口和电源接口单元。主存容量为 32 GB，访存带宽为 136.51 GB/s；网络接口双向带宽为 16 GB/s，提供高带宽数据交换能力；支持 PCI-E 3.0 接口；支持千兆以太网维护接口，提供系统引导与管理功能；支持 I2C 接口，提供节点电源控制状态监测等监控功能。

② 网络系统。

网络系统采用大规模高流量复合网络体系结构，设计实现超节点网络、共享资源网络和中央交换网络的三级互连，保证了全系统高带宽、低延迟，能够有效支持

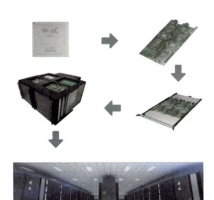

图 1-41 高效能运算系统结构

计算密集、通信密集和 I/O 密集等多类任务的运行。互联网络对分带宽为 70 TB/s，如图 1-42 所示。

③ 冷却系统。

运算机仓和网络机仓采用间接水冷方式，外围设备采用水风交换，电源系统采用强制风冷，保证机器正常、稳定运行。主机系统采用闭循环、静压腔并行流间接水冷技术，满足全系统冷却需求，如图 1-43 所示。

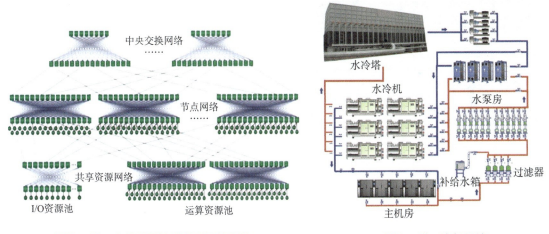

图 1-42 大规模高流量复合网络系统　　　　图 1-43 冷却系统

3. "神威·太湖之光"的"中国芯"

"神威·太湖之光"超级计算机峰值计算性能达到了每秒 12.5 亿亿次。整台机器采用高密度组装技术，分别由 40 个运算机柜和 8 个网络机柜组成，每个运算机柜比家用的双门冰箱略大。一个运算机柜装有 128 个插件板，每个插件板上有 8 块处理器，共 1 024 块处理器，整台共有 40 960 块处理器。最令人振奋的是"神威·太湖之光"是首次完全用"中国芯"制造的中国最强大的超级计算机，如图 1-44~图 1-46 所示。

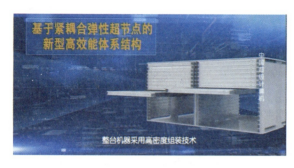
图1-44 高密度组装技术
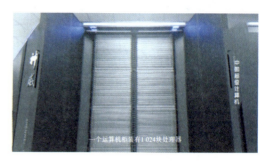
图1-45 运算机柜

"神威·太湖之光"采用的是申威26010众核处理器,单个处理器看起来非常小巧,大概是一个相机SD存储卡那么大,如图1-47所示。

图1-46 运算机柜中的芯片

图1-47 申威26010众核处理器

这种独创性的体系结构在5 cm^{2}的面积上集成了260个运算核心,数10亿个晶体管,达到了每秒3万亿次的计算能力。单芯片的计算能力相当于3台2000年世界排名第一的超级计算机,足以比肩当前超级计算机领域最先进的处理器,如图1-48所示。

根据"863计划",用时近3年研制成功的"神威·太湖之光"是中国第一台全部采用国产处理器"中国芯"构建,运算能力达到世界第一的超级计算机。根据评估,"天河"系列的国产化程度是70%左

图1-48 申威芯片计算机能力

右,济南超级计算中心的"神威蓝光"超级计算机达85%以上。毫无疑问,"神威·太湖之光"超级计算机系统的每一个部件均在中国本土生产是一个里程碑事件,意义重大,开创了中国超级计算机发展的新纪元。

长期以来,超级计算机芯片被美国垄断,美国为了阻止中国在超级计算机领域的迅猛发展势头,2015年4月决定禁止向中国国家级超算机构出售芯片。这项决定更加坚定了我国研究团队研发出具有中国独立产权的处理芯片的决心,大大缩短了中国独立芯片的研制周期。

完全自主知识产权的"中国芯"推动了我国芯片产业和计算机应用产业的发展,带动

多领域科学技术进步，并且其强大的带动作用能够帮助中国在相关产业全面摆脱西方的技术封锁与制约，大大推动中国制造转型升级。

4. 基于"神威·太湖之光"的应用获得世界高性能计算应用最高奖

（1）"千万核可扩展大气动力学全隐式模拟"获得"戈登·贝尔"奖

2016年11月18日凌晨，在美国盐湖城召开的全球超级计算大会（SC2016）上，基于"神威·太湖之光"完成的应用"千万核可扩展大气动力学全隐式模拟"获得"戈登·贝尔"奖，实现了该奖创办30年来我国在此大奖上零的突破，成为我国高性能计算应用发展的新里程碑，如图1-49所示。

图1-49 "千万核可扩展大气动力学全隐式模拟"

"千万核可扩展大气动力学全隐式模拟"是中国科学院软件所杨超、清华大学计算机系薛巍、地球系统科学研究中心付昊桓、北京师范大学全球变化与地球系统科学研究院王兰宁共同领导的团队基于"神威·太湖之光"完成的应用。

获奖成果设计和开发了一种新的用于大气动力模拟的高可扩展全隐式求解算法和软件，世界上第一次在大规模异构众核系统（神威·太湖之光）上实现了千万核可扩展的高效并行求解，第一次在有效时间尺度完成了500 m以上分辨率的大气模拟。该成果在应用与算法两个层面实现了重大突破：应用层面，第一次证明了全隐式求解方法是构建未来超高分辨率大气模式的一种有竞争力的选择，该大气动力过程的模拟速度较美国下一代大气模拟系统（GFDL开发的AM3非静力大气模式）的计算效率提升近1个数量级，未来可应用于高分辨率气候模拟和高精细数值天气预报，提升预估、预报精度；算法层面，实现了目前世界上第一个可扩展到千万核，峰值效率超过6%的隐式求解器，较2015年"戈登·贝尔"奖获奖工作在并行度和持续峰值方面均提升一个数量级，预计未来在航空、地学、能源等领域的挑战性计算问题中有着广阔的应用前景。

（2）了解"戈登·贝尔"奖

"戈登·贝尔"奖——高性能计算应用最高奖，设立于1987年，由美国计算机协会（Association for Computing Machinery，ACM）于每年11月在美国召开的超算领域顶级会议（SC）颁发，旨在奖励时代前沿的并行计算研究成果，特别是高性能计算创新应用的杰出成就，被誉为"超级计算应用领域的诺贝尔奖"。

（3）"非线性大地震模拟"获得"戈登·贝尔"奖

在2017年11月的美国丹佛SC17大会上，我国"神威·太湖之光"不仅在硬件方面继续保持Top 500世界第一的殊荣，并且基于"神威·太湖之光"系统的两项全机应用"全球气候模式的高性能模拟"和"非线性大地震模拟"（图1-50）入围"戈登·贝尔"奖提名，占据该奖2017年提名总数的2/3。其中"非线性大地震模拟"一举拿下了"戈登·贝尔"奖，实现了我国高性能计算应用在此项大奖的蝉联。同时，也证明了我国全自主国产处理器构建的超级计算机"神威·太湖之光"不仅多项指标世界第一，也可依托其强大的运算能力解算出世界一流的应用成果，未来更有能力开展实际大规模挑战性应用。

2017年度"戈登·贝尔"奖由清华大学、国家超级计算无锡中心、山东大学、南方科技大学、中国科技大学、国家并行计算机工程技术研究中心组成的联合团队共同获得，基于"神威·太湖之光"的强大计算能力，成功设计并实现了高可扩展性的非线性大地震模拟工具。该工具充分发挥国产处理器在存储、计算、通信资源等方面的优势，可以实现高达18.9 PFlops的非线性地震模拟，也是国际上首次实现如此大规模下的高分辨率、高频率的非线性塑性地震模拟。该工具首次实现了对唐山大地震（M7.2，1976）发生过程的高分辨率精确模拟，使得科学家可以更好地理解唐山大地震所造成的影响，并对未来的地震灾害救援演习、预防预测等研究具有重要的借鉴意义。

图1-50 "非线性大地震模拟"

任务1.2.2 "国之重器"——中国超级计算机

20世纪90年代以来，我国超级计算机技术快速发展，应用范围不断拓展。在国防建设、科技创新、国民经济发展等各个方面，超级计算机这个"国之重器"一直做的是"顶天立地"的事，"顶天"是为科学研究服务，提升国家科技创新能力；"立地"是为产业发展服务，促进经济建设快速发展。

超级计算机的应用与普通人日常生活息息相关。超级计算机对人们来说是"看得见""离不开""想得到"。

看得见：人们习以为常的种种生活方式，都有超级计算机的参与，如网络服务、天气预报、生物制药等。

离不开：对于科学技术发展，过去主要是靠理论和实验，而今天，计算已经成为与之并行的第三大手段。各种尖端的科学技术问题都需要超级计算机的支撑，国民经济中很多重要的产业也都已经离不开超级计算机，如石油勘探、汽车安全性的碰撞实验、集成电路设计等。

想得到：在可以预见的未来，超级计算机还会给生活带来什么样的改变呢？有学者说，超级计算机如同伽利略的望远镜，让人们从观察宇宙的不同维度中发现深刻影响人类社会的一系列规律。对于通过超级计算机还能发现些什么，没有人能给出答案，因为它大可以深入宇宙，小可以深入分子、原子，远可以深入无限遥远的未来。

截至2019年，由科技部批准建立的国家超级计算中心共有7家，其中国家超级计算天津中心、国家超级计算广州中心、国家超级计算深圳中心、国家超级计算长沙中心、国家超级计算济南中心、国家超级计算无锡中心已建设完成，国家超级计算郑州中心正在筹建中。

1. 国家超级计算天津中心

国家超级计算天津中心是2009年5月批准成立的首个国家级超级计算中心，部署有

2010年11月世界超级计算机Top 500排名第一的"天河一号"超级计算机和"天河三号"原型机系统,构建有超算中心、云计算中心、电子政务中心、大数据和人工智能研发环境,是我国目前应用范围最广、研发能力最强的超级计算中心,为全国的科研院所、大学、重点企业提供了广泛的高性能计算、云计算、大数据、人工智能等高端信息技术服务,如图1-51和图1-52所示。

图1-51 "天河一号"超级计算机

图1-52 "天河一号"Top 500排名第一证书

"天河一号"已应用10年,是世界上连续稳定运行时间最长的超级计算机。它在"算天""算地""算人"上持续服务于航空航天、气象预报、宇宙演化模拟、抗震分析等科研创新;每天服务8 000多个科研计算任务,累计支持国家科技重大专项和研发计划等超过1 600项。在高端装备领域,它支撑海洋装备、无人机等进行数值模拟;在生物医药领域,支撑艾滋病、胰岛素等自主知识产权新药的研发;在新材料研发领域,支持200多个从事纳米、储能、超导等新材料的科研团队开展计算模拟研究。"天河一号"为石油资源开发、装备制造、生物医药等行业企业累计带来经济效益近百亿元,如图1-53所示。

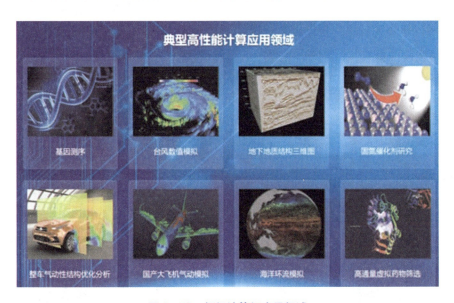
图1-53 超级计算机应用领域

2. 国家超级计算广州中心

国家超级计算广州中心是国家在"十二五"期间部署的重大科技创新平台，其坐落在风景秀丽的广州大学城中山大学东校区，总建筑面积 42 332 m²（地上 5 层，约 32 332 m²），其中机房及附属用房面积约 17 500 m²，包括主机房、存储机房、高低压配电房、冷却设备用房及附属用房等功能用房。

该中心部署有 2013 年 6 月—2015 年 6 月连续 6 次世界超级计算机 Top 500 排名第一的"天河二号"超级计算机。"天河二号"系统峰值计算速度每秒 5.49 亿亿次、持续计算速度每秒 3.39 亿亿次、能效比每瓦特秒 19 亿次双精度浮点运算。"天河二号"峰值计算速度、持续计算速度及综合技术水平处于国际领先地位，是世界超算史上第一台连续六次夺冠的超级计算机，打破超算领域世界纪录，是我国超级计算技术发展取得的重大进展，如图 1-54 和图 1-55 所示。

图 1-54 "天河二号"超级计算机

图 1-55 "天河二号"Top 500 排名第一证书（2013.6）

该中心自从 2014 年 4 月开始试运行至今，使用"天河二号"的累计用户数接近 700 家，支撑国家级课题超过 100 项，十万核以上应用 20 多个，百万核以上应用 9 个。"天河二号" 2015 年可用计算资源的输出量已经超过两个天津超算"天河一号 A"饱和运行的年可用资源总量。应用范围覆盖材料科学与工程计算、生物计算与个性化医疗、数字设计与制造、能源及相关技术数字化设计、天文宇宙科学、地球科学与环境工程、金融、经济、智慧城市大数据和云计算等各大应用领域，尤其是在宇宙科学研究、污染治理、大型飞机设计制造、高速列车设计制造、大型基因组组装和基因测序、生物医学、高通量药物筛选等事关国计民生的大科学、大工程中发挥了重要的支撑和推动作用，如图 1-56 所示。

图 1-56 "天河二号"部分典型应用案例

3. 国家超级计算深圳中心

国家超级计算深圳中心（深圳云计算中心）占地1.2万平方米，建筑面积4.34万平方米。配置国产曙光6000"星云"超级计算机系统，2010年5月，其排名Top 500第二。运算速度为1 271万亿次/s，双精度浮点处理性能超过了2 400万亿次/s，系统总内存容量为232 TB，存储容量为17.2 PB，具有丰富的计算资源、海量的存储资源。中心创造性地将超算资源应用于云计算服务，使计算机资源既满足高性能计算需求，又能提供强大的云计算服务能力，如图1-57和图1-58所示。

图1-57 "星云"　　　　　　图1-58 "星云"Top 500排名第二证书

中心计算服务于六大类：科学计算、工程计算、文化创意、云计算、大数据、人工智能。其中云计算服务领域在国内处于领先地位。中心云计算系统架构是以鹏云平台为基础建立的，目前该平台已部署并运行了政务云、健康云、教育云、警务云、气象云、工业云、测试云、档案云、渲染云、电子账单和应用商店等"九云一单一店"。通过各信息的互联互通，构成了庞大的数据资源，为深圳政府机构、企事业单位、家庭和个人提供安全的虚拟网络空间及各类丰富的云应用服务，利用云计算技术提高超级计算机系统资源的利用率，如图1-59所示。

图1-59 云计算系统架构

4. 国家超级计算长沙中心

国家超级计算长沙中心是由国家科技部正式批准建立的第三家、中西部唯一国家超级计算中心。中心坐落于湘水之滨、岳麓山畔的岳麓山国家大学科技城核心地带、湖南大学南校区内，占地面积 43.25 亩[①]，总建筑面积 2.7 万平方米，由 0 号超算大楼、1 号研发楼及天河广场三大主体建筑构成，拥有"天河"超级计算机、"天河·天马"人工智能计算集群等多个计算平台，如图 1-60 所示。

图 1-60 "天河"超级计算机

"天河"超级计算机全系统峰值计算性能 1 372 万亿次，其中，全系统 CPU 峰值计算性能 317.3 万亿次，GPU 峰值计算性能 1 054.7 万亿次；全系统内存容量 106 TB，共享磁盘总容量 1.43 PB。

国家超级计算长沙中心主要应用领域有基础科学研究、时空地理信息、生物医药与智能医疗、数值气象预报、工程仿真、基因工程大数据、网络舆情与金融大数据、智慧城市与云计算平台。

中心部分典型案例：网络舆情监控系统（图 1-61），对各种网络载体全面布控监测，系统对海量数据进行智能分析，开展网络舆情分析；热红外成像医疗机器人（图 1-62），又名"超算小胖哥"，是将医用红外热成像技术和计算力结合，通过给身体四面照相，采集人体数据，与医疗大数据自动对比识别，生成包括人体循环、呼吸、泌尿生殖、运动等系统健康指数的检测报告，并总结提醒存在的健康隐患和疾病风险，相当于云端有一名 AI 医生；智慧排水（图 1-63），搭建智慧排水数据交换中心，建设基础数据库，开展排水系统水力模型预测分析，规划设计出详细施工改造方案，为工程建设提高效率、节约成本，为彻底解决内涝原因不确定、内涝治理无依据等问题提供解决方案。

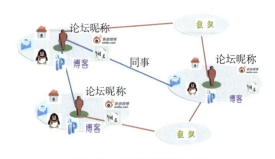

图 1-61 网络舆情监控系统

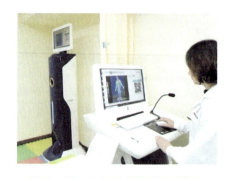

图 1-62 热红外成像医疗机器人

5. 国家超级计算济南中心

国家超级计算济南中心由国家科技部批准成立，创建于 2011 年，是从事智能计算和信息处理技术研究及计算服务的综合性研究中心，也是我国首台完全采用自主处理器研制千万

[①] 1 亩 = 666.67 m²。

亿次超级计算机"神威蓝光"（图1-64）的诞生地，总部位于济南市超算科技园。

图1-63 智慧排水物联网监测模型　　　　图1-64 神威蓝光

国家超级计算济南中心建有国内首台完全用自主CPU构建的千万亿次超级计算机（2011年），2018年建成E级计算原型机，2019—2022年在建百亿亿次超算平台、人工智能平台、工业互联网平台、大数据平台等重大基础设施；建有全球首个超算科技园，总投资108亿元，总建筑面积达69万平方米，其中已完成一期工程22万平方米。

该中心多年来根植于山东，服务于全国，面向科学计算、工程计算、云计算、大数据、人工智能等新一代信息技术领域，服务于省内外用户单位1 000余家，超级计算机资源平均利用率在70%以上，已经成为济南市科技创新的一张闪亮名片。

★ 神威E级超级计算原型机在国家超级计算济南中心完成部署

2018年8月，由国家并行计算机工程技术研究中心联合国家超级计算济南中心等团队，经过两年多的关键技术攻关与突破，研制出神威E级超级计算原型机，如图1-65所示，其处理器、网络芯片组、存储和管理系统等核心器件全部为国产，整体研制指标国际领先。

当前神威E级超级计算原型机的峰值性能达到浮点运算速度3.13 PB/s，在Linpack测试中持续性能达到浮点运算速度2.556 PB/s，综合水平处于当

图1-65 神威E级超级计算原型机

今世界前列。从目前看，神威E级超级计算原型机的计算性能位列国内超算Top 100第4位，全球超算Top 500第75位。

目前原型系统上已部署天气气候、海洋环境、材料科学、电磁环境、生物医药、人工智能等十余类30多种应用，具有扩展到E级计算的能力。神威E级原型系统的研制和应用，使E级计算的关键核心技术得到全面验证，为下一代超级计算机的研制铺平了道路。

从神威E级原型机到神威E级计算机，中间还需要经过大约三年的研发期。后者一旦成功，将拥有每秒百亿亿次的浮点运算能力，性能比目前全球最快的超级计算机（神威·太湖之光，每秒12.5亿亿次）高出8倍多，即每秒运算将达到百亿亿次。

6. 国家超级计算无锡中心

国家超级计算无锡中心经国家科技部批准成立，中心坐落在风景秀丽的江苏省无锡市蠡园经济开发区，拥有世界上首台峰值运算性能超过每秒十亿亿次浮点运算能力的超级计算

机——"神威·太湖之光"。

国家超级计算无锡中心依托"神威·太湖之光"计算机系统,现有两百多家单位与国家超算无锡中心签订合作协议,超过100个重大应用在"神威·太湖之光"上进行运算,范围涉及气候气象、工业设计、油气勘探、信息安全、金融分析、生物医药、海洋科学等多个领域,为我国科技创新和经济发展提供平台支撑。

"神威·太湖之光"已在诸如气候气象、生物医药、地球物理、先进制造、材料模拟等领域取得了一系列世界领先的成果。其中,全球首套CESM神威众核异构版本气候模式CESM – HR_sw1.0、公共联合地球系统模式CIESM等气候模式的研发和高效稳定运行,有效提高了我国应对极端天气气候和自然灾害的减灾防灾能力;RTM、FWI、MCTV等地学软件的研发,成功解决了算法扩展、内存带宽"瓶颈"等高性能计算的共性问题,大幅提升了地球物理模拟的时空分辨率和关键现象刻画能力;Gromacs、LAMMPS、Amber等分子动力学模拟软件均已实现具有高可扩展性能的大规模计算能力,相关成果已应用于生物医药和材料模拟等领域的科学研究与工业生产;专用于超大规模流场计算的通用计算流体软件swLBM、流体力学软件swOpenFoam等已在电子热仿真、电机内流仿真、煤粉输运仿真、液体容器仿真、风资源评估等众多工业装备、新能源领域广泛应用,有力支持了工业产品创新设计,如图1-66所示。

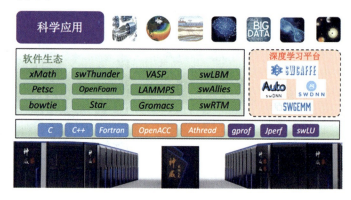

图1-66 "神威·太湖之光"的应用领域

任务1.2.3 中国超算有多强?

1. 中国超算总数世界第一

2019年6月17日,第53届"全球超级计算机500强"榜单在德国法兰克福举办的"国际超算大会"(ISC)上正式发布,中国境内有219台超级计算机(下称"超算")上榜,在上榜数量上遥遥领先,位列第一,如图1-67所示。这是2017年11月以来中国超算上榜数量连续第四次位居第一。中国已经成为全球第一超算大国。

2019年11月18日,全球超级计算机500强榜单面世,在上榜数量上,中国境内有228台超级计算机上榜,蝉联上榜数量第一,比半年前的榜单增加9台。美国以117台位列第二。榜单显示,中国企业继续保持上榜数量优势。联想、浪潮和中科曙光位居全球超算制造商前三位,华为排名第八。联想(140台)、浪潮(84台)、曙光(57台)、华为(14台),所占份额超过 62%，如图 1-68 所示。

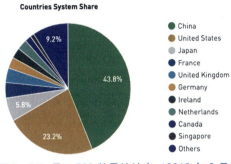

图 1-67　Top 500 数量统计表（2019 年 6 月）

图 1-68　中国超级计算机制造商排名

2. 即将问世的"天河"新一代 E 级超级计算机将向世界冠军宝座发起冲击

2019 年 6 月，美国超级计算机"顶点"以每秒 14.86 亿亿次的浮点运算速度再次登顶。第二位是美国超级计算机"山脊"，中国超级计算机"神威·太湖之光"和"天河二号"分列三、四位，如图 1-69 所示。

此前的 2016 年 6 月，我国自主研发的第一台全国产处理器的"神威·太湖之光"曾登顶"全球超级计算机 500 强"榜首，随后又 4 次夺冠。直到 2018 年，美国才凭借"顶点"反超中国。

图 1-69　Top 500 榜单
（2019 年 6 月）

近 10 年来，"天河一号""神威蓝光""曙光星云""天河二号""神威·太湖之光"等超级计算机先后被列入世界顶级超级计算机阵容。同时，中国也是世界上拥有超级计算机数量最多的国家。国家超级计算天津中心主任刘光明说："中国累计拿了 13 次世界第一，超算已经成了除高铁、航天之外，中国向世界展示的第三张名片。"

在世界上最快超级计算机的争夺战中，E 级超级计算机是各国新一代超算角逐的焦点。E 级超级计算机到底有多快？"天河一号"的峰值运算速度为每秒 4 700 万亿次，它运算 1 h，相当于全国 13 亿人同时计算 340 年以上。E 级超级计算机的计算速度是"天河一号"的 200 倍，它运算 1 h，相当于全国 13 亿人民同时计算 7 万年以上。

2019 年 7 月 6 日，我国对外公布重大好消息："'天河'新一代百亿亿次（E 级）超级计算机将于 2021 年前后研制完成。"即将问世的"天河"新一代 E 级计算机将向世界冠军宝座发起冲击。

当前，我国开始全面进入 E 级超级计算机时代。在国防科技大学和国家超级计算天津中心等团队合作下，"天河三号"E 级原型机历经两年多的持续研发和关键技术攻关，已于 2018 年 7 月研制成功并通过项目课题验收，如图 1-70 所示。

"天河三号"E 级原型机系统实现了四大自主

图 1-70　"天河三号"E 级原型机

创新，包括 3 款芯片——"迈创"众核处理器（Matrix - 2000 +）、互连接口芯片、路由器芯片的创新；4 类计算、存储和服务节点，10 余种 PCB 电路板的创新；新型的计算处理、高速互连、并行存储、服务处理、监控诊断、基础架构等硬件分系统的创新；系统操作、并行开发、应用支撑和综合管理等软件分系统的创新。

"天河三号"E 级原型机系统研制成功后，国家超级计算天津中心随即启动了大规模的计算应用测试，涉及大飞机、航天器、新型发动机、新型反应堆、电磁仿真等领域 50 余款自主研发高性能软件和大型开源软件。孟祥飞介绍，测试涉及国家 12 个重大创新专项领域、数十个国家重点研发计划。

"天河"新一代百亿亿次（E 级）超级计算机将于 2021 年前后研制完成。E 级超级计算机有望在气候科学、可再生能源、基因组学、天体物理学及人工智能等领域"大显身手"，协助解决目前无法解决的难题，被公认为"超算界的下一顶皇冠"。正因为如此，我国一旦率先研发出 E 级超级计算机，不但能摘取世界超级计算桂冠，而且作为一项科研领域重大基础设施，E 级超级计算机将推动我国诸多尖端领域的快速发展，将大大提升我国的综合国力。

3. 飞速发展的中国超级计算

随着云计算、大数据技术的广泛应用，作为底层支撑的超级计算机有了更多的商用场景，说它已经无处不在也不为过。可以说，超级计算是一个国家科技创新力的象征，已成为世界各国争夺的一个战略制高点。有数据显示，10 余年来，美国超级计算机的性能提升了 500 倍，而中国提升了 5 000 倍。

中国近年来在超级计算机领域的连续突破引起了美国的强烈关注。2019 年 6 月 18 日，美国商务部工业与安全局（BIS）将 4 家中国公司和 1 家中国研究所列入出口管制的"实体清单"，包括中科曙光、天津海光、成都海光集成电路、成都海光微电子技术和无锡江南计算技术研究所。理由是它们对美国的国家安全或外交政策利益构成风险，它们将被禁止购买美国技术和组件，相关决定于 2019 年 6 月 24 日生效。

业内人士分析，这是继将华为公司列入"实体清单"后，美国对中国企业采取的又一起单边制裁行动。这 5 家中国企业和机构主要业务都与芯片开发及超级计算机有关。看来美国不只"重视"5G 领先的华为，也"重视"正在飞速发展的中国超级计算。

 知识链接

1. 超级计算机究竟是什么？

以高铁为例，高铁几乎每一个车厢都有电动机，几乎每个车轮都有动力旋转，这样动车组前进时，就像赛龙舟一样，个个都奋力划桨，所有的车轮旋转一致，团结力量大。超级计算机也是由很多计算单元组成在一起的，具有很强的计算和处理数据的能力。

超级计算机（Super Computer），又叫高性能计算机（High Performance Computer, HPC）、巨型计算机，是相对于大型计算机而言的一种运算速度更快、存储容量更大、通信能力更强、功能更完善的计算机，现多指每秒运算速度在万亿次以上、存储容量超过千万字节的电子计算机，其配有多种外部和外围设备及丰富的、高功效的软件系统。超级计算机含

6个"超级",即计算速度超级快、存储容量超级大、体积超级大、通信能力超级强、耗电超级多、造价超级高。

2. 什么是并行计算机?

现代计算机的发展历程可以分为两个时代:串行计算时代和并行计算时代。最早的超级计算机采用的是串行计算,是单个处理能力非常强的计算机,随着技术的发展,出现了并行计算,目前的超级计算机就是一种大规模的并行计算机。

并行计算机是由一组处理单元组成的,这组处理单元通过相互间的通信与协作,以更快的速度共同完成一项大规模的计算机任务。因此,并行计算机的两个最重要的组成部分是计算机节点和节点间的通信与协作机制。

用一个简单的比喻来解释串行计算机与并行计算机的工作方式的不同。要将A仓库的货物平均搬到B和C仓库,原本实行串行计算的计算机只能先将货物从A搬到B,再将剩下的货物从A搬到C,但是对于执行并行计算的超级计算机来说,它并不像串行计算那么死板,它可以同时做多个相同的事情,能同时完成从A仓库搬到B仓库及从A仓库到搬C仓库的操作,这样就提高了整体的效率,如图1-71和图1-72所示。

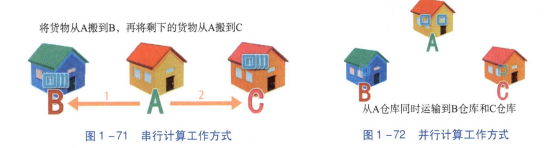

图1-71　串行计算工作方式　　　　　图1-72　并行计算工作方式

3. 我国超级计算机发展历程

1983年12月,由国防科技大学研制的"银河一号"超级计算机,峰值计算速度达到1亿次/s,标志着我国成为继美国、日本等国之后,能够独立设计和制造巨型机的国家,如图1-73所示。

1993年10月,由国家智能计算机研究开发中心研制的"曙光一号"超级计算机,峰值计算速度达到6.4亿次/s,标志着我国已经掌握了设计制造支持多线程机制的对称式紧耦合并行机,如图1-74所示。

1998年8月,由国家并行计算机工程技术研究中心研制的"神威Ⅰ"超级计算机,安装在中国国家气象局,峰值计算速度达到3 840亿次/s,是国内首台峰值性能突破千亿次的计算机,主要技术指标和性能达到国家先进水平,继美国、日本之后,我国成为具备自主研制千亿次高性能计算机能力的国家,如图1-75所示。

2009年10月,由国防科技大学研制的"天河一号"超级计算机,峰值计算速度达到1 206万亿次/s,是我国首台千万亿次超级计算机,如图1-76所示。

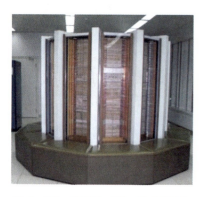

图 1－73 “银河一号”（1 亿次/s）

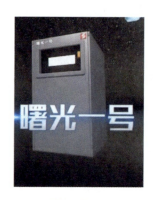

图 1－74 “曙光一号”（6.4 亿次/s）

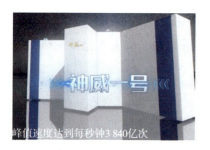

图 1－75 “神威一号”（3 840 亿次/s）

主机	TH-1A
性能	峰值性能4700TFlops（LINPACK实测值）
存储	4PB
近线存储	1.3PB
计算节点	共7168个CPU+GPU异构节点 节点配置：双路12核，2*Intel Xeon X5670 @ 2.93GHz + Tesla M2050，内存24GB/48GB
登陆节点	5个登陆节点，其中2个专用于数据传输
网络系统	天河自主高速互联
操作系统	REHT
文件系统	Lustre
作业调度系统	SLURM

图 1－76 “天河一号”计算系统配置

2011 年，“神威蓝光”由国家并行计算机中心等单位研制，安装在国家超级计算济南中心，系统架构采用 MPP 万万亿次体系架构，处理器采用了 8 704 片 16 核的神威 1600，峰值计算速度达到每秒 1 100 万亿次浮点计算，持续计算能力为 738 万亿次。其最大特点是核芯处理器全部采用国产 CPU 神威 1600 处理器。“神威蓝光”是我国首台完全采用自主处理器研制千万亿次超级计算机。

2013 年 6 月，“天河二号”由中国国防科技大学等单位研制，为“天河一号”超级计算机的后继者，并且成为世界上运算速度最快的超级计算机。2013 年 11 月 18 日，“天河二号”以比第二名美国的“泰坦”快近一倍的速度再度登上 Top 500 榜首。2013—2015 年，“天河二号”在超级计算机 Top 500 排行榜上连续 6 次排名世界第一，成为世界超算史上第一台连续 6 次夺冠的超级计算机，打破超算领域世界纪录。

2016 年 6 月，“神威·太湖之光”由国家并行计算机工程技术研究中心研制，系统峰值性能每秒 12.5 亿亿次，持续性能每秒 9.3 亿亿次，性能功耗比每瓦特 60.5 亿次。“神威”的中央处理器申威 26010 由中国自主设计生产，整个系统实现了核心部件全国产化。基于“神威·太湖之光”的“非线性大地震模拟”“千万核可扩展全球大气动力学全隐式模拟”应用项目获得国际高性能计算应用领域最高奖“戈登贝尔奖”，填补中国超算应用领域在这个奖项的获奖空白。

2018 年 7 月 22 日，“天河三号”E 级原型机系统在国家超级计算天津中心完成研制部署，并顺利通过项目课题验收。“天河三号”原型机系统配备 512 个迈创计算结点，128 个飞腾计算节点。浮点计算性能达 3.146 PFlops，并行存储总容量达 1 PB。目前，"天河三号"原型机已经在新能源开发、气候气象、材料研发、重大工程设计等方面发挥重要作用。开放运行以来，累计产生了 50 余项重要应用成果，涉及流体力学、能源、新材料、生物医药、天文、气候气象与海洋模拟、基础科学研究等 20 多个应用领域。

2018 年 8 月，神威 E 级超算原型机由国家并行计算机工程技术研究中心联合国家超级计算济南中心等团队，经过两年多的关键技术攻关与突破，在国家超级计算济南中心完成部署。峰值性能达到每秒浮点运算速度 3.13 PB。

从"银河"的历史性突破，到"天河""神威"等一系列超级计算机在世界范围内成为叫响"中国速度"的硬牌子，过去 40 年是中国超算事业不断突破的 40 年。在实践中，依托国家级超算中心建设，在国家和地方的协同支持下，中国超算事业发展进入了快车道。

单元综合实训一

一、选择题

1. 一个完整的计算机系统包括（　　）。
   A. 计算机及其外部设备　　　　　B. 主机、键盘和显示器
   C. 系统软件和应用软件　　　　　D. 硬件系统和软件系统
2. 目前，制造计算机所使用的电子器件是（　　）。
   A. 大规模集成电路　　　　　　　B. 晶体管
   C. 集成电路　　　　　　　　　　D. 大规模集成电路与超大规模集成电路
3. 以下四项中，既是输入设备又是输出设备的是（　　）。
   A. 硬盘驱动器　　B. 键盘　　C. 显示器　　D. 鼠标器

二、简答题

1. 谈谈你对我国超级计算机的认识。
2. 谈谈你对我国超级计算机的应用。

高手支招

单元 2
Windows 10 操作系统

教学目标

- 能够独立进行 Windows 10 操作系统的安装、升级及清理遗留数据
- 熟练掌握 Windows 10 的新功能："开始"菜单、虚拟桌面、分屏多窗口、操作中心
- 熟练掌握 Windows 10 操作系统的桌面、窗口、文件的基本操作及软件的安装与管理等
- 能够个性化设置 Windows 10 操作系统

项目 2.1 Windows 10 操作系统安装与升级

项目目标

- 掌握 Windows 10 操作系统的安装方法
- 掌握 Windows 10 操作系统的升级和遗留数据清理方法
- 学会制作 U 盘系统引导盘
- 了解操作系统的概念、功能和分类

项目描述

李某是某大学计算机专业的大一新生，因专业学习需要，其在电子购物平台上自己配置了一台台式计算机，现急需安装 Windows 10 操作系统。

任务 2.1.1 系统安装前准备

1. 检查系统配置

Windows 10 操作系统对电脑的配置要求并不高，该系统是 Microsoft 微软公司针对大多

数平台的操作系统，能兼顾高、中、低档电脑的配置。硬件配置具体要求见表 2-1。

表 2-1　硬件配置要求

CPU	1 GHz 或 SoC
内存	1 GB（32 位）或 2 GB（64 位）
硬盘	16 GB（32 位）或 32 GB（64 位）
显卡	Microsoft DirectX 9.0 或更高的版本

★ 准备 Windows 10 系统光盘或带引导系统的 U 盘安装盘。
★ 确保已经备份好 PC 上的所有数据，全新安装会清除掉 PC 上所有的文件。
★ 开始之前，断开所有外部设备，鼠标、键盘、网线除外。

2. 设置电脑 BIOS 第一启动设备

步骤 1：启动主机电源，迅速按下进入 BIOS 设置的功能键。主板型号不同，按键不一样，常见的有 Del、F8、F9、F12 或 Esc 键等，可根据启动提示或查看机型说明获知。

步骤 2：进入设置窗口后，找到"Boot"项，即找到引导次序设置项，将"Boot Option #1"设为光驱。注：若是用 U 盘安装，则第一引导设置设为"USB HDD"。保存后退出，重启计算机。

任务 2.1.2　安装 Windows 10 操作系统

1. 启动安装系统，收集信息

步骤 1：将 Windows 10 操作系统的安装光盘放入光驱中，重新启动计算机，出现"Press any key to boot from CD or DVD…"提示后，按任意键从光盘启动安装。

步骤 2：进入启动界面。系统自动加载安装文件，此时用户不需要执行任何操作。

步骤 3：选择安装语言。弹出"Windows 安装程序"界面，设置语言、国家、输入法，单击"下一步"按钮，如图 2-1 所示。

步骤 4：进入安装界面。如果要立即安装 Windows 10，则单击"现在安装"按钮，如果要修复系统错误，则单击"修复计算机"选项，这里单击"现在安装"按钮。

步骤 5：进入"激活 Windows"界面。输入购买 Windows 10 系统时微软公司提供的密钥，单击"下一步"按钮，如图 2-2 所示。

图 2-1　选择安装语言

★ 密钥一般在产品包装背面或者电子邮件中。

★ 若用户暂时没有产品密钥，可单击"跳过"按钮，暂不激活系统，等待安装完成后再激活。

步骤 6：选择系统版本。在对话框中选择需要安装的系统版本，单击"下一步"按钮。目前系统版本有 Windows 10 家庭版、Windows 10 专业版、Windows 10 企业版、Windows 10 教育版、Windows 10 移动版、Windows 10 移动企业版及 Windows 10 物联网版。

步骤 7：同意许可条款。单击选中"我接受许可条款"复选项，单击"下一步"按钮。

步骤 8：选择安装类型。如果要采用升级的方式安装 Windows 系统，可以单击"升级"选项。全新安装单击"自定义：仅安装 Windows（高级）"选项，如图 2-3 所示。

图 2-2　激活 Windows 界面

图 2-3　选择安装类型界面

2. 磁盘分区，选择安装位置

★ 系统默认安装在 C 盘，若安装在其他硬盘分区中，应将该分区格式化处理。

★ 若是新电脑，先将硬盘分区，然后选择系统盘 C 盘。

★ 安装 Windows 10 操作系统时，建议系统盘容量在 50 GB 以上。

步骤 1：新硬盘分区操作。进入"你想将 Windows 安装在哪里？"界面，此时的硬盘是没有分区的新硬盘，首先要进行分区操作。如果是已经分区的硬盘，只需要选择要安装的硬盘分区，单击"下一步"按钮即可。这里单击"新建"按钮，如图 2-4 所示。

步骤 2：设置分区大小参数。"大小"文本框中输入磁盘大小，单击"应用"按钮，最小值 60 000 MB，如图 2-5 所示。

步骤 3：选择系统安装位置。选择需要安装系统的分区，单击"下一步"按钮，如图 2-6 所示。

图 2-4　新硬盘分区操作

单元 2　Windows 10 操作系统

图 2-5　设置分区大小参数

图 2-6　选择系统安装位置

3. 自动进行 Windows 安装

安装期间，系统会自动重启电脑数次，用户不需手动重启。

步骤 1：进入"正在安装 Windows"界面，如图 2-7 所示。

步骤 2：进入系统设置。安装主要步骤完成之后，进入后续设置阶段，可直接单击"使用快速设置"来使用默认设置，也可以使用"自定义"来逐项安装，如图 2-8 所示。

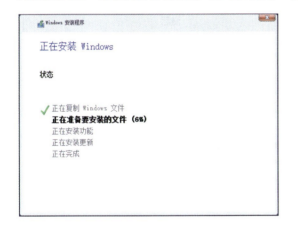

图 2-7　"正在安装 Windows"界面

图 2-8　系统设置界面

步骤 3：设置电脑所有者。在"谁是这台电脑的所有者？"界面选择"我拥有它"选项，单击"下一步"按钮。

步骤 4：设置 Microsoft 账户。在"个性化设置"界面，用户可以输入 Microsoft 账户，如果没有，单击"创建一个"超链接进行创建。如果没有网络，可以单击"跳过此步骤"链接，这里单击"跳过此步骤"链接。

步骤 5：创建电脑账户。进入"为这台电脑创建一个账户"界面，如图 2-9 所示，输入要创建的用户名、密码和提示内容，单击"下一步"按钮。

步骤 6：系统安装完成后，进入欢迎界面，再进入系统桌面，安装程序还会根据用户的显示器及显卡的性能自动调整最合适的屏幕分辨率，如图 2-10 所示。

图 2-9 为电脑创建一个用户

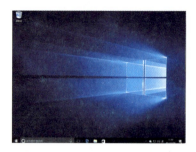
图 2-10 Window 10 系统桌面

任务 2.1.3 查看 Windows 10 激活状态及版本信息

安装 Windows 10 操作系统后,可以查看 Windows 10 是否已经激活,如果没有激活,将会影响操作系统的正常使用。

步骤 1:按快捷键 Windows + I,打开"设置"面板,单击"更新和安全"选项,如图 2-11 所示。

步骤 2:进入"设置 - 更新和安全"面板,单击"激活"选项,即可在右侧显示 Windows 10 操作系统的激活状态,如图 2-12 所示。

图 2-11 设置面板

图 2-12 激活选项

步骤 3:查看系统的版本信息。按快捷键 Windows + E,进入"文件资源管理器"窗口,单击"文件"选项卡,在弹出的列表中选择"帮助"→"关于 Windows"命令,如图 2-13 和图 2-14 所示。

图 2-13 "文件管理器"窗口

图 2-14 查看版本信息

任务 2.1.4　升级 Windows 10 系统到最新版本

Windows 10 推出新版本后，用户可以手动进行更新，这样能够确保自己第一时间体验新功能。更新到最新版本的方法主要有以下两种。

1. 使用微软 Microsoft 官网更新助手

步骤 1：打开微软软件下载页面（www.microsoft.com/zh-cn/software-download/windows10），单击页面中的"立即更新"超链接，如图 2-15 所示。

步骤 2：在页面下方弹出的对话框中，单击"运行"按钮，即可下载并运行更新助手工具，如图 2-16 所示。

图 2-15　官网更新界面

图 2-16　下载并运行更新工具

步骤 3：在弹出的"微软 Windows 10 易升"软件对话框中，单击"立即更新"按钮。

步骤 4：软件检测电脑的兼容性后，如果 CPU、内存及磁盘空间正常，则可直接单击"下一步"按钮。如果检测后发现不满足条件，则根据提示进行操作，如释放磁盘空间。

步骤 5：软件下载 Windows 10 更新，并显示进度。如果当前电脑有其他操作，可单击"最小化"按钮，将其缩小到通知栏中。

步骤 6：更新完成后，进入系统桌面，看到提示。单击"退出"按钮，即可完成系统升级。

2. 使用"Windows 更新"功能

步骤 1：按快捷键 Windows + I，打开"设置"面板，然后单击"更新和安全"选项。

步骤 2：进入"设置-更新和安全"面板，单击"Windows 更新"选项，在右侧区域单击"检查更新"按钮，进行系统检查。

步骤 3：根据提示升级即可，可以根据个人情况选择"下载"或"下载并安装"，如图 2-17 所示。

步骤 4：更新升级完成后，可选择"查看更新历史记录"，如图 2-18 所示。

图2-17　Windows更新界面

图2-18　更新历史记录

任务2.1.5　清理系统升级的遗留数据

升级 Windows 10 系统后，系统盘中会产生一个"Windows.old"文件夹，该文件夹保留了之前系统的相关数据，不仅占用大量系统盘容量，而且无法直接删除。如果不需要执行回退操作，可以使用磁盘工具将其清除，节省磁盘空间，清理系统升级遗留数据。

步骤1：按快捷键 Windows + E，进入"文件资源管理器"窗口，单击"此电脑"选项，在系统盘上单击鼠标右键，在弹出的快捷菜单中选择"属性"菜单命令。

步骤2：在"属性"对话框，单击"常规"选项卡下的"磁盘清理"按钮。

步骤3：弹出"磁盘清理"对话框，系统将开始扫描系统盘。扫描完成后，弹出"磁盘清理"对话框，再次单击"清理系统文件"按钮，如图2-19所示。

步骤4：再次扫描系统后，在"要删除的文件"列表中勾选"Windows 更新清理"选项，如图2-20所示，并单击"确定"按钮，在弹出的"磁盘清理"提示框中，单击"确定"按钮，即可进行清理。

图2-19　"磁盘清理"对话框

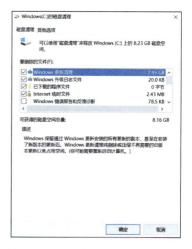

图2-20　释放 Windows 更新清理

操作系统，就是管理计算机软硬件资源，为用户提供良好的人机交互界面的系统软件。它是计算机软件系统的核心。

1. 操作系统的功能

操作系统的主要任务是有效管理计算机系统资源，提供友好便捷的用户接口。它具有五大功能：处理器管理、存储器管理、文件管理、设备管理和作业管理。

（1）处理器管理

就是在多进程间进行 CPU 的合理分配与调度。其是操作系统的核心。

（2）存储器管理

为各个进程分配合理的存储器（内存）空间，使各进程的存储区互不侵犯。

（3）文件管理

为用户提供一个简单、统一的访问文件的方法，而不必了解文件具体是如何存放的。

（4）设备管理

负责对计算机系统的外部设备进行有效的管理，使用户方便使用外部设备，提高 CPU 和设备的利用率。

（5）作业管理

作业是指用户向计算机提出的各种操作要求。作业管理的功能是提供用户与计算机系统的接口，使用户方便地运行自己的程序，并对系统中所有用户作业进行统一组织管理，以提高整个系统的运行效率。

2. 操作系统的分类

对操作系统进行严格的分类是困难的，现在一般从以下几个方面进行分类：

（1）从用户界面上来分

微机操作系统可以分为字符界面和图形界面两种。DOS 是字符界面的操作系统，DOS 系统上的所有操作都是通过文字形式的命令来实现的，对用户的要求较高；Windows 是基于图形界面的操作系统，因其直观、形象的用户界面，简单的操作方法，使用户十分容易使用，成为目前应用最广泛的一种操作系统。

（2）从使用的操作环境和功能特征来分

可分为批处理系统、分时操作系统和实时操作系统、嵌入式操作系统、网络操作系统。

（3）从同时管理的用户数和任务数来分

有单用户单任务操作系统，典型代表是 DOS 操作系统；单用户多任务操作系统，典型代表是 Windows 7 以下版本的操作系统，高版本的 Windows 操作系统已经允许多用户了；多用户多任务网络操作系统，如 UNIX；多用户多任务开放式网络操作系统，如 Linux。而 Android 是一种基于 Linux 的自由及开放源代码的操作系统，主要用于移动设备。

Windows 10 是微软公司继 Windows 2000/XP/Vista/7/8 操作系统之后推出的新一代 Windows 操作系统版本。

3. 制作 U 盘系统启动盘和安装盘

由于现在所有的计算机几乎都带有 USB 接口，却不一定带有光驱，并且 U 盘携带方便，所以学生使用 U 盘来安装操作系统是最常见的。制作步骤如下：

步骤 1：准备好一个不小于 4 GB 的 U 盘。

步骤 2：安装 U 盘系统启动制作软件。下载"U 盘启动系统制作安装包"到计算机上，并运行它，即安装到电脑上。

步骤 3：制作 U 盘启动盘。运行上面安装的制作程序，插入 U 盘，会自动找到 U 盘，如果没有自动找到，可手动查找，然后单击制作即可。

步骤 4：到系统之家下载一个需要的 Windows 10 系统安装包（ISO 文件），可以保存到 U 盘上，也可以保存到要安装系统的硬盘上。

步骤 5：用 U 盘引导启动计算机，根据向导进行系统安装即可。

项目 2.2　认识 Windows 10 新功能

项目目标

- 掌握 Windows 10 "开始"菜单的基本设置，熟练使用
- 掌握设置虚拟桌面功能，合理使用
- 掌握分屏多窗口设置，合理使用
- 了解操作中心的通知信息列表的操作，掌握快捷按钮的添加、删除操作
- 了解并能使用 Cortana（小娜）

项目描述

李某是某大学计算机专业的大一新生，在电脑市场上组装了一台台式计算机，安装和升级 Windows 10 操作系统后，非常期待体验一下 Windows 10 操作系统的新功能。

任务 2.2.1　挑战全新的"开始"菜单

Windows 10 操作系统中出现了全新的"开始"菜单，新的"开始"菜单与旧的"开始"菜单相似，但增添了 Windows 8 的磁贴功能。实际使用起来，全新的"开始"菜单相对旧的"开始"菜单具有很大的优势，因为"开始"菜单照顾到了桌面和平板电脑用户。

1. 认识全新的"开始"菜单

单击桌面左下角的"开始"按钮，弹出"开始"工作界面。其主要由"展开/开始按钮""固定项目列表""应用列表"和"动态磁贴面板"等组成，如图 2-21 所示。

"展开按钮"：可以展开显示所有固定项目的名词。

"固定项目列表"：包含了"用户""文档""图片""设置"及"电源"按钮。

"应用列表"：显示电脑中的应用程序。

"动态磁贴"中的信息是活动，在任何时候都显示正在发生的变化，其功能和快捷方式相似。

单元 2　Windows 10 操作系统

图 2-21　全新"开始"菜单

"开始"屏幕中包含多个动态磁贴和应用程序的快捷图标,方便用户快速启动常用应用程序。

2. 将常用应用程序固定到"开始"屏幕

用户可以将常用应用程序固定到"开始"屏幕中,方便快速查找与打开。具体操作步骤如下。

步骤 1：在程序列表中,选中需要固定到"开始"屏幕中的程序,右击该程序,在弹出的快捷菜单中选择"固定到'开始'屏幕选项",如图 2-22 所示,效果如图 2-23 所示。

图 2-22　"钉钉"固定到"开始"屏幕

图 2-23　"钉钉"固定到"开始"菜单效果

步骤 2：如果想要将某个程序从"开始"屏幕中删除,可在"开始"屏幕中选中程序图标,右击,选择"从'开始'屏幕取消固定"选项即可。

3. 打开与关闭动态磁贴

动态磁贴可以帮助用户及时了解应用的更新信息与最新动态。打开与关闭动态磁贴操作方法如下。

打开操作：右击需要打开的动态磁贴图标,在弹出的快捷菜单中选择"更多"→"打开动态磁贴",如图 2-24 所示。

关闭操作：右击需要关闭的动态磁贴图标，在弹出的快捷菜单中选择"更多"→"关闭动态磁贴"。

4. 整理"开始"屏幕

"开始"菜单中的磁贴过多，会影响用户的使用效率。可通过删除不常用的磁贴、新建磁贴组、调整磁贴组等来提高用户体验感。

步骤1：删除不常用的磁贴。右击不常用磁贴，在弹出的快捷菜单中选择"从'开始'屏幕取消固定"。

步骤2：新建磁贴组。将同一类的磁贴移到空白区域，当出现灰色栏时释放鼠标。将指针移动到"命名组"栏，单击"命题组"右侧的"＝"按钮，单击定位插入点，输入新的名词，然后按 Enter 键确认，如图 2-25 所示。

图 2-24　打开动态磁贴

图 2-25　重命名磁贴组

步骤3：调整磁贴组。将同类目标的磁贴拖曳至目标磁贴组。同时，可通过右击磁贴，在弹出的快捷菜单选择"调整大小"命令，进行大小调整。

任务2.2.2　合理使用虚拟桌面功能

Windows 10 新功能虚拟桌面（多桌面）打破传统一用户一桌面的形式，增加同一个用户多个桌面环境，可选择性加强。下面以创建一个办公桌面和一个娱乐桌面为例，来介绍多桌面的使用方法与技巧。

步骤1：单击任务栏搜索框右侧的"任务视图"按钮，进入虚拟桌面操作界面，如图 2-26 所示。

步骤2：单击"新建桌面"按钮，系统自动新建一个桌面，命名为"桌面2"，如图 2-27 所示。

步骤3：进入桌面1，在其中右击任意窗口图标，在弹出的快捷菜单中选择"移动到"→"桌面2"选项即可，如图 2-28 所示。

步骤4：按快捷键 Win + Tab 即可打开虚拟桌面视图窗口，单击桌面切换，如图 2-29 所示。

★ Windows 10 创建虚拟桌面没有数量限制。

★ 按快捷键 Win + Tab + →、Win + Tab + ←可以快速向左向右切换虚拟桌面。

单元 2　Windows 10 操作系统

图 2-26　虚拟桌面操作界面

图 2-27　新建桌面

图 2-28　移动到桌面

图 2-29　切换虚拟桌面

任务 2.2.3　分屏多窗口功能

在工作中，用户经常会打开多个程序或窗口，并不停地切换。Windows 10 系统中分屏功能可以在桌面同时显示多个窗口，方便用户切换。下面以将屏幕分成三区，显示三个窗口为例，介绍分屏多窗口的使用方法。

步骤 1：拖曳一个程序窗口到屏幕右侧，当出现窗口停靠虚框时释放鼠标即可，如图 2-30 所示。

步骤 2：此时程序窗口将停靠在桌面右侧，占据一半的屏幕，另一半则会显示其他打开了的窗口，如图 2-31 所示。

图 2-30　拖曳窗口至出现虚框

图 2-31　屏幕分两屏效果

步骤3：单击其中的某一个窗口缩略图，此时选择的窗口将停靠到桌面左侧，占满剩余的屏幕部分。若单击左侧空白位置，则将退出停靠状态。

步骤4：将程序窗口拖曳到左上角，此时程序窗口将停靠在屏幕的左上方，并在下方显示其他程序窗口，如图2-32所示。

步骤5：在左下方显示的程序图标上单击需要显示的程序缩略图，即可将窗口停靠在左下方，如图2-33所示。

图2-32　屏幕分两屏效果

图2-33　屏幕分三屏效果

任务2.2.4　操作中心功能

Window 10操作系统引入了全新的操作中心，可集中显示操作系统通知、邮件通知等信息及快捷操作选项。

操作中心在任务栏通知区域以图标方式显示，单击图标■即可打开操作中心，如图2-34所示。按快捷键Win+A可快速打开操作中心。

操作中心由两部分组成，上半部分为通知信息列表，下半部分由快捷键按钮组成。操作系统会自动对通知信息进行分类。单击列表中的通知信息即可查看信息详情或打开相关设置界面。自左向右滑动通知信息即可从操作中心将其删除，单击顶部的"全部清除"按钮将清空通知信息列表。

图2-34　操作中心

1. 合理地关闭通知

通知信息过多，常常会干扰用户的正常使用，可合理地关闭一些通知，具体操作如下：

步骤1：按快捷键Windows+I打开"设置"窗口，在其中选择"系统"选项。

步骤2：在左侧选择"通知和操作"选项，在右侧单击对应选项下的开关按钮即可，如图2-35所示。

图2-35　"通知和操作"选项中修改通知类型

2. 更改通知类型

在系统"设置"窗口右侧单击需修改通知类型的选项，以 360 电脑体检为例，弹出"通知类型"对话框，可在对话框中自行选择通知情况。

3. 设置快捷按钮

步骤 1：在系统"设置"窗口左侧选择"通知和操作"选项，在右侧单击"编辑快速操作"，选择选项设置开关，如图 2-36 所示。

步骤 2：在弹出的设置界面中，单击快捷操作选项的"钉钉图标"，可删除；单击"添加"按钮，可增加快捷操作选项，如图 2-37 所示。

图 2-36 "编辑快速操作"选项

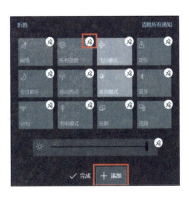

图 2-37 "编辑快速操作"界面

任务 2.2.5 智能助理——Cortana（小娜）

Cortana（小娜）是微软发布的全球第一款个人智能助理，能够了解并记录用户的喜好和习惯，帮助用户在电脑上查找资料、管理日历、跟踪快递包裹状态、查找文件、陪你聊天、推送关注的资讯等。

1. 语音唤醒 Cortana

小娜的语音唤醒方式很方便，只需对着麦克风喊一声"你好小娜"即可，具体设置如下。

步骤 1：单击任务栏上"Cortana"按钮，与 Cortana 交流，如图 2-38 所示。

步骤 2：弹出 Cortana 界面，单击"设置"按钮，如图 2-39 所示。

图 2-38 Cortana 按钮

步骤 3：打开"对 Cortana 说话"界面，将"你好小娜"下面的"让 Cortana 响应'你好小娜'"选项设置为"开"，如图 2-40 所示。

图2-39 单击Cortana界面的"设置"按钮

图2-40 "对Cortana说话"界面

步骤4：对准麦克风说"你好小娜"，任务栏左侧位置即弹出Cortana聆听面板，如图2-41所示。

2. 使用Cortana

小娜不仅仅是简单的语音助手，它具备的功能丰富多样，例如天气提醒、打开应用程序、安排日程等。

步骤1：对准麦克风说"你好小娜北京天气"，系统自动识别声音，弹出聆听面板，如图2-42所示。

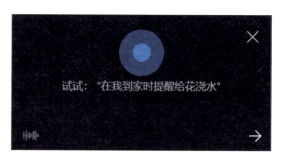

图2-41 Cortana聆听面板

步骤2：识别要搜索的信息后，即可在打开的界面显示当天的北京天气情况，如图2-43所示。

图2-42 搜索北京天气

图2-43 显示北京天气

知识链接

Windows 10操作中包含有很多快捷键，掌握Windows 10操作中的快捷键，可以提高操作效率。

1. 常用的 Windows 快捷键操作

常用的 Windows 快捷键操作见表 2-2。

表 2-2 常用的 Windows 快捷键操作

快捷键	功能	功能描述
Windows	桌面操作	桌面与"开始"菜单切换按键
Windows + B	桌面操作	鼠标指针移至通知区域
Windows + Ctrl + D	桌面操作	创建新的虚拟桌面
Windows + Ctrl + F4	桌面操作	关闭当前虚拟桌面
Windows + Ctrl + ←/→	桌面操作	切换虚拟桌面
Windows + D	桌面操作	显示桌面,第二次按此组合键则恢复桌面(不恢复"开始"屏幕应用)
Windows + L	桌面操作	锁定 Windows 桌面
Windows + T	桌面操作	切换任务栏上的程序
Windows + P	窗口操作	多显示器的切换
Windows + M	窗口操作	最小化所有窗口
Windows + Home	窗口操作	最小化所有窗口,第二次按键恢复窗口(不恢复"开始"屏幕应用)
Windows + ←	窗口操作	最大化窗口到左侧的屏幕上(与开始屏幕应用无关)
Windows + →	窗口操作	最大化窗口到右侧的屏幕上
Windows + A	打开功能	打开操作中心
Windows + Alt + Enter	打开功能	打开"任务栏和'开始'菜单属性"对话框
Windows + Breake	打开功能	显示"系统属性"对话框
Windows + C	打开功能	唤醒 Cortana 至迷你版聆听状态
Windows + E	打开功能	打开此电脑
Windows + H	打开功能	打开共享栏
Windows + I	打开功能	快速打开"设置"对话框
Windows + K	打开功能	打开连接栏
Windows + Q	打开功能	快速打开搜索框
Windows + R	打开功能	打开"运行"对话框
Windows + S	打开功能	打开 Cortana 主页
Windows + Tab	打开功能	打开任务视图
Windows + U	打开功能	打开"轻松使用设置中心"对话框
Windows + X	打开功能	打开"开始"快捷菜单

续表

快捷键	功能	功能描述
Windows + Enter	打开功能	打开"讲述人"
Windows + Space	输入法切换	切换输入语言和键盘布局
Windows + –	放大镜操作	缩小（放大镜）
Windows + +	放大镜操作	放大（放大镜）
Windows + Esc	放大镜操作	关闭（放大镜）

2. 功能键区的操作

功能键区的操作见表 2 – 3。

表 2 – 3　功能键区的操作

快捷键	功能描述
Esc	撤销某项操作、退出当前环境或返回原菜单
F1	搜索"在 Windows 10 中获取帮助"
F2	重命名选定项目
F3	搜索文件或文件夹
F4	在 Windows 资源管理器中显示地址栏列表
F5	刷新活动窗口
F6	在窗口中或桌面上循环切换屏幕元素

3. 常用的快捷键

常用的快捷键见表 2 – 4。

表 2 – 4　常用的快捷键

快捷键	功能描述
Alt + D	选择地址栏
Alt + Enter	显示所选项的属性
Alt + Esc	以项目打开的顺序循环切换项目
Alt + F4	关闭活动项目或者退出活动程序
Alt + P	显示/关闭预览窗格
Alt + Tab	切换桌面窗口
At + Space	为活动窗口打开快捷方式菜单
Ctrl + A	选择文档或窗口中的所有项目
Ctrl + Alt + Tab	使用箭头键在打开的项目之间切换
Ctrl + D	删除所选项目并将其移动到"回收站"
Ctrl + E	选择搜索框
Ctrl + Esc	桌面与"开始"菜单切换按键
Ctrl + F	选择搜索框
Ctrl + F4	关闭活动文档
Ctrl + N	打开新窗口

单元 2　Windows 10 操作系统

续表

快捷键	功能描述
Ctrl + Shift	在启用多个键盘布局时切换键盘布局
Ctrl + Shift	加某个箭头键选择一块文本
Ctrl + Shift + E	显示所选文件夹上面的所有文件夹
Ctrl + Shift + Esc	打开任务管理器
Ctrl + Shift + N	新建文件夹
Ctrl + Shift + Tab	在选项卡上向前移动
Ctrl + Tab	在选项卡上向后移动
Ctrl + W	关闭当前窗口
Ctrl + C	复制选择的项目
Ctrl + X	剪切选择的项目
Ctrl + V	粘贴选择的项目
Ctrl + Z	撤销操作
Ctrl + Y	重新执行某项操作
Ctrl + 鼠标滚轮	更改桌面上的图标大小
Ctrl + ↑	将光标移动到上一个段落的起始处
Ctrl + ↓	将光标移动到下一个段落的起始处
Ctrl + →	将光标移动到下一个字词的起始处
Ctrl + ←	将光标移动到上一个字词的起始处
Shift + Tab	在选项上向后移动
Shift + Delete	将所选项目直接删除
Shift + F10	选中项目的右菜单

项目 2.3　Windows 10 基本操作

项目目标

- 掌握桌面基本操作
- 掌握窗口基本操作
- 掌握文件管理相关操作
- 学会安装常用软件

项目描述

李某在了解 Windows 10 操作系统的新功能后，想要使用 Windows 10 操作系统进行学习和办公，因此，他需要掌握桌面基本操作、窗口基本操作、文件管理操作、安装常用软件等。

任务 2.3.1　桌面基本操作

为了方便日常工作与学习，通常将经常使用的文件、文件夹、程序快捷图标放置在桌面,并设置桌面图标大小及排列方式,以方便查找。对于特殊的内容图标,还可以自行设置图标样式,以便区分。对于不常用的图标,则可以删除。

1. 添加常用的系统图标

默认情况下,刚安装好的 Windows 10 操作系统桌面只有"回收站"和浏览器图标,用户可以添加"此电脑""网络""控制面板"等图标。

步骤1:在桌面空白处单击鼠标右键,在弹出的快捷菜单中选择"个性化"选项。

步骤2:打开"设置"面板下的"个性化"中心,选择"主题"选项卡。

步骤3:在"主题"对话框中,单击"桌面图标设置"选项,如图2-44所示。

步骤4:弹出"桌面图标设置"对话框,在其中选中需要添加的系统图标,单击"确定"按钮,如图2-45所示。

图2-44 "主题"对话框

图2-45 "桌面图标设置"对话框

步骤5:返回桌面,选择的图标已添加至桌面。

2. 创建常用程序的快捷图标

步骤1:在"开始"菜单中找到目标程序,在其上面单击鼠标右键,选择"更多"→"打开文件所在的位置"。

步骤2:在弹出的窗口中,选择"管理"菜单,单击"快捷工具"中的"打开位置",如图2-46所示。

步骤3:在弹出的窗口中找到程序,单击鼠标右键,在快捷菜单中选择"发送到"命令,在打开的子菜单中选择"桌面快捷方式"命令,如图2-47所示。

图2-46 "快捷工具"中的"打开位置"选项

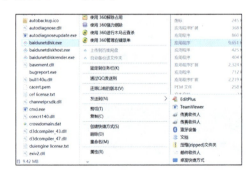

图2-47 "桌面快捷方式"操作

步骤4：返回桌面查看快捷图标。

3. 创建文件或文件夹快捷图标

步骤1：右击需要创建的文件、文件夹，在弹出的快捷菜单中选择"发送到"→"桌面快捷方式"选项。

步骤2：返回桌面查看文件夹快捷图标。

4. 设置图标的大小及排列

步骤1：在桌面空白处右击，在快捷菜单中选择"查看"选项，在弹出的子菜单中，用户可以根据实际情况自行选择大图标、中等图标、小图标。

步骤2：在桌面的空白处右击，在弹出的快捷菜单中选择"排列方式"选项，在子菜单中有4种排列方式：名称、大小、项目类型和修改日期，用户可以根据实际情况自行选择。

5. 更改图标样式

步骤1：右击桌面文件夹，在弹出的快捷菜单中选择"属性"，在"属性"对话框中，选择"自定义"→"更改图标"选项，如图2-48所示。

步骤2：在弹出的对话框中，可以从列表中选择一个图标。也可以单击"浏览"按钮，在打开的对话框中找到需要设置图标的图片所在的位置，选择图标图片，单击"确定"按钮，如图2-49所示。

图2-48 "更改图标"选项

图2-49 选择新的图标

任务2.3.2 窗口的基本操作

窗口是用于查看应用程序或文件等信息的一个矩形区域。在Windows 10操作系统中，窗口负责显示和处理某一类信息，用户可以在上面工作，并在各窗口之间交换信息。运行每一应用程序时，系统将会创建并显示对应的一个窗口。Windows 10中有应用程序窗口、文件夹窗口、对话框窗口等，其组成如图2-50所示。

窗口的主要操作：移动窗口、缩放窗口、关闭窗口、最大化，还原窗口、最小化窗口、窗口切换。

图 2 – 50　窗口的组成

1. 移动窗口

用鼠标按住标题栏可以移动窗口。

2. 缩放窗口

用鼠标指向窗口的任意边界或四个角，当鼠标变成双箭头时，可以任意缩放窗口；半自动化的窗口缩放是 Windows 10 的另外一项功能：用户把窗口拖到屏幕最上方，窗口就会自动最大化；把已经最大化的窗口往下拖一点，它就会自动还原；把窗口拖到左右边缘，它就会自动变成 50% 的宽度。

3. 关闭窗口、最大化/还原窗口及最小化窗口

单击窗口右上角的三个按钮，分别可以实现最小化、最大化/还原、关闭操作；另外，单击任务栏上最右边的"显示桌面"按钮，可以最小化所有窗口。最小化窗口是将程序转入后台运行。当用户在 Windows 10 系统中打开大量文档工作时，如果需要专注在其中一个窗口，只需要在该窗口上按住鼠标左键并且轻微晃动鼠标，其他所有的窗口便会自动最小化；重复该动作，所有窗口又会重新出现。

窗口的大部分操作还可以通过窗口菜单来完成。单击标题栏左上角的控制菜单按钮，就可以打开图 2 – 51 所示的控制菜单，选择需要执行的菜单命令即可。

图 2 – 51　控制菜单

4. 桌面上窗口的排列方式

在桌面上，所有打开的窗口都可以采取层叠或平铺的方式进行排列，方法是在任务栏的空白处右击，在弹出的图 2 – 52 所示的快捷菜单中选择相应的显示方式即可。

5. 窗口切换

Windows 可以同时打开多个窗口，但只能有一个活动窗口。切换窗口就是将非活动窗口变成活动窗口的操作，切换的方法有：

图 2 – 52　快捷菜单

方法1：利用快捷键。

按下 Alt + Tab 组合键时，屏幕中间的位置会出现一个矩形区域，显示所有打开的应用程序和文件夹图标，按住 Alt 键不放，反复按 Tab 键，这些图标就会轮流由一个蓝色的框包围而突出显示，当要切换的窗口图标突出显示时，松开 Alt 键，该窗口就会成为活动窗口。

方法2：利用 Alt + Esc 组合键。

Alt + Esc 组合键的使用方法与 Alt + Tab 组合键的使用方法相同，唯一的区别是按下 Alt + Esc 组合键不会出现窗口图标方块，而是直接在各个窗口之间进行切换。

方法3：利用程序按钮区。

每运行一个程序，在任务栏中就会出现一个相应的程序按钮，单击程序按钮，就可以切换到相应的程序窗口。

方法4：用鼠标单击窗口的任意位置。

任务2.3.3 文件管理基本操作

文件是最小的数据组织单位，常见文件有图片文件、系统文件、视频文件、Office 办公文件等。为了便于管理，把文件组织到文件夹（目录）和子文件夹（子目录）中。

Windows 10 系统开发设计了两项便利的新功能：最近使用的文件功能、快速访问功能。

要进行文件管理，首先要掌握文件和文件夹的基本操作，如创建、打开和关闭、复制和移动、删除、重命名等操作。

在进行文件或文件夹管理时，用户有时忘记文件或文件夹的位置，只大概记得名称，这时搜索操作很重要。

除此之外，隐藏与显示文件或文件夹、压缩与解压缩文件或文件夹、加密和解密文件或文件夹也常用到。

1. 最近使用的文件功能，快速打开文件

Windows 10 系统文件资源管理器增加了最近使用的文件列表功能，用户可以通过最近使用的文件列表来快速打开文件。

按快捷键 Win + E 快速打开"文件资源管理器"窗口，单击"快速访问"选项，在内容窗口处显示常用文件夹和最近使用的文件，如图2－53所示。

2. 将文件夹固定到快速访问列表，便于查找和使用

步骤1：选中需要固定在"快速访问"列表中的文件夹，右击，在弹出的快捷菜单中选择"固定到快速访问"选项，如图2－54所示。

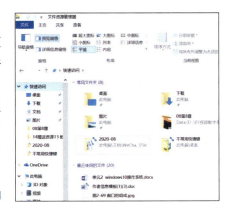

图2－53 "最近使用的文件"位置

步骤2：返回"文件资源管理器"窗口，可以看到选中的文件已固定到"快速访问"列表中，后面显示固定图标📌，并且区别于常用文件夹。

3. 查看文件或文件夹

步骤1：在窗口左侧的导航窗格中，单击项目前面的向右箭头可以展开或折叠其下一级子目录。

步骤2：在文件夹窗口中，"查看"选项卡"布局"栏中有多种视图方式，如超大图标、大图标、中等图标、小图标、列表、详细信息、平铺、内容等。其中，"详细信息"可以显示名称、类型、日期、大小、长度等，并可以通过单击它们进行排序。

图 2-54 "固定到快速访问"选项

4. 新建文件或文件夹

步骤1：选中要创建文件夹或文件的位置。

步骤2：单击鼠标右键，在弹出的快捷菜单中选择"新建"命令，在子菜单中选择"文件夹"命令，即可创建文件夹。选择其他选项可以新建相应的文件，如单击"文本文档"即可创建一个记事本文件。

5. 选定文件或文件夹

要对文件或文件夹进行各种操作，首先应选定该文件或文件夹。

（1）选定单个文件或文件夹

步骤1：用鼠标单击要选定的文件或文件夹，被选定的文件或文件夹以蓝底形式显示。

步骤2：若需取消选择，用鼠标单击一下被选定文件或文件夹外的任意位置即可。

（2）选定一组相邻文件或文件夹

方法1：

步骤1：要选择多个相邻的文件或文件夹，将鼠标指针移动到要选定范围的一角，按住鼠标左键不放进行拖动，出现一个浅蓝色的半透明矩形框。

步骤2：当矩形框框选所有文件或文件夹后释放鼠标左键，即可选中所有矩形框内的文件或文件夹。

方法2：

首先用鼠标单击第一个文件或文件夹，然后按住 Shift 键不放，再单击要选中的最后一个文件或文件夹即可。

（3）选定一组不相邻文件或文件夹

按住 Ctrl 键不放，依次单击想要选定的各个文件或文件夹即可。

要想取消选定的某个文件或文件夹，只需再次单击它即可。

（4）选定全部文件

选择"主页"→"选择"→"全部选择"命令，如图 2-55 所示，或按 Ctrl + A 组合键，可以选定当前窗口中的所有文件和文件夹。

6. 删除文件或文件夹

选中文件或文件夹后,用以下几种方法均可将其删除:

方法1:单击鼠标右键,在弹出的快捷菜单中选择"删除"命令。

方法2:按住鼠标左键不放,将其拖动到桌面上的"回收站"图标上,释放鼠标即可。

方法3:直接按Delete键。若要永久删除文件或文件夹,则在选中文件或文件夹后,按住Shift键不放进行删除。

图2-55 "全部选择"命令

若发现误删除,挽回方法有:

方法1:在"自定义快速访问工具栏"中单击"撤销"选项(快捷键为Ctrl+Z),如图2-56所示。

方法2:双击打开"回收站",找到误删除的对象,右击,在弹出的快捷菜单中选择"还原"命令。

7. 复制和移动文件或文件夹

复制文件或文件夹是指为文件或文件夹在某个位置创建一个备份,而原位置的仍然保留;移动文件或文件夹是指将文件或文件夹从一个目录移到另一个目录中。移动和复制文件或文件夹可以通过菜单命令和鼠标拖动两种方法实现。

图2-56 "撤销"选项

(1) 复制文件或文件夹

①用拖动的方法。用鼠标选择要复制的文件或文件夹,按住Ctrl键,并将文件或文件夹拖到目的驱动器或文件夹中,松开鼠标和Ctrl按键即可。

②用剪贴板的方法。用鼠标选择要复制的对象,按快捷键Ctrl+C,选择目的驱动器或文件夹,按快捷键Ctrl+V即可。

(2) 移动文件或文件夹

①用快捷键的方法。鼠标选择要移动的对象,按快捷键Ctrl+X,选择目的驱动器或文件夹,按快捷键Ctrl+V即可。

②用"剪切到"命令。选择"组织"→"剪切到"命令,选择目标位置即可。

8. 重命名文件或文件夹

为了区别文件或文件夹,有时需要对文件或文件夹进行重命名。

步骤1:选定要重命名的文件或文件夹,然后单击鼠标右键,在弹出的快捷菜单中选择"重命名"命令。

步骤2:此时要重命名的文件或文件夹图标下面的文字将反白显示,键入新的名称,完成后按Enter键即可。

注意:同一个文件夹中不允许存在相同的子文件夹名,也不允许出现文件名与扩展名都相同的文件。

9. 搜索文件或文件夹

计算机中有成千上万的文件和文件夹，查找一些不常用的文件或文件夹是很费时的，可以使用 Widnows 10 的搜索功能来搜索所需的文件或文件夹。

在 Widnows 10 中搜索文件时，经常用到通配符，通配符是指可以代表某一类字符的通用代表符，常用的有两个：星号（*）和问号（?）。星号代表一个或多个字符，问号只能代表一个字符。比如，搜索 D 盘中所有的电子表格文件，可以输入"*.xlsx"。

步骤1：在打开的"开始"菜单的搜索框中输入要搜索的内容，此时会在计算机内进行搜索。

步骤2：在"资源管理器"的搜索框中输入要搜索的内容，此时可以在地址栏中选择搜索位置。单击搜索框还可以设置"修改日期""大小"条件进行搜索，以缩小搜索结果的范围，如图 2-57 所示。

图 2-57 按照大小或日期进行搜索

如果选择的视图为"详细信息"，便可查看到各个文件的位置、大小和修改日期等详细信息。

10. 修改文档属性

在 Windows 10 环境下，文件有 3 种属性，分别是只读、隐藏和系统。修改文件或文件夹属性的步骤如下。

步骤1：选中要改变属性的文件或文件夹，右击，在弹出的快捷菜单中选择"属性"命令，打开图 2-58 所示的对话框。

步骤2：勾选要设定的属性，单击"确定"按钮完成属性设置。

另外，单击"高级"按钮，在打开的对话框中还可以设置对文件或文件夹进行加密，以便有效地保护它们，免受未经许可的访问。

图 2-58 "属性"对话框

11. 文件或文件夹的显示/隐藏操作

（1）显示/隐藏文件的扩展名

通过"查看"面板，选中目标，勾选"文件扩展名"，则文件扩展名显示，如图 2-59 所示。

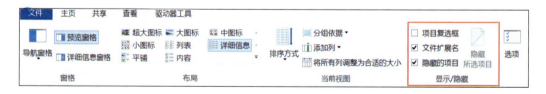

图 2-59 "显示/隐藏"面板

（2）隐藏文件或文件夹

选中目标，单击"查看"面板中的"隐藏所选项目"图标，如图 2-59 所示。

(3) 显示隐藏文件或文件夹

直接勾选"隐藏的项目"选项即可，如图 2-59 所示。

任务 2.3.4　软件的安装与管理

1. 常用输入法的安装与管理

Windows 10 操作中自带一些输入法，用户可以将其添加到语言栏中，也可以自行下载安装熟悉的输入法。

(1) 添加或删除系统自带输入法

添加输入法的步骤如下。

步骤 1：按快捷键 Win+I 打开设置窗口，双击"时间和语言"图标，进入"语言"面板，单击"首选语言"中的"中文（中华人民共和国）"，展开选项内容，单击"选项"按钮，如图 2-60 所示。

步骤 2：在弹出的"语言选项：中文（简体，中国）"对话框中，单击"添加键盘"，在打开的列表中选择需要的输入法即可，如图 2-61 所示。

图 2-60　"设置-语言"对话框

图 2-61　添加输入法

要删除"输入法"，只需单击输入法，在展开的选项中单击"删除"按钮即可。

(2) 安装用户常用输入法

安装输入法之前，用户需要先从网上下载输入法程序，下面以搜狗拼音输入法为例。

步骤 1：进入官网，选择适用于 Win10 的软件，单击"立即下载"按钮，在弹出的下载对话框中，单击"保存"按钮。

步骤 2：下载完成后，单击"打开文件夹"按钮，如图 2-62 所示。

步骤 3：系统自动弹出"安装文件保存位置"窗口，双击"sogou_pinyin_98a.exe"安装文件。

步骤 4：启动搜狗输入法安装向导，选中"已阅读并接受用户协议&隐私政策"复选框，单击"自定义安装"按钮，如图 2-63 所示。

步骤 5：在"安装位置"后，单击"浏览"按钮，选择软件安装位置，选择完成后，单击"立即安装"按钮，如图 2-64 所示。

步骤 6：安装完成后，在弹出的界面中取消推荐软件的安装，单击"立即体验"按钮，

图 2-62　下载完毕，打开文件夹　　　　　图 2-63　启动搜狗输入法安装

如图 2-65 所示。

图 2-64　选择软件安装位置　　　　　　图 2-65　取消推荐软件安装

（3）切换输入法快捷键

通常使用快捷键快速切换输入法，不同的操作系统，其快捷键不同。

★ Windows 10 输入法的切换快捷键为 Win + 空格。

★ Windows 7 及以前版本输入法的切换快捷键为 Ctrl + Shift。

2. Windows 10 常用的内置应用软件

Windows 10 内置应用软件非常丰富，便于用户工作和生活，如计算器、录音机、截图和草图、便签、闹钟和时钟、日历等，这些应用软件通过"开始"菜单均可找到对应的启动选项。

（1）计算器

步骤 1：在"开始"菜单中找到"计算器"，单击即可启动计算器。

步骤 2：计算器除了具有标准计算功能外，还具备了多种计算功能：科学、程序员、日期计算等。单击计算器窗口左上角的"功能菜单"按钮，打开列表，如图 2-66 所示。

（2）录音机

步骤 1：在"开始"菜单中单击"录音机"选项，即可打开录音机。

步骤 2：录音机在录音过程中可添加标记，录制完成后，方便查找，如图 2-67 所示。

（3）截图和草图

全新的截图工具支持矩形截图、任意形状截图、窗口截图和全屏幕截图。单击"新建"按钮，屏幕截图，按快捷键 Win + Shift + S 打开截图工具，如图 2-68 所示。

图 2-66 计算器内置功能

图 2-67 录音机

(4)便签

借助便笺功能可以创建笔记，可以添加文本信息和图片，将信息粘贴在桌面上，还能随意移动信息，如图 2-69 所示。

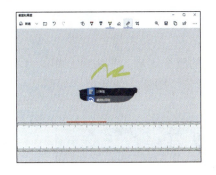

图 2-68 截图和草图

图 2-69 便签

(5)闹钟和时钟

"闹钟和时钟"可以在指定的时间提醒用户要做的事情，包含闹钟、时钟、计时器和秒表，功能强大。即使应用关闭或设备处于锁定状态，闹钟和计时器也能正常工作。

(6)日历

日历提供实用、强大的日程表视图和提醒功能，可以在日历中添加节假日、生日和体育比赛（比如 NBA）等具体事件。

3. 卸载软件

软件的卸载方法有多种，可以在"程序和功能"窗口卸载软件，也可以利用软件自带的卸载命令，还可以使用第三方管理软件，如 360 软件管家、QQ 软件管家等，来卸载电脑中不需要的软件。下面通过在"程序和功能"窗口卸载软件的方法来实现软件卸载。

步骤 1：单击"开始"菜单，在程序列表中，右击要卸载的程序选项，在弹出的菜单中选择"卸载"命令。

步骤 2：系统弹出"程序和功能"窗口，右击要卸载的程序，弹出"卸载"命令，单击"卸载",如图 2-70 所示。

步骤 3:弹出软件卸载对话框,单击"继续卸载"按钮,立刻卸载程序,如图 2-71 所示。

图 2-70 "程序和功能"窗口

图 2-71 卸载程序

1. 认识 Windows 10 桌面

桌面是启动 Windows 操作系统之后首先出现在屏幕上的整个区域,是用户工作的台面。Windows 中的很多操作都是在桌面上完成的。桌面包括背景、图标、任务栏,如图 2-72 所示。

图 2-72 Windows 10 桌面

(1) 桌面图标

桌面图标是各种文件、文件夹和应用程序等的桌面标志。鼠标双击某个图标可打开该文件或应用程序。Windows 10 的桌面图标有四种:系统图标、快捷方式、文件和文件夹。系统刚安装好的桌面只有几个系统图标,为了方便打开常用的应用程序、文件和文件夹,可以在桌面上创建它们的快捷方式，或将文件或文件夹直接存放在桌面上。快捷方式图标的左下角带有箭头。

（2）任务栏

任务栏是一个长条形区域，一般位于桌面底部。在没有锁定的情况下，可以按住鼠标左键将其拖到屏幕的任意一边。任务栏上包含有"开始"按钮、搜索框、Cortana（小娜）、任务视图、已开启的程序图标、通知区，如图 2-73 所示。

图 2-73　任务栏

① "开始"按钮。

单击"开始"按钮可以弹出"开始"菜单，菜单左侧依次为固定项目列表、应用程序列表、"开始"屏幕。

"开始"菜单也叫系统菜单，是用户使用 Windows 10 系统最主要的途径之一，它包含了用户使用计算机的各种程序和命令。通过移动鼠标可以选择不同的程序或命令，单击鼠标就能启动选中的程序或命令，如启动本机已安装的应用程序、关机等。

② 搜索框。

在搜索框中直接输入关键词即可搜索相关的桌面程序、网页、资源管理器中的资料。

③ 快速启动栏。

在快速启动栏中放置的是常用程序的图标，如图 2-74 所示。在任何时候，通过单击图标就能快速启动相关程序。可以从桌面或"开始"菜单中将图标拖到该区域。

④ 通知区域。

通知区域一般位于任务栏的右侧。该栏放置的是一些已经运行的系统程序，包括系统音量、网络图标、输入法图标、日期时间图标等，如图 2-75 所示。

图 2-74　快速启动栏

图 2-75　通知区域

2. 文件

在计算机中使用的文件种类有很多，根据文件中信息种类的区别，将文件分为很多类型，有系统文件、数据文件、程序文件、文本文件等。

Windows 10 操作系统是按名称存取文件的。每个文件都必须具有一个名字，文件名一般由两部分组成：主名和扩展名，它们之间用一个点（.）分隔。主名是用户根据文件的用途自己命名的，扩展名用于说明文件的类型。系统对扩展名与文件类型有特殊的规定，常用的扩展名及其含义见表 2-5。注意，Windows 10 的文件名长度最大为 255 个字符，而文件的全路径名长度最大为 260 个字符，并且不允许出现 \、/、:、*、?、"、<、>、| 等字符。

表 2-5　常用的扩展名及其含义

扩展名	文件类型	扩展名	文件类型
.txt	文本文档/记事本文档	.doc、.docx	Word 文档
.exe、.com	可执行文件	.xls、.xlsx	电子表格文件
.hlp	帮助文档	.rar、.zip	压缩文件
.htm、.html	超文本文件	.wav、.mid、.mp3	音频文件
.bmp、.gif、.jpg	图形文件	.avi、.mpg	可播放视频文件
.int、.sys、.dll、.adt	系统文件	.bak	备份文件
.bat	批处理文件	.tmp	临时文件
.drv	设备驱动程序文件	.ini	系统配置文件
.mid	音频文件	.ovl	程序覆盖文件
.rtf	丰富文本格式文件	.tab	文本表格文件
.wav	波形声音	.obj	目标代码文件

3. 计算机安全

随着计算机的快速发展及计算机网络的普及，计算机安全问题越来越受到广泛的重视与关注。所谓计算机安全，是指计算机硬件、软件、数据不因偶然的或恶意的原因而遭破坏、更改、显露。

对计算机安全的威胁多种多样，主要是自然因素和人为因素。自然因素是指一些意外事故的威胁；人为因素是指人为的入侵和破坏，主要是计算机病毒和网络黑客。

计算机安全可以从管理安全、技术安全和环境安全三个方面着手工作。本部分重点讨论计算机病毒对计算机的破坏和如何防护。

（1）计算机病毒的定义

计算机病毒是指编制者在计算机程序中插入的破坏计算机功能或者破坏数据，影响计算机使用并且能够自我复制的一组计算机指令或者程序代码。

（2）计算机病毒的特征

①隐蔽性。

②传染性。

③危害性。

④潜伏性。

（3）计算机系统中毒常见现象

计算机病毒具有很强隐蔽性和极大的破坏性，因此，在日常生活中如何判断病毒是否存在于系统中是非常关键的工作。一般用户可以根据下列情况来判断系统是否感染病毒：

①计算机的启动速度较慢且无故自动重启。

②工作中机器出现无故死机现象。

③桌面上的图标发生了变化；桌面上出现了异常现象，如奇怪的提示信息、特殊的字

符等。

④在运行某一正常的应用软件时，系统经常报告内存不足。

⑤文件中的数据被篡改或丢失。

⑥音箱无故发生奇怪声音。

⑦系统不能识别存在的硬盘。

⑧邮箱中发现了大量不明来历的邮件，或即时通信软件无故向别人发出一些奇怪的信息。

⑨打印机的速度变慢或者打印出一系列奇怪的字符。

（4）电脑防病毒常识

①安装完操作系统后，应立即安装杀毒软件和防火墙，并经常升级至最新版本，定期查杀计算机。将杀毒软件的各种防病毒监控始终打开（如邮件监控和网页监控等），可以很好地保障计算机的安全。防火墙可防止多数黑客进入计算机偷窥、窃密或放置黑客程序。

②升级操作系统的安全补丁。据统计，有 80% 的网络病毒是通过系统安全漏洞进行传播的，像红色代码、尼姆达、冲击波等病毒，所以应该定期到微软网站去下载最新的安全补丁，以防患于未然。

③建立良好的安全习惯。例如，不要打开来历不明的邮件及附件，并尽快删除，不要登录不太了解的网站，不要执行从 Internet 下载后未经杀毒处理的软件等。

④关闭或删除系统中不需要的服务。默认情况下，许多操作系统会安装一些辅助服务，如 FTP 客户端、Telnet 和 Web 服务器。这些服务对用户没有太大用处，但为攻击者提供了方便，如果删除它们，可以大大降低被攻击的可能性。

⑤使用复杂的密码、不定时更换系统的密码，以增强入侵者破译的难度。

⑥迅速隔离受感染的计算机。当计算机发现病毒或异常时，应立即中断网络，然后尽快采取有效的查杀病毒措施，以防计算机受到更多的感染，或者成为传播源而感染其他计算机。

⑦在别人的计算机上使用自己的闪存盘或移动硬盘时，必须将其处于写保护状态。

⑧对于重要的系统盘、数据盘及磁盘上的重要信息，要经常备份，以便在其遭到破坏后能及时得到恢复。

⑨利用加密技术对数据与信息在传输过程中进行加密。

⑩利用访问控制权限技术规定用户对文件、数据库、设备等的访问权限。

尽管病毒和黑客程序的种类繁多，发展和传播迅速，感染形式多样，危害极大，但是还是可以预防和杀灭的。只要在使用计算机的过程中增强计算机和计算机网络的安全意识，采取有效的预防和杀灭措施，随时注意工作中计算机的运行情况，发现异常及时处理，就可以大大减少病毒和黑客的危害。

项目 2.4　个性化设置 Windows 10 操作系统

🛍 项目目标

- 理解和掌握本地账户与 Microsoft 账户的区别，并能合理设置电脑账户

- 熟练掌握个性化界面设置：桌面背景、锁屏、屏保、主题等
- 掌握高效工作模式设置："护眼"模式、"免打扰"模式
- 掌握电源优化、硬盘优化的设置

项目描述

李某掌握桌面基本操作、窗口基本操作、文件管理操作后，想对自己的计算机进行个性化设置，比如创建个人 Microsoft 账户、设置私有密码、个性化桌面背景、锁屏、设置屏保、添加字体、设置高效工作模式、电源优化、硬盘优化等。

任务2.4.1　系统账户设置

Windows 系统通过账户进行登录并访问电脑、服务器。Windows 10 允许设置和使用多个账户，账户分为两类：本地账户与 Microsoft 账户。

本地账户：

①Windows 7 及更早版本操作系统的账户。

②账户配置信息只保存在本机中，在重装系统、删除账户时会彻底消失；无权访问应用商店、OneDrive。

③管理员账户、标准账户、来宾账户都属于本地账户。

Microsoft 账户：

①微软账户的登录方式叫联机登录，需要输入微软账户密码授权，并以微软账户密码作为登录密码，账户配置文件保存在 OneDrive 中。

②若重装系统、删除账户，并不会删除账户的配置文件；若使用微软账户登录第二台电脑，会为两台电脑分别保存两份配置文件，并以电脑品牌型号命名配置，便于记忆。

③微软账户除了可以登录 Windows 操作系统外，还可以登录 WindowsPhone 手机操作系统，实现电脑与手机的同步。同步内容包括日历、配置、密码、电子邮件、联系人、OneDrive 等。

1. 创建个人 Microsoft 账户并登录电脑

步骤1：按快捷键 Win + I 打开"设置"窗口，选择"账户"选项。

步骤2：打开"账户"窗口左侧的"账户信息"选项，单击"改用 Microsoft 账户登录"超链接，如图 2 - 76 所示。

步骤3：弹出"Microsoft 账户"对话框，可直接登录已有的个人 Microsoft 账户，若没有，选择"创建一个"，如图 2 - 77 所示。

图 2 - 76　"改用 Microsoft 账户登录"选项

图 2 - 77　登录或创建账户

步骤 4：创建 Microsoft 账户：填写邮箱或电话号码，单击"下一步"按钮，创建密码，如图 2-78 所示。

步骤 5：填写名字和出生信息，填写完成后进入"验证电子邮箱"。

步骤 6：使用刚注册的 Microsoft 账户登录此计算机，输入当前 Windows 登录密码，如图 2-79 所示。

图 2-78　创建用户及密码

图 2-79　使用 Microsoft 账户登录

步骤 7：设置 PIN 密码代替 Microsoft 账户密码。

步骤 8：在"账户信息"选项中，在右侧界面中单击"创建你的头像"下方的"从现有图片中选择"或使用相机拍摄，来设置个人账户头像。

步骤 9：设置完成后，可在"账户信息"下看到登录的账户信息。

2. 添加其他用户

有时需要允许其他用户登录这台电脑，可以通过添加该用户的账号的方法来实现。添加的用户账户既可以是 Microsoft 账户，也可以是本地账户。

（1）添加 Microsoft 账户

步骤 1：打开"账户"窗口，在左侧选择"家庭和其他用户"选项卡，在右侧单击"将其他人添加到这台电脑"选项，如图 2-80 所示。

步骤 2：输入需要添加用户的 Microsoft 账户，单击"下一步"按钮，如图 2-81 所示。

图 2-80　"将其他人添加到这台电脑"

图 2-81　输入 Microsoft 账户

步骤 3：切换回"账户设置"窗口，可以看到添加的 Microsoft 账户。

步骤 4：通过在"开始"菜单中单击账户头像来切换登录的账户。

（2）添加本地账户

步骤 1：在设置账户的窗口单击"将其他人添加到这台电脑"，在弹出的窗口中选择"我没有这个人的登录信息"，单击"下一步"按钮，选择"添加一个没有 Microsoft 账户的用户",如图 2-82 所示。

步骤 2:设置账户信息、名称、密码及密码提示,单击"下一步"按钮,如图 2-83 所示,完成创建。

图 2-82　添加一个没有 Microsoft 账号的用户

图 2-83　创建本地账户

任务 2.4.2　设置个性化的操作界面

1. 设置桌面背景

步骤 1:在桌面空白处单击鼠标右键,在弹出的快捷菜单中选择"个性化"命令。

步骤 2:打开"个性化设置"窗口,在左侧选择"背景"选项,单击右侧"背景"选项栏的下拉箭头,选择背景类型"图片""纯色""幻灯片放映"中的一种,如图 2-84 所示。

步骤 3:选择"幻灯片放映",单击"浏览"按钮,在弹出的菜单中选择已存放美图的文件夹,单击选择此文件夹,如图 2-85 所示。

图 2-84　背景选项

图 2-85　选择美图文件夹

步骤 4:选择图片切换频率、无序播放、契合度。

2. 设置锁屏

Windows 10 系统的锁屏功能主要用于保护电脑的隐私安全,锁屏所用的图片称为锁屏界面。

(1) 设置锁屏界面，添加天气详情

步骤1：在桌面的空白处右击，选择"个性化"选项，打开"设置－个性化"面板，选择"锁屏界面"选项。

步骤2：选择锁屏图片即可，在"选择在锁屏界面上显示详细状态的应用"选项下单击"＋"按钮，在弹出的快捷菜单中选择"天气"图标，如图2－86所示。

(2) 设置启动锁屏时间

单击"屏幕超时设置"选项，弹出"电源和睡眠"对话框。在"屏幕"选项下设置"在使用电池电源的情况下，经过以下时间后关闭"和"在接通电源的情况下，经过以下时间后关闭"时间，同时，也可以设置启动"睡眠"状态时间。

图2－86　单击"＋"按钮添加"天气"图标

如果"在使用电池电源的情况下，电脑经过以下时间后进入睡眠状态"和"在接通电源的情况下，电脑在经过以下时间后进入睡眠状态"下方的时间选项设置为"从不"，则不锁屏，如图2－87所示。

(3) 设置屏幕保护

单击"屏幕保护程序设置"选项，在弹出的对话框中选择"屏幕保护程序"，设置等待时间。单击"确定"按钮，如图2－88所示。

图2－87　设置启动锁屏时间

图2－88　设置屏幕保护

3. 设置电脑主题

主题是桌面背景图片、窗口颜色和声音的组合。

步骤1：在桌面空白处右击，选择"个性化"选项，在"个性化"面板左侧选择"主题"选项。

步骤2：在"更改主题"下方选择主题，同时，用户可以根据自己的喜好在主题基础上修改背景、颜色、声音、鼠标光标等，如图2－89所示。

步骤3：单击"颜色"，弹出"颜色"对话框，选择主题色为"紫色"，则窗口颜色和"开始"菜单、图标、选中颜色均变成紫色，如图2－89所示。

步骤4：单击"鼠标"，进入"鼠标 属性"对话框，可修改指针方案、鼠标键双击速度等，如图2-90所示。

图2-89 "主题"对话框设置颜色　　　　图2-90 "鼠标 属性"对话框

4. 添加字体

字体文件的扩展名有 .eot、.otf、.fon、.font、.ttf、.ttc、.woff 等。其中，大家最常用的应该是 .ttf 格式。

方法1：从网上下载字体库，选中需要安装的字体，按住左键拖动到"个性化"设置中的"字体"窗口，如图2-91所示。

方法2：选中需要安装的字体，右击，在弹出的快捷菜单中选择"安装"即可。

图2-91 添加字体

任务2.4.3　高效工作模式设置

1. 开启 Windows 10 的"护眼"模式

Windows 10 操作系统中增加了"夜间模式"，开启后，可以像手机一样减少蓝光，特别是在晚上或者光线特别暗的环境下，可以在一定程度上减少用眼疲劳。

步骤1：单击屏幕右下角的"通知"图标，弹出"通知栏"。

步骤2：在通知栏中，单击"夜间模式"按钮，则电脑屏幕亮度变暗，颜色偏黄，如图2-92所示。

步骤3：右击桌面空白处，选择"显示设置"选项卡，打开"设置-显示"面板，单击"夜间模式设置"，如图2-93所示。

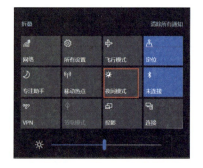

图2-92 "夜间模式"按钮

步骤4：在弹出的"夜间模式设置"界面中拖曳"强度"滑块，可以调节显示器亮度。

步骤5：开启夜间模式，同时可以选择"日落到日出 19:01-5:34"或"设置小时"，如图2-94所示。

单元 2　Windows 10 操作系统

图 2-93　单击"夜间模式设置"　　　　　图 2-94　"夜间模式设置"对话框

2. 通过时间线功能寻找工作轨迹

Windows 10 新版本中推出了时间线功能，它是一个基于时间的新任务视图。开启时间线功能后，可以跟踪用户在 Windows 10 上做所的事情，例如访问的文件、应用程序、浏览器等。

一般情况下，时间线给用户提供了寻找工作轨迹的便利。如果活动情况不想被记录，可以关闭时间线功能，保护隐私。

步骤 1：查看时间线。单击任务栏中的"任务视图"按钮 ，即可快速打开任务视图，其中记录了用户近一个月的活动轨迹，如图 2-95 所示。

图 2-95　"时间线"窗口

步骤 2：删除部分"活动卡片"。用户可以通过单击"活动卡片"，跳转到当日的活动中。如果有些活动是个人隐私，则可以右击"活动卡片"，在快捷菜单中选择"删除"。

步骤 3：关闭时间线功能。按快捷键 Win+I 打开"设置"面板，选择"隐私"选项，在弹出的"设置-隐私"面板中选择"活动历史记录"选项，在右侧将"显示这些账户的活动"下的按钮设置为"关"，如图 2-96 所示。

3. 专注助手——开启免打扰高效工作

Windows 10 中的"专注助手"功能类似于手机中的免打扰模式，模式启动后，禁止所有通知，如系统和应用消息、邮件通知、社交信息等，当关闭模式后，禁止的通知会重新展示。

图 2-96　"活动历史记录"窗口

步骤 1：按快捷键 Win+I 打开"设置"面板，单击"系统"图标。

步骤 2：单击"专注助手"选项，右侧窗口中有"关"所有通知、"仅优先通知"、"仅限闹钟" 3 种模式，用户根据需要自行选择。

步骤 3：在"自动规则"选项下，设置何种情况自动开启"专注助手"，如图 2-97 所示。

图 2-97 "专注助手"窗口

1. 电源计划——创建电源节能计划

电源计划是指计算机中各项硬件设备电源的规划。通过使用电源计划能够非常轻松地配置电源。在 Windows 10 中支持非常完备的电源计划，并且内置了 3 种电源计划，分别是"平衡""节能"及"高性能"，默认启用的是"平衡"电源计划。

步骤 1：打开任务栏上的搜索框，输入"控制面板"。双击搜索结果中的"控制面板"。

步骤 2：打开"控制面板"，单击"电源选项"，出现如图 2-98 所示的对话框。

步骤 3：在"电源选项"对话框中，单击左侧的"创建电源计划"链接，如图 2-99 所示。

图 2-98 电源选项

图 2-99 创建电源计划

步骤 4：在"创建电源计划"对话框中，选择与要创建的计划类型最接近的计划，单击"节能"选项，在"计划名称"文本框中输入"电源节能计划"，单击"下一步"按钮，如图 2-100 所示。

步骤 5：在"编辑计划设置"对话框中，"关闭显示器""使计算机进入睡眠状态"根据需要进行设置，同时，也可以更改高级电源设置，单击"创建"按钮，如图 2-101 所示。

图 2-100 创建计划类型和名称

步骤 6：回到"电源选项"对话框中，在"电池指示器上显示的计划"选项下，选择"电源节能计划"，如图 2-102 所示。

单元 2　Windows 10 操作系统

图 2－101　"编辑计划设置"对话框

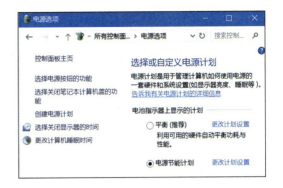

图 2－102　选择"电源节能计划"

2. 硬盘优化——整理磁盘碎片

磁盘碎片整理实际上指合并硬盘或存储设备上的碎片数据。此操作有助于电脑更高效地运行。

步骤 1：打开"此电脑"窗口，选择需要整理的分区，单击右键，选择"属性"命令。

步骤 2：弹出"属性"对话框，选择"工具"选项卡，单击"优化"按钮，如图 2－103 所示。

步骤 3：在"优化驱动器"窗口中选择磁盘对象进行优化，如图 2－104 所示。

步骤 4：除了手动整理磁盘碎片外，用户可以调整自动整理碎片的频率，单击"更改设置"按钮，进行设置。

图 2－103　"工具"选项卡

图 2－104　"优化驱动器"窗口

单元综合实训二

1. 在 E 盘建一个文件夹，打开"截图和草画"工具和"画图"程序，绘制一幅图并保存到这个文件夹下，同时，将这幅图设置成桌面背景。

2. 简述窗口的组成元素。

3. 为计算机安装 Microsoft Office 2016 办公应用软件。

4. 设置在任务栏中显示快速启动栏,并把日历软件启动图标放入快速启动栏。

5. 使用"控制面板"中的"添加/删除程序"功能将系统自带的"电影和电视"软件删除。

6. 下载并安装 360 安全卫士,并对 U 盘进行查杀病毒。

高手支招

单元 3
Word 2016 文档制作与处理

> **教学目标**
> - 熟练掌握 Word 2016 的基本操作
> - 能够在 Word 2016 中完成文本、表格编辑
> - 能够在 Word 2016 中制作图文并茂的文档
> - 能够在 Word 2016 中完成公式或函数的录入
> - 能够在 Word 2016 中应用文档样式,进行格式操作
> - 能够在 Word 2016 中使用邮件合并
> - 熟练运用 Word 2016 完成文档制作与处理

项目 3.1　撰写公司招聘启事

项目目标
- 掌握 Word 文档的基本操作
- 掌握 Word 中文本的录入及简单编辑
- 掌握在 Word 中设置字体格式的方法
- 掌握在 Word 中设置段落格式的方法

项目描述

公司需要招聘 3 名前端开发工程师,需要人事部制作一份招聘启事。任务分配给了刚进公司的小赵,他决定用 Word 来制作文档。招聘启事是用人单位面向社会公开招聘有关人员时使用的一种应用文书,通常包含以下内容:单位名称、性质和基本情况;招聘人才的专业与人数;应聘资格与条件;应聘方式与截止日期等相关信息。

任务 3.1.1　创建文档并录入内容

新建一个空白文档,输入如图 3-1 所示的招聘启事内容。

莫须科技有限公司招聘启事

◆招聘职位：Web 前端工程师

工作性质：全职　　　　　　　　工作地点：杭州
发布日期：2020 年 7 月 28 日　　截止日期：2020 年 9 月 5 日
招聘人数：3 人　　　　　　　　 薪水：年薪 15 万元—25 万元
工作经验：3 年　　　　　　　　 学历：本科以上

一、职位描述

◆岗位工作

1、负责前后端分离 vue 前端开发，上线和维护工作；
2、开发基于 html5 技术的可灵活定制、可扩展的前端 UI 组件；
3、优化前端架构，提高系统的灵活性和可扩展性；
4、负责架构选型、技术探索调研，环境搭建和问题解决。

◆职位要求

1、3 年以上前端开发的工作经验；
2、精通 VUE 框架开发，熟悉 webpack 的配置；
3、精通 JavaScript、jQuery、HTML5、CSS3 等基本 Web 开发技术；
4、有开源项目，或有自己的个人项目、网站、github 项目者优先；
5、能承受较大的工作压力，对前端优化策略有一定的见解；
6、具有较强的责任心，独立分析和解决问题的能力，具备良好的团队合作精神。

二、公司简介

莫须科技有限公司成立于 2016 年，公司主要向运营商、企业和移动终端用户提供跨平台多终端接入增值业务平台、多终端推入全套网络应用开发服务和技术解决方案。目前，公司在移动通信增值业务方面形成了一系列产品，自主开发的产品在通信、媒体、传统企业等领域得到了广泛的应用。

三、应聘方式

邮寄方式
　　有意者请将自荐信、学历证明、简历于 2020 年 9 月 5 日前寄至杭州市**路**大厦，并写清联系地址、电话。收到材料后，一周内通知面试时间。
　　联系人：赵先生
　　联系电话：0571-6666****
　　邮编：310000
电子邮件方式
　　有意者请将自荐信、学历证明、简历等发送至 moxugs@moxuyxgs.com。
　　合则约见，拒绝来访。

莫须科技有限公司
2020 年 7 月 27 日

图 3-1　项目效果图

知识点：Word 2016 的基本操作（启动、退出）及工作界面，文字与符号的录入，Tab 键的作用，保存文档。

1. 新建"招聘启事"文档

步骤 1：启动 Word 2016。在"开始"菜单中找到 Word 2016，如图 3-2 所示，单击启动 Word 2016 应用程序，则打开如图 3-3 所示的窗口。

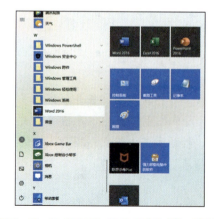

图 3-2　从"开始"菜单中启动 Word 2016

图 3-3　新建文档

步骤2：新建空白文档。单击"空白文档"，创建一个默认名为"文档1"的空白文档。

2. 输入内容

步骤1：输入内容。输入如图3-1所示的文字内容，单击"插入"功能区→"符号"栏→"符号"命令→"其他符号"，在弹出的"符号"对话框中选择菱形，如图3-4所示；"工作性质"和"工作地点"两列文字的整齐排列可借助Tab键，即输完"工作性质"后，按Tab键将插入点移到合适的位置再输入"工作地点"，依此类推。

步骤2：保存文档。单击"文件"选项卡，选择"保存"或"另存为"命令，如图3-5所示。单击"浏览"命令，在打开的"另存为"对话框中选择存放的位置，输入文件名"招聘启事"，保存类型为默认的"Word文档"，如图3-6所示，单击"保存"按钮。

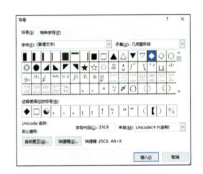

图3-4 "符号"对话框

图3-5 保存文档

图3-6 "另存为"对话框

任务3.1.2　设置字体及段落格式

设置文档字体及段落格式。

知识点：设置字体、字号及段落缩进、段落对齐方式。

1. 设置字体格式

步骤1：选中文档标题"莫须科技有限公司招聘启事"，在"开始"功能面板→"字体"栏中设置字体格式，具体设置如图3-7所示，在"段落"栏中设置标题文字为"居中对齐"。

步骤2：选中正文部分，以同样的方式设置字体为"宋体"，字号为"五号"。

图3-7 "字体"栏

步骤3：将"职位描述""公司简介""应聘方式"分别选中，并设置字体为"微软雅黑"、字号为"四号"；"招聘职位""岗位工作""职位要求"字体设置为"微软雅黑"、字号为"小四"。

2. 设置段落格式

步骤1：首行缩进。选中与"岗位工作"相关的内容，在"开始"功能面板→"段落"栏中单击右下角的"对话框启动器"按钮，打开"段落"对话框，设置对齐方式为"左对齐"，行距设置为"单倍行距"，特殊格式设置"首行""2个字符"，如图3-8所示。使用同样的方法设置"职业要求""公司简介""应聘方式"。

步骤2：段落对齐。选中落款，即最后两行内容，单击"段落"栏的"右对齐"命令，如图3-9所示，设置段落对齐方式。

步骤3：设置完毕后，按Ctrl+S组合键保存文档。

图3-8 "段落"对话框

图3-9 段落对齐

Microsoft Word软件是Office系统软件中的一款，主要是用于文字处理。其不仅能够制作常用的文本、信函、备忘录，还专门为用户定制了许多应用模板，如各种公文模板、信函模板、档案模板等。

1. 启动Word 2016

启动Word 2016有以下四种方法：

①从Windows 10操作系统的"开始"菜单中启动。单击"开始"按钮，在展开的应用列表中找到Word 2016并单击，如图3-2所示。

②双击桌面上的"Word 2016"快捷图标启动，如图3-10所示。

③在"桌面"或"我的电脑"中，双击已存在的Word文档，即可启动Word 2016，并同时打开该文档。

④在桌面的空白处右击，在弹出的快捷菜单中选择"新建"→"Microsoft Word文档"

命令，如图 3 – 11 所示，这时在桌面上出现一个"新建 Microsoft Word 文档"文件，双击该文件就会启动 Word 2016。

图 3 – 10　通过快捷方式启动

图 3 – 11　通过快捷菜单新建文档

2. 退出 Word 2016

文档编辑完成并保存之后，需要退出 Word 2016，可以采用以下方法之一：

①单击 Word 2016 窗口右上角的"关闭"按钮✕。

②单击"文件"→"关闭"命令。

③按 Alt + F4 组合键。

如果文档中的内容在上次保存之后又进行了修改，则在退出 Word 2016 之前将弹出如图 3 – 12 所示的提示信息框，提示是否保存修改的内容。单击"保存"按钮，将保存修改；单击"不保存"按钮，将取消修改；单击"取消"按钮，则取消此次关闭操作并返回当前文档的编辑状态。

图 3 – 12　保存修改提示信息框

3. 认识 Word 2016 的界面和文件格式

（1）标题栏

位于窗口的顶端，分为五个部分，从左边开始分别是快速访问工具栏、正在编辑的文档名、账户名、功能区显示选项按钮及应用程序窗口控制按钮（包括"最小化""最大化/还原""关闭"三个按钮）。

（2）功能区

功能区是 Word 功能的集体显示和调用区。当选择不同的功能选项卡时，其相应的功能栏则呈现出来。其中包含"文件""帮助""开始""插入""设计""布局""引用""邮件""审阅""视图"和"特色功能"11 组功能选项栏，分门别类地将 Word 2016 的全部命令功能置于其中。

（3）标尺

标尺位于文本编辑区的上边和左边，分为水平标尺和垂直标尺两种。在标尺上可以方便地进行段落的首行缩进、左缩进、右缩进和悬挂缩进等操作。在"视图"功能区中，在显

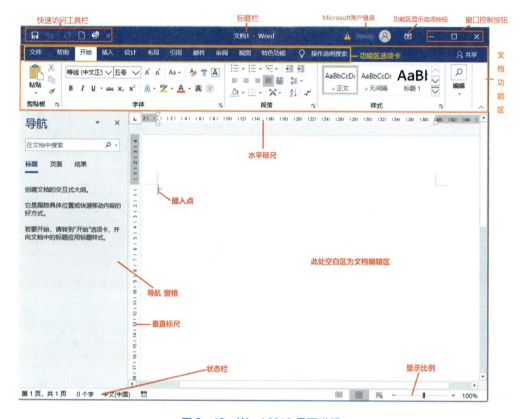

图 3-13　Word 2016 界面说明

图 3-14　设置显示示或隐藏标尺

示栏"标尺"的左侧复选框中如有"√"符号，说明标尺已显示，如没有"√"符号，说明正处在隐藏状态，如图 3-14 所示。

（4）滚动条

滚动条位于文档编辑区的右端和下端。调整滚动条，可以上、下、左、右查看文档内容。如果屏幕上没有滚动条，用户可以在"文件"功能界面中选择"选项"命令，然后在打开的"Word 选项"对话框的左侧栏中选择"高级"，如图 3-15 所示，在右侧界面中勾选"显示水平滚动条"和"显示垂直滚动条"复选框，最后单击"确定"按钮。

（5）文档编辑区

文档编辑区位于窗口中央，是用

图 3-15　设置显示滚动条

来输入、编辑文本和绘制图形等的地方。文档编辑区中有一闪烁的垂直光标符号"｜",称为插入点,表示要插入文字或对象的位置。在编辑文档时,可以通过移动"I"状的鼠标指针并单击,来移动插入点的位置。

(6) 文档导航窗格

在 Word 2016 中,通过文档导航窗格,可以迅速、轻松地应对长文档。通过拖放各个部分而不是通过复制和粘贴,可以轻松地重新组织文档。除此以外,还可以使用渐进式搜索功能查找内容,无须确切地知道要搜索的内容也可找到它。

(7) 状态栏

状态栏主要用来显示已打开的 Word 文档当前的状态,如当前文档页码、文档总页码、文档总字数等信息。用户通过状态栏可以非常方便地了解当前文档的相关信息。

4. 保存文档

在编辑文档的过程中,一切工作都是在计算机内存中进行的,如果突然断电或系统出现错误,所编辑的文档就会丢失,因此,要经常保存文档。

(1) 初次保存文档

①在"文件"功能界面中选择"保存"命令,或者单击快速访问工具栏中的"保存"按钮,或者按快捷键 Ctrl + S,在出现的界面中单击"浏览"按钮,弹出"另存为"对话框。

②单击"保存位置"选项框下方的按钮,在右侧会出现详细列表,根据自己的需要选择文档要存放的路径及文件夹。

③在"文件名"选项右侧的文本框处输入文档名称(通常默认的文件名是文档中的第一句话)。

④在"保存类型"选项处单击右侧的按钮,选择保存文档的文件格式。

⑤设置完成后,单击对话框中的"保存"按钮,即可完成保存操作。

(2) 保存已有的文档

保存已有的文档有两种形式:第一种是将文稿依然保存到原文稿中;第二种是另建文件名进行保存。

①如果将以前保存过的文档打开修改后,想要保存修改,直接按 Ctrl + S 组合键或者单击快速访问工具栏中的"保存"按钮即可。

②如果不想破坏原文档,但是修改后的文档还需要进行保存,则可以在"文件"功能界面中选择"另存为"命令,在弹出的"另存为"对话框中,为文档另外命名然后保存即可。

(3) 自动保存文档

Word 2016 提供了自动保存的功能,即隔一段时间系统自动保存文档。

①在"文件"功能界面中选择"选项"命令,然后在打开的"Word 选项"对话框的左侧栏中选择"保存"选项。

②在"保存"选项的右侧界面中,选中"保存自动恢复信息时间间隔",然后设置两次自动保存之间的间隔时间,如图 3 – 16 所示。

③设置完成后,单击对话框中的"确定"按钮,退出对话框即可。

（4）改变默认保存路径

文件默认的保存路径是"文档库"，在图3-16所示的对话框中修改"默认本地文件位置"即可改变默认路径。

5. 文档的编辑

（1）光标的定位

①启用即点即输：

Word提供了即点即输的功能，即用鼠标在文档的中间位置单击（空白处则双击）时，就可以将光标定位到相应的位置。

图3-16 设置自动保存

②Ctrl键+翻页键：

按Ctrl+PageUp组合键，光标定位到整个页面的首行首字前面，再按一下，则光标定位到前一页的首行首字前面。

按Ctrl+PageDown组合键，光标定位到下一页的首行首字前面。

（2）复制、粘贴、移动和剪切

①对重复输入的文字，利用复制和粘贴功能比较方便，方法是：

选定要重复输入的文字，使用"开始"功能区中的"复制"命令或右键菜单中的"复制"命令或快捷键Ctrl+C对文字进行复制；然后在要输入的地方插入光标，使用"开始"功能区中的"粘贴"命令或右键菜单中的"粘贴"命令或快捷键Ctrl+V可以实现粘贴，这样可以免去很多重复的输入。

②移动，方法是：

方法1：选中要移动的文字，然后在选中的文字上按下鼠标左键拖动鼠标，一直拖动到要插入的地方松开即可。常用于字句位置的调换。

方法2：选定要移动的文字，按F2键，光标变成了虚短线，然后用键盘或鼠标把光标定位到要插入文字的位置，按Enter键，文字就移动过来了。

③剪切，方法是：

选定要剪切的文字，使用"开始"功能区中的"剪切"命令或右键菜单中的"剪切"命令或快捷键Ctrl+X对文字进行剪切。剪切跟复制差不多，所不同的是，复制只将选定的部分拷贝到剪贴板中，而剪切在拷贝到剪贴板的同时，将原来被选中部分也从原位置删除了。

（3）撤销和恢复

①撤销和恢复是相对应的，撤销是取消上一步的操作，而恢复就是把撤销操作再恢复回来。实现撤销和恢复的方法如下。

方法1：单击"快速访问工具栏"中的"撤销"和"恢复"按钮可以实现撤销

和恢复操作。

方法2：应用快捷键。撤销：Ctrl + Z 组合键；恢复：Alt + Shift + Backspace 组合键。

②一次撤销多次的操作：单击"撤销"按钮上的向下小箭头，会弹出一个列表框，这个列表框中列出了目前能撤销的所有操作，从中选择多步操作来撤销。但是这里不允许任意选择一个以前的操作来撤销，只能连续撤销一些操作。

（4）查找和替换

①查找文本。

查找是指从当前文档中查找指定的内容，如果查找前没有选取部分文本，则 Word 2016 认为在整个文档中搜索；若要在部分文本中查找，则必须选定文本范围。步骤如下。

步骤1：在"开始"功能区的"编辑"栏中选择"查找"命令或按 Ctrl + F 键，在文档窗口左侧出现"导航"窗格，如图 3-17 所示。

图 3-17 "导航"窗格

步骤2：在"导航"窗格的"查找内容"文本框中键入要查找的内容，按 Enter 键即开始查找。

当 Word 2016 搜索到要查找的内容时，该内容将突出显示。

②替换文本。

步骤1：在"开始"功能区的"编辑"栏中选择"替换"命令或按 Ctrl + H 键，弹出"查找和替换"对话框，如图 3-18 所示。

步骤2：在"查找内容"文本框中键入将被替换的内容，在"替换为"文本框中键入要替换的内容。

步骤3：如果需要替换为指定的格式，则单击图 3-18 所示的"更多"按钮，展开完整对话框。再选中"替换为"文本框中的新内容，单击"格式"按钮，设置替换的指定格式，如图 3-19 所示。

图 3-18 "替换"选项卡

图 3-19 完全展开的"查找和替换"对话框

步骤4：单击"查找下一处"按钮，Word 就自动在文档中找到下一处使用这个词的地方,这时单击"替换"按钮,Word 会把选中的词替换掉并自动选中下一个词。如果确定了文档中这个词肯定都要被替换掉,则直接单击"全部替换"按钮,完成后 Word 会告诉替换的结果。

6. 设置字符的格式

字符格式包括字体、字号、颜色、字形等各种字符属性。Word 对字符设置是"所见即所得",即在屏幕上看到的字符显示效果就是实际打印时的效果。

(1) 使用"开始"功能区的"字体"栏

①要想改变字体或字号大小,单击字体栏的字体框或字号框的下三角按钮,在弹出的列表中选择需要的格式,如图 3 – 20 所示。

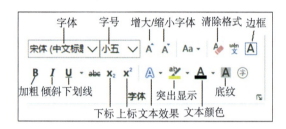

图 3 – 20 "字体格式"工具栏

②单击"加粗"按钮,选中文字的笔画就变粗了;再单击这个按钮,让按钮弹起来,文字又恢复原状了;单击"倾斜"按钮,可以把文字变成斜体显示;单击"下划线"按钮,选中的文字下面就出现了下划线。如果想把这个下划线设置成红色的波浪线,单击"下划线"按钮旁的下拉箭头,选择一种波浪线,下划线就变成波浪线了;再单击这个箭头,选择"下划线颜色"项,从弹出的颜色面板中选择"红色",在文档中单击取消选择状态,它就变成想要的格式了。

(2) 使用的"字体"对话框

①单击"开始"功能区的字体栏右下角箭头图标,弹出"字体"对话框,其中有两个选项卡,如图 3 – 21 所示。

②通过"字体"选项卡中的一些选项,对字符格式进行多样化的设置,其效果显示在"预览"栏中,满意时可单击"确定"按钮。

在"高级"选项卡中,可以设置字符的缩放比例、字符间距和字符位置等内容。

- ■ "缩放"选项:在不影响文字大小的情况下调整其宽度。可在"缩放"下拉列表中选择或在"缩放"框中直接输入所需的缩放比。
- ■ "间距"选项:主要调整文字之间距离的大小。
- ■ "位置"选项:调整所选文字相对于标准文字基线的位置。
- ■ "预览"选项:主要用于对文字效果进行显示,应用上述选项对字体进行设置时,设置后的文字效果将在预览框中显示。

③单击"文字效果"按钮,弹出"设置文本效果格式"对话框,如图 3 – 22 所示,可以为选定的文本设置各种文本效果。

单元 3　Word 2016 文档制作与处理

图 3-21　"字体"对话框

图 3-22　文本效果格式

7. 设置段落的格式

段落是指两个段落标记（回车符）之间的文本。一般情况下，在输入时按 Enter 键表示换行并开始一个新的段落，新段落的格式会自动设置为上一段中的字符和段落的格式。

（1）显示和隐藏段落标记

如果文档中显示着段落标记，在"文件"功能界面中选择"选项"命令，然后在打开的"Word 选项"对话框的左侧栏中选择"显示"选项，在右侧界面中将"段落标记"选项中的勾选取消，段落标记便隐藏了。如果需要显示段落标记时，再将"段落标记"选项勾选就可以了。

（2）段落的对齐方式

①段落的对齐方式，可以在"开始"功能区的段落栏里直接设置，如图 3-23 所示。或者单击"段落"栏右下角箭头，在"段落"对话框中设置。

图 3-23　"段落"栏中的对齐按钮

②单击"两端对齐"按钮，可将所选文字向两端排列对齐（快捷键是 Ctrl + J）。

③单击"居中"按钮，可将所选文字居中对齐（快捷键是 Ctrl + E）。

④单击"右对齐"按钮，可将所选文字向右对齐（快捷键是 Ctrl + T）。

⑤单击"分散对齐"按钮，可将所选文字向两端分散对齐（有的字符间距将被拉大）。

⑥单击"增加缩进量"按钮，将光标置于要调整的段落中的任意位置，单击"段落"栏中的"增加缩进量"，整段文字将向右缩进一个字的距离。

⑦单击"减少缩进量"按钮，将光标置于要调整的段落中的任意位置，单击"段落"栏中的"减少缩进量"，整段文字将向左缩进一个字的距离。

（3）在"段落"对话框中设置段落缩进

■ 左缩进：设置整个段落相对于页面左边距向右缩进的位置。

■ 右缩进：设置整个段落相对于页面左边距向左缩进的位置。

■ 首行缩进：设置段落的第一行第一个字符的起始位置。

87

■ 悬挂缩进：设置段落中除第一行外其他行的起始位置。

①使用标尺快速设置段落缩进。

标尺上有四个缩进按钮，只需拖动相应的缩进按钮，就可以设置插入点所在的段落或选定段落的缩进方式，如图 3-24 所示。

图 3-24　在标尺上设置段落缩进

②在"段落"对话框中设置段落缩进。

在"段落"对话框中，在"缩进"选项组中可以精确地设置段落的缩进位置，在"度量值"框中指定缩进数值。

（4）行距和段间距

■ 行距：是指段落内部行与行之间的距离。段间距，是指段与段之间的距离。
■ 单倍行距：行距为行中最大字符的高度再加一个额外的附加量。
■ 1.5 倍行距：单倍行距的 1.5 倍。
■ 2 倍行距：单倍行距的 2 倍。
■ 最小值：能容纳本行中最大字体或图形的最小行距。
■ 固定值：行距固定，如果有文字或图形超出这个行距，超出部分将被裁减掉。
■ 多倍行距：行距为单倍行距乘以指定的指数。
■ 段前：设置段落前面空白距离。
■ 段前：设置段落后面空白距离。

8. 制表位

制表位是指在水平标尺上的位置，指定文字缩进的距离或一栏文字开始之处。制表位是用来规范字符所处的位置的。虽然没有表格，但是利用制表位可以把文本排列得像有表格一样那样规矩。设置制表位有两种方法：

（1）菜单方式

单击"段落"对话框上的"制表位"按钮，打开"制表位"对话框，如图 3-25 所示。在"制表位位置"文本框内输入一个制表位的位置，如输入"3"，则会在距正文边距 3 个字符处插入一个制表位（可设置多个）。插入后，在标尺上显示相应制表符，如图 3-26 所示，这时按 Tab 键，插入光标就直接对齐到制作符位置。

（2）在水平标尺上自定义制表位

将光标移至水平标尺左侧的"制表符"按钮 上，通过单击的方式切换制表符种类（常用的制表符有"左对齐式制表符""居中式制表符""右对齐式制表符""小数点对齐式制表符""竖线对齐制表符"），选择所需要的

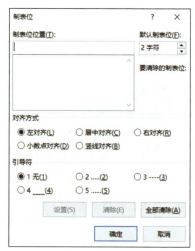

图 3-25　设置制表位

制表符，在水平标尺上单击，即可生成制表位。

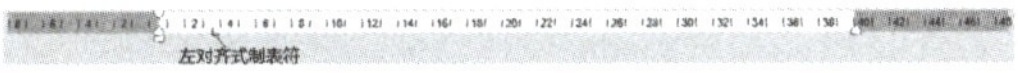

图 3－26　在标尺上显示已插入的制表符

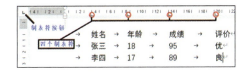

图 3－27　制表符的应用

制表位有 5 种，如图 3－28 所示。

①左对齐：把字符编排在制表符的右边。

②右对齐：把字符编排在制表符的左边。

③居中：把字符编排在制表符的两侧。

④竖线对齐：在某一个段落中插入一条竖线。

⑤小数点对齐。

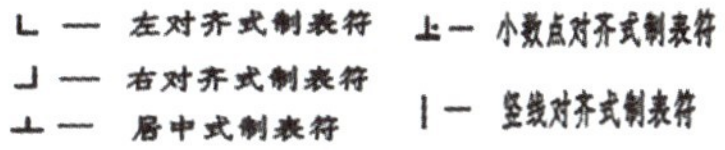

图 3－28　五种制表符

此外，还可以单击“文件”→“选项”命令，在“Word 选项”对话框的左侧栏中选择“显示”选项，在右侧界面中勾选“制表符”。之后，按 Tab 键，产生灰色向右的箭头。默认情况下，按一次 Tab 键，Word 将在文档中插入一个制表符，其间隔为 0.74 个字符。所以，这个制表符本身也可以规范字符的位置。如图 3－27 所示。

项目 3.2　会议日程安排表

项目目标

- 学会在 Word 中插入表格
- 掌握表格的基本操作及美化

项目描述

公司决定在各董事成员及各部门经理（或代表）间召开总结性工作会议，分析总结公司上半年工作，并对下半年工作做出安排部署，需要小赵做一份如图 3－29 所示的会议日程安排表。

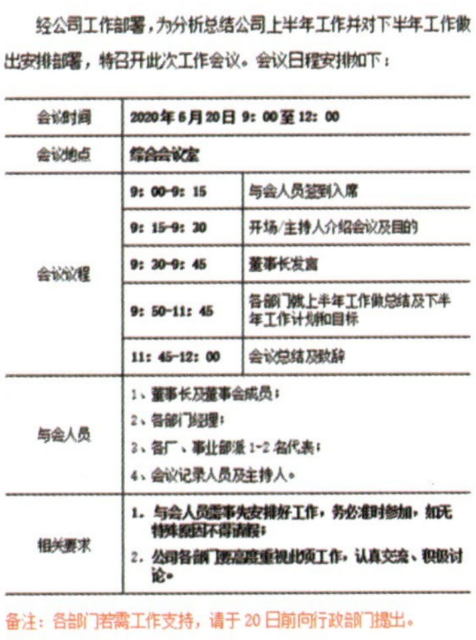

会议日程安排表

经公司工作部署，为分析总结公司上半年工作并对下半年工作做出安排部署，特召开此次工作会议。会议日程安排如下：

会议时间	2020年6月20日 9：00至12：00	
会议地点	综合会议室	
会议议程	9：00-9：15	与会人员签到入席
	9：15-9：30	开场/主持人介绍会议及目的
	9：30-9：45	董事长发言
	9：50-11：45	各部门就上半年工作做总结及下半年工作计划和目标
	11：45-12：00	会议总结及致辞
与会人员	1、董事长及董事会成员； 2、各部门经理； 3、各厂、事业部派 1-2 名代表； 4、会议记录人员及主持人。	
相关要求	1. 与会人员需事先安排好工作，务必准时参加，如无特殊原因不得请假； 2. 公司各部门要高度重视此项工作，认真交流、积极讨论。	

备注：各部门若需工作支持，请于 20 日前向行政部门提出。

图 3－29　项目效果图

任务 3.2.1　创建会议日程安排表文档

新建文档，输入标题及正文并设置格式，插入初期所需表格。

知识点：插入表格。

步骤 1：新建 Word 空白文档，保存，命名为会议日程安排表.docx。

步骤 2：输入如图 3－29 所示的标题和第一段文字，设置标题为“标题一”并居中对齐，段落文字为宋体四号。

步骤 3：插入表格。单击“插入”功能区→“表

格"栏→"表格"按钮→"插入表格",在弹出的"插入表格"对话框中,设置行数为9、列数为2,如图3-30所示,单击"确定"按钮,在文档中就建立了一个9行2列的表格,如图3-31所示。

步骤4:输入文档最后一行文字,设置其格式为宋体四号,字体颜色为红色。

图3-30 "插入表格"对话框

图3-31 输入文字、表格

任务3.2.2 编辑表格

设置表格及单元格格式,输入内容。

知识点:设置行高、列宽,合并/拆分单元格,单元格内容对齐方式,表格背景,表格边框。

1. 设置单元格的行高和列宽

步骤1:设置精确行高。在第一个单元格上按住左键并向下拖动选中第一列,在"表格工具/布局"→"单元格大小"栏的"高度"输入框中,设置高度为1厘米。

步骤2:设置列宽。将光标移到中间的列边线上,当光标变成左右两边有箭头的双线标记形状后,按下左键向左边拖动,将第一列列宽调整为合适的大小(约3.75厘米),如图3-32所示。

图3-32 行高、列宽

2. 合并、拆分单元格

步骤1:合并多个单元格。在第一列中,选中第3~7行单元格,单击"表格工具/布局"→"合并"栏的"合并单元格"命令,如图3-33所示。

步骤2:拆分单元格。选中第二列的第3~7行单元格,单击"拆分单元格"命令,弹出如图3-34所示对话框,设置列数为2,行数默认,单击"确定"按钮。

步骤3:与之前拖动列边线调整列宽一样,对拆分后的2列调整列宽。

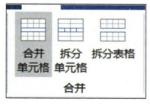

图3-33 合并单元格

图3-34 拆分单元格

3. 设置单元格中内容的对齐方式及字体格式

步骤1：单元格内容对齐方式。选中表格第一列，在"表格工具/布局"功能区"对齐方式"栏中设置对齐方式为"水平居中"，其余单元格为"左对齐"。

步骤2：表格内容的字体格式。将光标移至表格上方，单击左上角处的 标记，选中整个表格，在"开始"功能区"字体"栏中设置字体为"宋体"，字号为"小四"。

步骤3：输入内容。在单元格中输入相关内容，将需要强调的文字加粗，并通过"段落"对话框中的段前、段后间距来调整单元格文字与边框之前的距离，效果可参考图3-29。

4. 给表格添加背景色，设置表格边框

步骤1：设置表格边框。选中表格，单击"表格工具/设计"功能区"边框"栏中的"边框"按钮，在展开的下拉列表中单击"左框线"，如图3-35所示。使用同样的操作再单击"右框线"，此时，文档中表格的左、右边框线消失了。

步骤2：添加表格背景色。选中表格，单击"表格工具/设计"功能区"表格样式"栏的"底纹"按钮，在如图3-36所示的下拉列表中选择一种颜色作为表格的背景色。

步骤3：按快捷键 Ctrl + S 保存文档。

图3-35　表格"边框"列表

图3-36　表格"底纹"

1. 表格的建立

（1）使用"插入表格"对话框建立表格

①将光标定位在需要插入表格的位置。

②单击"插入"功能区的"表格"按钮，在下拉菜单中选择"插入表格"命令，在弹出的对话框中，设置要插入表格的列、行，单击"确定"按钮，所需表格就插入文档中了。

（2）使用"插入表格"按钮建立表格

①将光标定位在需要插入表格的位置。

②在"插入"功能区中单击"表格"按钮，展开下拉菜单，在"插入表格"项中移动光标，在满足需要的表格行列数（选中的行列以橙色显示）处单击，就可以插入表格了，如图 3-37 所示。

（3）绘制表格

在"插入"功能区中单击"表格"按钮，在下拉菜单中选择"绘制表格"命令，鼠标变为铅笔状，在文档中需要插入表格的位置处按住鼠标左键并拖放，可绘制出任意表格。

2. 单元格的选取

把光标定位到单元格中，在"表格工具/布局"功能区（图 3-38）"表"栏的"选择"命令选项中可选取光标所在的行、列、单元格或者整个表格。

图 3-37 快速插入表格

图 3-38 "表格工具/布局"功能区

把光标放到单元格的左边框线附近，鼠标变成一个黑色的反向箭头，按下左键可选定一个单元格，拖动可选定多个单元格。

像选中一行文字一样，在文档左边的选定区中单击，可选中表格的一行单元格。

把光标移到某一列的上边框，当光标变成向下的箭头时，单击鼠标即可选取一列。

把光标移到表格上，当表格的左上方出现了一个移到标记 时，在这个标记上单击，即可选取整个表格。

3. 单元格的合并和拆分

（1）合并单元格

①选取要合并的单元格。

②合并单元格有两种方法：其一，选择如图 3-38 所示功能区中的"合并单元格"命令；其二，单击鼠标右键，在弹出的右键菜单中选择"合并单元格"命令，如图 3-39 所示。

（2）拆分单元格

选取要拆分的单元格，在"表格工具/布局"功能区中单击"拆分单元格"命令，弹出"拆分单元格"对话框，选择拆分成的行和列的数目，单击"确定"按钮。

也可以在单元格中右击，在打开的快捷菜单中选择"拆分单元格"。

图 3-39 合并单元格

4. 插入行、列、单元格

把光标定位在一个单元格中，使用"表格工具/布局"功能区"行和列"栏中的相关命令插入行、列或单元格。

把光标定位到表格最后一行最右边的回车符前面，然后按下 Enter 键，就可以在最后面插入一行了。

若要一次插入多行或多列，在原有表格中选中多行或多列后，执行"行和列"栏中相应的插入按钮，就可一次插入多行多列。

5. 单元格中的文字方向与对齐设置

（1）文字方向设置

默认情况下，表格中的文字都是沿水平方向显示的。要改变文字方向，可以选择"布局"功能区中的"文字方向"命令，如图 3-40 所示，也可以使用"文字方向选项"命令打开"文字方向"对话框，选择一种文字方向即可。

（2）对齐设置

在"表格工具/布局"功能区"对齐方式"栏中单击所需对齐方式的命令按钮即可，如图 3-41 所示。

图 3-40 文字方向

图 3-41 对齐设置

6. 调整表格尺寸大小

（1）调整整个表格的尺寸

在页面视图上，当鼠标指向某一表格时，表格的右下方会出现一个空心的小方格，称为尺寸控点。将鼠标指针停留在尺寸控点上，当出现一个双向箭头时，按住鼠标左键拖放，将表格拖动到所需的尺寸。

（2）调整行高和列宽

①用鼠标拖动来调整。

如果要调整行高，可将鼠标指针停留在要更改其高度的行边线上，当指针变为上、下两边有箭头的双线标记形状时，按住鼠标左键拖动边框到所需行高，松开鼠标即可。

如果要调整列宽，可将鼠标指针停留在要更改其列宽的列边线上，当指针变为左、右两边有箭头的双线标记形状时，按住鼠标左键拖动边框到所需列宽，松开鼠标即可。

②用菜单命令来调整。

选中单元格,在"表格工具/布局"功能区"单元格大小"栏中,在"高度"和"宽度"后的文本框中设置行高和列宽,或单击"单元格大小"栏右下角的"对话框启动器"图标,打开"表格属性"对话框,如图 3-42 所示。其中"列"选项卡用于调整列,"行"选项卡用于调整行,"单元格"选项卡用于调整单元格。

7. 表格的边框和底纹

表格边框修饰:要把表格外框线变粗一些,可在"表格工具/设计"功能区上使用"边框""笔样式"及"笔画粗细"命令设置,如图 3-43 所示,选择合适的线型和粗细,然后单击"边框"按钮的下拉箭头,选择"外侧框线"命令,这样可以将表格的外框线替换成所设置的边框样式。单元格边框的修饰也是同样的操作。

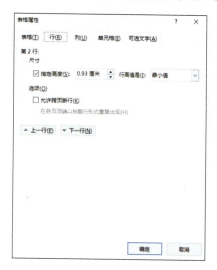

图 3-42 "表格属性"对话框

图 3-43 表格边框栏

表格添加底纹:选中对象,单击"边框"栏右下角的"对话框启动器"图标,打开"边框和底纹"对话框,如图 3-44 所示,单击"填充"按钮的下拉箭头,选择颜色,单击"确定"按钮即可。

8. 表格自动套用格式

在"表格工具/设计"功能区的"表格样式"栏中,在预设好的样式中选择一种样式,表格的样式就设置好了。

9. 单元格之间加一些间隙

在表格中单击右键,选择"表格属性"命令,打开"表格属性"对话框。单击"选项"按钮,弹出"表格选项"对话框,选中"允许调整单元格间距"复选框,如图 3-45

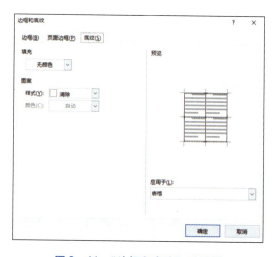

图 3-44 "边框和底纹"对话框

所示，在后面的数字框中输入"0.1"，单击"确定"按钮，回到"表格属性"对话框，单击"确定"按钮即可。

10. 绘制斜线表头

在"表格工具/设计"功能区中，单击"边框"按钮，在下拉菜单中选择"斜下框线"或"斜上框线"，就可以在表格中制作一个斜线表头了。

11. 表格的环绕方式

在表格中单击右键，选择快捷菜单中的"表格属性"命令，打开"表格属性"对话框，在当前的"表格"选项卡中有一个"文字环绕"选择区，选择"环绕"，单击"确定"按钮，回到编辑状态，拖动表格到文字的中间，文字就环绕在表格的周围了。

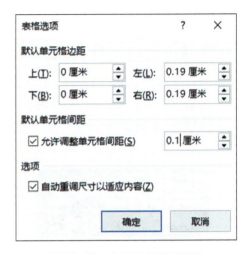

图 3-45　单元格之间加缝隙

12. 设置表格标题行重复

如果表格分在两页显示，在 Word 中可以使用"标题行重复"命令来使第二页中有同样的表头。选中表格第一行，在"表格工具/布局"功能区"数据"栏中，单击"重复标题行"命令，第二页的表格中标题行就出现了。

13. 防止表格跨页

选择表格，打开"表格属性"对话框，选择"行"选项卡，取消勾选"允许跨页断行"，单击"确定"按钮即可。

14. 表格和文字的相互转换

选中需要转换为表格的文字，在"插入"功能区的"表格"命令按钮上单击，在下拉菜单中选择"文本转换成表格"项，弹出相应对话框，"文字分隔位置"处根据需要选择"制表符"或"空格"等，单击"确定"按钮，文字就转换成了表格。

同样，可以把表格转换成文字。把光标定位在表格中，在"表格工具/布局"功能区中单击"转换为文本"命令按钮，打开"表格转换成文本"对话框，"文字分隔符"栏按实际需求选择，单击"确定"按钮，就把表格转换成了文字。

项目 3.3　制作图文并茂的文档

📌 项目目标

- 学会并熟练运用在 Word 文档中插入图片及其格式
- 学会并熟练运用在 Word 文档中插入艺术字
- 熟练运用段落的设置，运用段落的分栏
- 学会并熟练运用首字下沉

📌 项目描述

公会举办一期"我爱散文"的朗诵比赛，小张同学利用 Word 制作出图文并茂的演讲文稿,如图3-46所示,给评委留下了深刻的印象。

任务3.3.1 创建"匆匆-朱自清"文档

新建文档,输入文章内容,将所需图片插入,调整图片大小及文字环绕方式。

知识点:图片的插入,图片大小设置,环绕文字方式设置。

步骤1:新建文档,保存,命名为"匆匆-朱自清",输入如图3-47所示内容,注意第一行为空行。

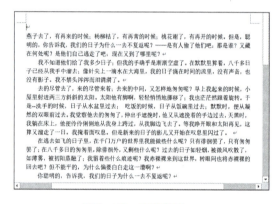

图3-46 演讲文稿　　　　　　　　　图3-47 文字内容

步骤2:设置行距、段间距。选中正文,单击"开始"功能区"段落"栏,在"行和段落间距"命令下拉菜单中选择"1.5"。选中最后一段文字,将其"段前"与"段后"设置为"0.5行"。

步骤3:插入图片。在文档第一行单击,单击"插入"功能区→"插图"栏→"图片"命令→"此设备",如图3-48所示,在弹出的对话框中找到"匆匆片头"图片,单击"插入"按钮,如图3-49所示,图片插入文档指定位置。

图3-48 "图片"命令　　　　　　　图3-49 "插入图片"对话框

步骤4：选中图片，在"图片工具/格式"功能区的"大小"栏中，将图片宽度设置为"14.61 厘米"，则高度自动变为"5.73 厘米"，如图 3-50 所示。

步骤5：与步骤2一样，将"燕子"图片插入文档。

步骤6：选中"燕子"图片，在"图片工具/格式"→"大小"栏→"环绕文字"下拉列表中选择"四周型"，如图 3-51 所示。移动图片至第三段中间部分。

图 3-50 设置图片大小

图 3-51 "环绕文字"版式

任务3.3.2 插入各种文本效果并设置分栏

在文档中插入艺术字及文本框，设置首字下沉及部分段落分栏效果，给段落添加边框。

知识点：艺术字，文本框，首字下沉，分栏，段落边框设置。

步骤1：插入艺术字。单击"插入"功能区→"文本"栏→"艺术字"按钮，弹出"艺术字库"下拉列表，单击第二行第三个样式，如图 3-52 所示，在文档编辑区出现"请在此放置您的文字"文本框，输入"匆匆"并设置为黑体、40 号。

图 3-52 "艺术字"样式库

步骤2：将艺术字移动至片头图片上方。

步骤3：插入文本框。单击"插入"功能区→"文本"栏→"文本框"按钮→"绘制横排文本框"，此时鼠标变为"+"标记，在"匆匆片头"图片右下方按下左键并拖动，绘制出一个横排文本框，在其中输入"朱自清"，并将字体颜色设为白色。

步骤4：保持文本框处于激活状态（即插入点在文本框中），单击"绘图工具/格式"→"形状样式"栏→"形状填充"命令→"无填充"，如图 3-53 所示。同样，在"形状轮廓"命令下拉菜单中选择"无轮廓"，最后将文本框移至合适位置。

步骤5：设置首字下沉。在正文第一段中单击，单击"插入"功能区→"文本"栏→"首字下沉"→"首字下沉选项"命令，弹出"首字下沉"对话框，如图 3-54 所示，设置"字体"为"仿宋"，"下沉行数"为"3"，单击"确定"按钮，再将文字颜色设为"绿色"。

图 3-53　形状样式

图 3-54　首字下沉

步骤 6：设置分栏效果。选中正文第四段，在"布局"功能区"页面设置"栏中单击"栏"按钮，在弹出的下拉菜单中选择"更多栏"，在出现的"栏"对话框中，选择"两栏"，勾选"分隔线"，单击"确定"按钮，如图 3-55 所示。

步骤 7：添加段落边框。选中最后一段，单击"开始"功能区→"段落"栏→"边框"→"边框与底纹"，在弹出的"边框和底纹"对话框中，设置"样式"为"虚线"，"颜色"为"绿色"，"宽度"为"0.5 磅"，"应用于"设置为"段落"，如图 3-56 所示。

步骤 8：文档编辑完毕后，按 Ctrl + S 组合键保存。

图 3-55　设置分栏

图 3-56　设置段落边框

知识链接

1. 插入图片

（1）插入本地机中的图片

①将光标定位在所需插入图片的位置。

②单击"插入"功能区→"插图"栏→"图片"按钮→"此设备"，弹出"插入图片"对话框。

③在左侧列表框内选择文件所在的目录，选择所需图片，单击"插入"按钮，即可将所选的图片插入 Word 文档中。

（2）插入联机图片

如果本地机上没有需要的图片，可以插入联机图片，前提是电脑连接了网络。

①在文档中将插入光标定位好,单击"插入"功能区→"插图"栏→"图片"按钮→"联机图片"命令,打开"联机图片"窗口,如图 3-57 所示。

②在搜索框中输入所需要的图片主题,然后从结果中选择需要的图片,单击"插入"按钮即可。

③对插入的图片进行修改,如大小、旋转角度、文字描述等。

(3) 插入屏幕截图

①在文档中将插入光标定位好,单击"插入"功能区→"插图"栏→"屏幕截图"按钮→"屏幕剪辑"命令。

②在出现的界面中,按住鼠标左键拖动,框选需要的部分,截取好了之后只需松开鼠标,图片就自动插入文档中了。

图 3-57 插入联机图片

"屏幕截图"下拉菜单中的"可用的视窗"中有需要的截图,直接单击选择即可。

2. 图片的编辑

(1) 设置图片的大小

①方法 1:选中图片,单击"图片工具/格式"功能区→"大小"栏→"高度"/"宽度",设置图片的大小。需要注意的是,默认图片的宽度、高度比是锁定的。

②方法 2:选中图片,单击"大小"栏右下角的"对话框启动器"按钮,在弹出的"布局"对话框中设置图片大小,如图 3-58 所示。如果不想等比缩放宽高,则取消勾选"锁定纵横比"。

③方法 3:选中的图片周围有一些小圆,这些是尺寸句柄,把鼠标放到上面,鼠标就变成了双箭头形状,按下左键拖动鼠标,就可以改变图片的大小。

图 3-58 设置图片大小

④方法 4:裁剪图片。单击"大小"栏中的"裁剪"命令,在图片的边缘出现虚粗黑线,如图 3-59 所示。将鼠标移至虚线上,鼠标改变形状后按下左键并拖动,阴影覆盖的地方就是图片将被裁剪掉的部分,按住 Shift 键可等比例裁剪,松开左键,按 Enter 键,就把阴影部分"裁"掉了。也可以使用"裁剪"命令的下拉菜单进行更个性化的裁剪。

(2) 设置图片的版式

操作方法:

方法 1:单击"图片工具/格式"功能区→"排列"栏→"环绕文字"按钮,打开如图 3-51 所示的文字环绕列表,从列表中选择一项即可。

方法 2:在图 3-51 所示的下拉菜单中,选择"其他布局

图 3-59 利用裁剪设置图片大小

选项"命令，弹出"布局"对话框，在"文字环绕"选项卡中设置"环绕方式"。

在 Word 2016 中，对象的环绕方式主要有以下几种形式：

①嵌入型：图片设置为嵌入型后，对象被看成一个普通的字符，只能在文本的插入点间进行移动，可以调整其大小，但不能与其他图片对象一起选定进行组合或进行对齐和叠放的操作。

②四周型：设置为四周型后，文字在所选图片对应的方形边框外的四周环绕。

③紧密型和穿越型：设置为紧密型或穿越型后，则文字紧密环绕于实际图片的边缘外，而不是图片的方形边界外。这两种方式类似，只是"穿越型"使文字更靠近图片的边缘。

④衬于文字下方型：设置这种环绕方式时，图片和文字在两层上，图片在"底层"，文字在"顶层"。产生了类似于"水印"的特殊效果。

⑤浮于文字上方型：图片在"顶层"，文字在"底层"，图片所在位置的文字就被覆盖了。

⑥上下型：文字和图片在同一层，图片所在位置的左右两边没有文字环绕。

(3) 设置图片颜色

方法1：单击"图片工具/格式"功能区→"调整"栏→"颜色"按钮，打开如图3-60所示的颜色列表，从列表中选择所需颜色即可。

方法2：在图3-60所示的下拉菜单中，选择"图片颜色选项"命令，打开"设置图片格式"窗格，如图3-61所示。在"图片"功能选项卡中可以对图片的"颜色饱和度""色调"和"重新着色"进行个性化的设置。当然，也可以进行其他如阴影、发光、三维格式等各种艺术化的个性设置。

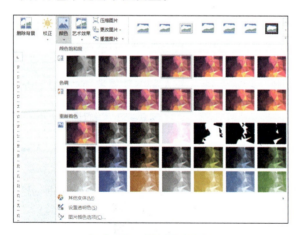

图3-60 调整图片颜色

图3-61 "设置图片格式"窗格

(4) 设置图片亮度和对比度、锐化和柔化

方法1：单击图3-60中的"校正"命令，在"校正"下拉菜单中选择所需选项即可。

方法2：在"校正"下拉菜单中选择"图片校正选项"命令，打开"设置图片格式"窗格，在其中可对图片的"亮度/对比度""锐化/柔化"进行个性化的设置。

(5) 设置图片艺术效果

单击图3-60所示中的"艺术效果"命令，从下拉菜单中选择所需的艺术效果即可。

在"设置图片格式"窗格中对图片进行更细致、更丰富的设置。

(6) 设置图片样式

在"图片工具/格式"功能区→"图片样式"栏中选择各种预设的图片样式,并对其进行个性化设置,其功能面板如图 3-62 所示。

图 3-62 "图片样式"栏

3. 插入艺术字

单击"插入"功能区→"文本"栏→"艺术字"命令按钮,在弹出的"艺术字库"下拉菜单中选择一种样式,在文档编辑区出现"请在此放置您的文字"图形框,输入文字,文档中就插入了艺术字。

4. 艺术字格式的设置

选定艺术字,单击"绘图工具/格式"功能区→"艺术字样式"栏中的相关命令按钮完成格式设置,如图 3-63 所示。

- 选择"预设艺术字库"中的任一种,设置艺术字样式。
- 单击"文本填充"按钮,从打开的下拉菜单中可指定使用纯色、渐变填充艺术字,也可勾选"无填充颜色"。
- 单击"文本轮廓"按钮,从打开的下拉菜单中可指定艺术字轮廓的颜色、粗细和线型,也可勾选"无轮廓"。
- 单击"文本效果"按钮,从打开的下拉菜单中可对艺术字应用外观效果(如阴影、映像、发光、棱台、三维旋转和转换)。

此外,单击图 3-63 中的"对话框启动器"按钮,打开"设置形状格式"窗格,在其中对"文本填充与轮廓""文本效果"做更细致的设置。

在"绘图工具/格式"功能区中,还可以设置艺术字的对齐方式、文字方向、位置等。此外,艺术字和图片一样,可以设置文字环绕等格式。

图 3-63 "艺术字样式"栏

5. 添加边框和底纹

(1) 段落的边框和底纹

把光标定位到要设置的边框和底纹段落中,单击"开始"功能区→"段落"栏的倒三角按钮 ,在下拉菜单中选择"边框和底纹"选项,打开"边框和底纹"对话框。选择"边框"选项卡,在"样式"中选择线型,在"颜色"下拉列表框中选择所需颜色,设置宽度,最后在"应用于"下拉列表框中选择"段落",单击"确定"按钮,就给这个段落加上了一个边框。

选择"底纹"选项卡,选择填充颜色,在"图案"下可选择"样式",样式的颜色也可以修改。在"应用于"下拉列表中选择"段落",单击"确定"按钮,段落的底纹就设置好了,如图 3-64 所示。

(2) 文字的边框和底纹

选中要添加的文字,打开"边框和底纹"对话框,选择"边框"选项卡,设置好线型、颜色等,然后在"应用于"下拉列表框中选择"文字",单击"确定"按钮,就给所选文字加上了一个边框。

打开"边框和底纹"的对话框,单击"底纹"选项卡,选择所需的填充颜色,在"图案"下选择"样式",同时样式的颜色也可以修改。同样把"应用于"选择为"文字",单击"确定"按钮,所选文字的底纹就设置好了。

图 3-64 "底纹"选项卡

(3) 页面的边框和底纹

打开"边框和底纹"的对话框,单击"页面边框"选项卡,单击"艺术型"下拉列表框,选择"苹果",在"应用范围"下拉列表中选择"整篇文档",单击"确定"按钮,给文档设置了一个艺术型的页面边框,如图 3-65 所示。

6. 分栏

(1) 全文文档分栏

单击"布局"功能区→"页面设置"栏→"栏"按钮,打开"分栏"下拉菜单,选择"两栏",文档按两栏来排版。

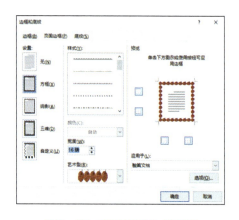

图 3-65 "页面边框"选项卡

(2) 文字分栏

若让一段文字分四栏显示,先选中要分栏的文字,单击"布局"功能区→"页面设置"栏→"栏"按钮,在下拉菜单中选择"更多分栏",打开"栏"对话框,在"栏数"输入框中输入"4","应用范围"选择"所选文字",单击"确定"按钮,文档就设置好了。

(3) 调整栏宽

打开"栏"对话框,这里有"宽度"和"间距"两个输入框,单击"宽度"输入框中的上箭头来增大栏宽的数值,"间距"中的数字也同时变化了,单击"确定"按钮即可。

(4) 在分栏中间加分隔线

打开"分栏"对话框,选中"分隔线"前的复选框,单击"确定"按钮,在各个分栏之间就出现了分隔线。

(5) 设置栏宽不等

打开"分栏"对话框,选择"偏左""偏右",然后单击"确定"按钮,这样就设置了一个偏左或偏右的分栏格式;如果想设置多栏的不等宽分栏,先打开"栏"对话框,在"栏数"输入框中输入"3",确认"栏宽相等"前的复选框没有选中,对各个栏宽分别进行设置,单击"确定"按钮,一个不等宽的三栏就设置好了。

7. 首字下沉

①选取要编辑的段落首行首个文字。

②单击"插入"功能区→"文本"栏→"首字下沉"命令，在弹出的下拉菜单选择"首字下沉选项"，弹出"首字下沉"对话框。

其中包含了三种类型，选取"无"选项时，文字不被编辑，保持着原来效果；选取"下沉"选项，然后设置"选项"下方的"字体""下沉行数""距正文"。选取"悬挂"选项，然后设置"选项"下方的"字体""下沉行数""距正文"。

8. 绘制图形

（1）绘制自选图形

单击"插入"功能区→"插图"栏→"形状"命令，在弹出的下拉菜单列表中选择所需绘制的图形类型，如图 3-66 所示。

在该形状的列表中选择所要绘制的图形，此时鼠标指针变为"+"号，在文档中拖动就可以绘制出所选图形。

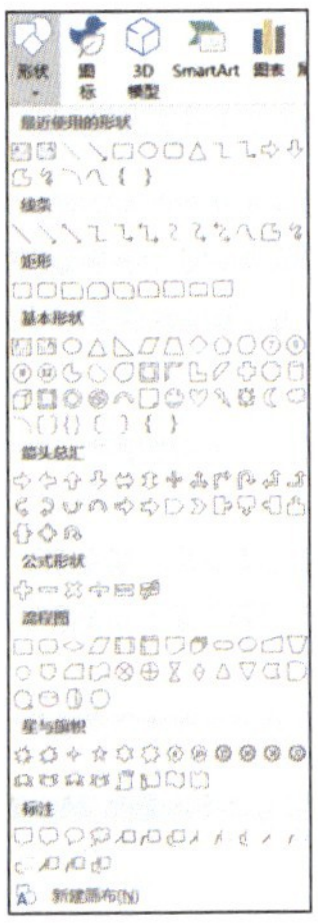

（2）在图形中添加文字

如果绘制的图形是封闭的，则可以在图形中添加文字。方法是：右击要添加文字的图形，在弹出的快捷菜单中选择"添加文字"命令，此时插入点会自动移到图形中，然后输入文字即可。对图形中的文字也可以设置字体、字号等文字格式，方法与设置正文的文字格式相同。

图 3-66 "形状"列表

（3）设置自选图形格式

通常绘制的形状线条是深蓝色的，中间则用浅一点的蓝色填充。为了美化图形，可以对图形进行填充、轮廓、形状效果设置。设置方法是，选定图形，单击"绘图工具/格式"功能区→"形状样式"栏，如图 3-67 所示，在相应命令按钮中选择需要的图形效果。

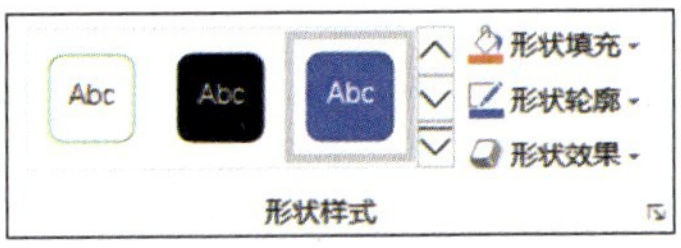

图 3-67 "形状样式"栏

（4）设置图形的叠放次序

在 Word 中，若干个图形可以叠放在一起，叠放在上面的图形会遮挡下面的图形。图形叠放次序一般是先绘制的在下面，后绘制的在上面。如果要改变某个图形的叠放次序，可以先选定它，单击"绘图工具/格式"功能区→"排列"栏，如图 3-68 所示，或在右键快捷菜单中选择"置于顶层""置于底层"命令，然后再根据需要在其下级菜单中选择"置于顶层""置于底层""上移一层""下移一层""浮于文字上方""浮于文字下方"命令。

图 3-68 "排列"栏

（5）组合图形

在绘制图形时，可能需要将几个图形组合成一个图形，为了保持图形各组成部分的相对位置关系不变，可以使用 Word 的组合图形功能，将其组合成一个整体，从而当作一个图形对象来操作。

组合图形的方法是：按住 Shift 或 Ctrl 键，然后依次单击需要组合的多个图形，再在如图 3-68 所示的界面上选择"组合"按钮，或右击，在弹出的快捷菜单中选择"组合"命令。如果要取消组合，则选定图形，再从"组合"菜单中选择"取消组合"命令。

此外，在"排列"栏中，还可以对图形进行"旋转""位置""环绕文字"版式及图形之间的对齐方式等设置。

9. 插入文本框

文本框的插入：单击"插入"功能区→"文本"栏→"文本框"命令按钮，在弹出的下拉菜单中选择所需文本框类型，或选择"绘制横排文本框"或"绘制竖排文本框"选项，如图3-69所示。

设置文本框的样式：选中文本框，在如图3-67所示的"形状样式"栏中对文本框进行各种设置。

10. 设置文档的背景

（1）设置文档背景颜色

单击"设计"功能区→"页面背景"栏→"页面颜色"命令按钮，在弹出的下拉菜单中选择所需颜色，即可为文档设置纯色背景。

图3-69 "文本框"下拉菜单

（2）设置图片背景

在"页面颜色"下拉菜单中选择"填充效果"命令，打开"填充效果"对话框，如图3-70所示。单击"图片"选项卡，单击"选择图片"按钮，选择一张图片，单击"插入"按钮，单击"确定"按钮，文档就有了图片背景了。

（3）设置其他格式的背景

在图3-70所示的对话框中，还可以为文档设置其他形式的背景。在"渐变"选项卡中可以为文档设置渐变背景，在"纹理"选项卡界面中可以为文档设置各种纹理背景，在"图案"选项卡中，可以选择"前景"和"背景"色形成图案背景等。

若要删除文档的背景，只需在"页面颜色"下拉菜单中勾选"无颜色"即可。

（4）设置水印背景

单击"设计"功能区→"页面背景"栏→"水印"命令，打开"水印"下拉菜单，在其中可选择预设的水印，或选择"自定义水印"，在弹出的"水印"对话框中进行个性化设置，如图3-71所示。若要设置为图片水印效果，则选择"图片水印"。单击选择图片，寻

图3-70 "填充效果"对话框

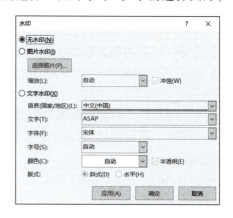

图3-71 设置水印

单元 3　Word 2016 文档制作与处理

找所需图片，单击"应用"按钮可以预览效果，最后单击"确定"按钮即可。若要设置文字水印效果，则选中"文字水印"单选按钮，从下面的"文字"列表中选择文字或者输入文字，在"字体"列表框中选择字体，然后设置字号，选择颜色和版式，单击"应用"按钮查看效果，最后单击"确定"按钮。

项目 3.4　文档排版——制作员工手册

项目目标

- 能利用形状工具绘制图形
- 能插入并编辑页眉、页脚
- 能自动生成并更新文档目录
- 会应用文档的样式和格式

项目描述

小张的叔叔手拟了一份自己公司的员工手册，请小张对文档进行排版，制作带封面的员工手册，要求用横向 A5 打印，最终效果如图 3-72 所示。

图 3-72　员工手册封面

任务 3.4.1　制作员工手册封面

设置员工手册纸张大小，修改边距，并给员工手册制作封面。

知识点：页面设置，分节符，图片艺术效果，绘制形状，形状样式。

步骤 1：页面设置。打开"员工手册原文 .docx"，另存为"员工手册 .docx"文件。单击"布局"功能区→"页面设置"栏的"对话框启动器"按钮，打开"页面设置"对话框，在"纸张大小"中选择"A5 旋转"，如图 3-73 所示。在"页边距"选项卡中，设置上下边距为 2 厘米。

步骤 2：插入分节符。在文档最前面单击，然后单击"布局"功能区→"页面设置"栏→"分隔符"命令，在下拉菜单中选择"下一页"，文档第一页就成了空白页，内容从第二页开始。再进行同样的操作，这样前两页都是空白页。

步骤 3：制作封面。在文档第一页中插入封面图，等比例调整其大小至与页面同高。

步骤 4：选中图片，设置其"环绕文字"方式为"衬于文字下方"，调整图片位置，使其与页面右侧对齐。

图 3-73　设置纸张大小

步骤 5：保持图片选中状态，单击"图片工具/格式"功能区→"调整"栏→"艺术效果"命令下拉列表中的"蜡笔平滑"效果，如图 3-74 所示。

步骤 6：单击"插入"功能区→"插图"栏→"形状"命令按钮下拉列表中的"箭

头:五边形",绘制出一个与页面等高的图形(高:14.8 cm,宽:17.8 cm),如图3-75所示。

图3-74 图片艺术效果

图3-75 绘制图形

步骤7:保持图形选中状态,鼠标左键按住橙色小圆点(图3-75所示控制点)向右拖动,调整尖角弧至合适大小。

步骤8:在"绘图工具/格式"功能区→"形状样式"栏中,设置图形填充色为"白色,背景1,深色5%",无轮廓。

步骤9:单击"形状样式"栏的"对话框启动器"按钮,打开"设置形状格式"窗格,在"效果"选项卡中给图形设置阴影,参数如图3-76所示。

步骤10:在"形状"下拉列表中选择"直角三角形",按住Shift键拖放出一个等腰直角三角形,通过旋转柄 ⟳ 顺时针旋转45°。调整位置,使三角形位于页面右边垂直居中位置,且斜边与页面右边线重合。

步骤11:同前面一样,给三角形设置填充色,无轮廓,阴影为预设的"外部偏移:左"。

图3-76 给形状设置阴影

步骤12:绘制文本框并输入文字。单击"插入"功能区→"文本"栏→"文本框"→"绘制横排文本框",在页面左上角绘制一个文本框,输入"XXXX科技有限公司",字体为"微软雅黑"、四号;选中文字,在"绘图工具/格式"功能区→"艺术字样式"栏的"快速样式"预设库中选择合适的效果。

步骤13:同步骤12,借助文本框,输入其他内容文字,调整位置并设置字体效果,最终效果如图3-72所示。其中"员工手册"前的形状是直线,宽度是8磅,红色。

任务3.4.2 编辑员工手册正文并生成目录

对员工手册的文字内容进行排版,插入页眉、页脚,生成目录。

知识点:格式刷,页眉、页脚,自动生成目录。

未编辑的员工手册如图3-77所示,文档中的标题和正文需应用不同的"样式"进行排版。

1. 对手册文字内容进行排版

步骤 1：将正文内容全部选中，统一设置字体为宋体、五号，段落首行缩进两个字符（表格内容除外），行距为 1.3。表格的标题行字体加粗，居中对齐。

步骤 2：设置一级标题。选中"第一章 总则"，应用"标题一"样式，字号为"小二"，"居中"对齐。保持标题选中状态，双击"开始"功能区→"剪贴板"栏上的"格式刷"命令，鼠标变成刷子状，在"第二章 入职指引"前按下左键并拖动至标题最后，这样第二章标题也有了样式。同样，将其余章标题也刷上同样的"标题一"样式，最后按 Esc 键取消格式刷的选中状态。

步骤 3：设置二级标题。选中"2.1 报到"，应用"标题二"样式，字号为"小三"。同步骤 2 一样，使用格式刷将所有二级标题应用"标题二"样式。

步骤 4：设置三级标题。选中"2.3.1 入职指引"，应用"标题三"样式，字号为"小四"。再使用同样的方法设置其他同级标题。

2. 自动生成目录

步骤 1：将光标定位在文档的第二页（空白页），单击"引用"功能区→"目录"栏→"目录"命令按钮，在弹出的下拉菜单中选择"自动目录 1"，如图 3-78 所示，文档目录即自动生成了，如图 3-79 所示。

步骤 2：将"目录"字号大小设为"小二"、居中对齐，两字之间空一格。

图 3-78 "目录"下拉菜单

图 3-79 员工手册的部分目录

3. 设置页眉、页脚

除了封面及目录所在页，给文档中的其余页添加页眉和页脚。

步骤1：在"第一章 总则"所在页单击，单击"插入"功能区→"页眉和页脚"栏→"页眉"命令，在下拉菜单中选择"空白"页眉，文档进入页眉编辑状态。

步骤2：在"页眉和页脚工具/设计"功能区→"导航"栏中单击"链接到前一节"命令按钮，取消其按下状态，如图3-80所示。然后再输入页眉内容"XXXX科技有限公司员工手册"。

步骤3：在文档处于页眉和页脚可编辑状态下，单击如图3-80所示的"转至页脚"命令，或直接在页脚处单击，对页脚进行编辑，同样取消"链接到前一节"的按下状态。

步骤4：设置居中对齐。单击"插入"功能区→"页眉和页脚"栏→"页码"命令，在下拉菜单中选择"设置页码格式"，在弹出的对话框中选择起始页码为1，如图3-81所示，单击"确定"按钮。

图3-80 单击"链接到前一节"

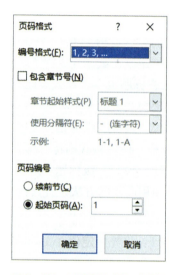

图3-81 "页码格式"对话框

步骤5：在"页码"下拉菜单中选择"当前位置"，在展开的子菜单中选择"普通数字"，则页码"1"出现在页脚居中位置。

步骤6：单击"页眉和页脚工具/设计"功能区中的"关闭页眉和页脚"命令，退出页眉和页脚编辑状态。至此，文档编辑完成，按Ctrl+S组合键保存文档。

另外，在Word中可以很方便地统计文档字数，方法如下：

①选定需要统计的文档区域。

②在文档状态栏中，可以查看所选定的区域字数及文档总字数。

1. 页面设置

在"布局"功能区的"页面设置"栏中，包含了文字方向、页边距、纸张大小、纸张方向、分栏等设置，也可以单击该栏的"对话框启动器"按钮，弹出"页面设置"对话框，如图3-82所示。

(1)"页边距"选项卡

①在"页边距"选项区域,设置或调整"上""下""左""右"选项框中的数值,可设置文字与页面边缘的距离。

②"装订线位置"用于设置装订线在纸上的位置。

③在"纸张方向"选项中,单击"横向"或"纵向"即可以使文档采取横向或纵向方式排版。

可以在一篇文档中同时使用"横向"和"纵向"两种方向。在改变部分文档的页面方向时,先选取文档内容,在"应用于"命令选项中选取"所选文字"选项后,再改变方向即可。

(2)"纸张"选项卡

单击"纸张大小"选项右侧的▼按钮,在弹出下拉列表框可以选择需要的纸张类型。也可以选择"自定义"方式,在纸张的"宽度"和"高度"文本框内输入自定义纸张的宽度和高度值。

图3-82 页面设置

(3)"布局"选项卡

①在"页眉页脚"选项中选中"奇偶页不同"复选框,表示要在奇数页与偶数页上设置不同的页眉页脚,这一项在全文档中起作用。

②选中"首页不同"复选框,可以使节或文档首页的页眉页脚与其他页的页眉页脚不同。

③"垂直对齐方式"选项可以设置选定内容在页面垂直方向上的对齐方式。

(4)"文档网络"选项卡

①"文字排列"选项可设置文字的方向为"水平"或"垂直"。

②使用"网格"选项可改变每行的字数及行数。

2. 分隔符

(1) 分节符

节是一段连续的文档块,同节的页面拥有相同的格式设置元素,如页边距、纸型或方向、页眉页脚、页码顺序等。分节符起着分隔其前面文本格式的作用,如果删除了某个分节符,那么它前面的文本就会合并到后面的节中,并且采用后者的格式设置。如果没有插入分节符,则Word默认一个文档只有一个节,所有页面都属于这个节。分节符有以下几类(图3-83):

①下一页:在当前位置插入分节符,则光标当前位置后的全部内容将移到下一页面上。

②连续:选择此项,Word将在插入点位置添加一个分节符,插入点后的内容移到下一行,不分页,新节从当前页开始。

③偶数页:光标当前位置后的内容将转至下一个偶数页上,Word自动在偶数页之间空出一页。

图3-83 分节符

④奇数页：光标当前位置后的内容将转至下一个奇数页上，Word 自动在奇数页之间空出一页。

（2）分页符

①分页符：当文本或图形等内容填满一页时，Word 会自动分页，开始新的一页。如果要在某个特定位置强制分页，可选择插入"分页符"。

②分栏符：对文档（或某些段落）分栏后，Word 文档会在适当的位置自动分栏。若想某一内容出现在下栏的顶部，则可选择插入"分栏符"。

③自动换行符：通常情况下，文本到达文档页面右边距时，Word 自动换行。若想在插入点位置强制断行，可选择插入"自动换行符"，插入的换行符显示为灰色"↓"。需要注意的是，这种方法产生的新行仍是当前段的一部分，也即分行不分段。

3. 项目符号与编号

（1）自动编号

输入"1."，然后输入项目，按 Enter 键，下一行自动出现"2."。Word 如果认为输入的是编号，就会调用编号功能。如果不想要这个编号，按 Backspace 键或 Ctrl + Z 组合键即可。

（2）项目符号

Word 2016 的编号功能很强大，可以轻松地设置多种格式的编号及多级编号等。一般在一些列举条件的地方会采用项目符号。

添加：选中段落，单击"开始"功能区→"段落"栏上的"项目符号""编号"或"多级列表"按钮，就会加上项目符号。

删除：和去掉自动编号的方法一样，把光标定位到项目符号的后面，按 Backspace 键即可。此外，把光标定位到要去掉项目符号的段落中，单击"项目符号"按钮，也可以把这个项目符号去掉。

（3）改变项目符号的样式

单击"开始"功能区→"段落"栏→"项目符号"，在下拉菜单中选择"定义新项目符号"选项，打开"定义新项目符号"对话框，如图 3-84 所示。单击"符号"按钮，在出现的"符号"对话框中选择所需的符号，如图 3-85 所示，单击"确定"按钮即可给选定的段落设置一个自选的项目符号。

图 3-84 "定义新项目符号"

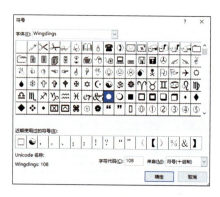

图 3-85 "符号"对话框

单击"图片"按钮,在弹出的窗口中选择所需图片,即可将项目符号设成图片标志。除此之外,还可以对"字体""对齐方式"进行设置。

4. 使用格式刷

格式刷用于复制格式,如图 3-86 所示。

①在 Word 中,格式同文字一样,是可以复制的。选中一些文字,单击"格式刷"按钮,鼠标就变成了一个小刷子的形状,用这把刷子"刷"过的文字的格式就变得和选中的文字一样了,但只能刷一次。

②双击"格式刷"按钮,同样鼠标也变成一个小刷子的形状,用这把刷子可以多次"刷"想要修改格式的多处地方。

图 3-86　格式刷

5. 样式

样式是指用有意义的名称保存的字符格式和段落格式的集合。在编排重复格式时,先创建一个样式,然后在需要的地方套用这种样式,就不必对它们进行重复的格式化操作了。

(1) 快速套用现有标题样式

先将标题选中,然后选择"开始"功能区→"样式"栏中的相应样式即可。设置好样式后,还可以在"字体"栏中方便地快速修改同级标题格式。

(2) 编写文件时套用样式

这种方法可以让人们一边编写文件一边设置样式。为了提高操作效率,可以给每个样式设置一个快捷键。

①单击"样式"窗格中每个样式后面的倒三角按钮,执行"修改"命令。

②在弹出的"修改样式"窗口中单击"格式"按钮→"快捷键"命令,如图 3-87 所示。

③在"请按新快捷键"编辑框中设置一个快捷键后单击"指定"按钮即可,如图 3-88 所示。

图 3-87　设置样式快捷键

图 3-88　"自定义键盘"

④依此类推,为其他样式也设置相应的快捷键。

⑤设置好后，直接按相应的快捷键，便可使输入的样式为所对应的样式。

6. 设置页眉和页脚

一般情况下，页眉和页脚分别出现在文档的顶部和底部，在其中可以插入页码、文件名或章节名称等内容。当一篇文档创建了页眉和页脚后，版面会更加清晰，版式更具风格。

（1）设置页眉

执行"插入"功能区→"页眉和页脚"栏→"页眉"命令，弹出"页眉"下拉菜单，如图3-89所示。选取Word预设的内置页眉格式进行页眉设置，或选择"编辑页眉"选项，进入自主编辑页眉状态。

（2）设置页脚

执行"插入"功能区→"页眉和页脚"栏→"页脚"命令，弹出"页脚"下拉菜单。选取Word预设的内置页脚格式进行页脚设置，或选择"编辑页脚"选项，进入自主编辑页脚状态。

页眉和页脚的编辑方法和正文的编辑方法完全一样。此外，页眉和页脚还可以用于说明一些文档的信息，例如添加页码或其他的信息等。

图3-89 "页眉"下拉菜单

当页眉或页脚处于可编辑状态时，在"页眉和页脚工具/设计"功能区中，可对其进行各种个性化设置，如图3-90所示。

图3-90 "页眉和页脚工具/设计"功能区

在"页眉和页脚"栏：

单击"页码"按钮，在出现的下拉菜单中选择所需类型进行设置，即可在光标所在处插入相应格式页码。

在"插入"栏：

①单击"日期和时间"按钮，在出现的对话框中选择日期或时间类型，即可将当前日期和时间插入光标所在位置。

②单击"文档部件"按钮，在出现的下拉菜单中选择"文档属性"选项，可在光标所在处插入如主题、文档发布日期、作者等文档信息。

③单击"图片""联机图片"按钮，可在光标所在处插入图形元素。

在"导航"栏：

①单击"转至页眉""转至页脚"按钮，可在页眉和页脚之间相互跳转。

②单击"上一条""下一条"按钮，可跳转至上一个或下一个页眉或页脚。

在"选项"栏：

①勾选"首页不同"，可为文档首页指定特有的页眉和页脚。

②勾选"奇偶页不同",可为文档奇偶页指定不同的页眉和页脚。

③勾选"显示文档文字",显示页眉和页脚之外的内容。

此外,在"位置"栏中,还可以设置"页眉顶端距离"和"页脚底端距离"。在"关闭"栏中关闭页眉和页脚的编辑状态。

7. 去掉 Word 中页眉横线

①在"开始"功能区→"样式"栏中,单击"对话框启动器"按钮,打开"样式"任务窗格,如图 3-91 所示。在"样式"列表中选择"页眉"选项右侧的下拉三角按钮,选择"修改"选项。

②打开"修改样式"对话框,单击"格式"按钮→"边框"选项。

③在打开的"边框和底纹"对话框中,单击"设置"区域的"无"选项,单击"确定"按钮。

④返回"修改样式"对话框,选中"添加到样式库"复选框,确定。

图 3-91 "样式"窗格

8. 插入公式

在制作文档时,有时需要插入一些公式,可以通过 Word 2016 提供的插入公式命令来完成。

单击"插入"功能区→"符号"栏→"公式"命令按钮,在弹出的下拉菜单中,根据需要选择一个 Word 内置的公式,或单击"插入新公式"命令,在文档编辑区将出现相应的公式编辑区,屏幕上方也出现了"公式工具/设计"功能区,如图 3-92 所示,使用它,就可编辑各种公式了。

图 3-92 "公式工具/设计"功能区

9. 打印预览和打印

打开"文件"功能面板,单击"打印"命令,在界面右侧出现打印的相关设置,如图 3-93 所示。最右侧则为文档打印预览图。

在图 3-93 所示的界面中,可对打印的份数、使用的打印机、打印的页码范围、单双面打印、使用的纸张大小、是否缩放打印、页边距等进行详细的设置,然后将文档打印出来。

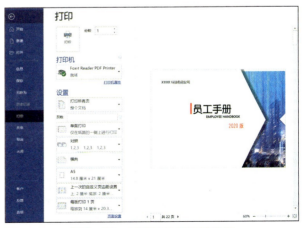

图 3-93 打印的相关设置界面

项目 3.5　邮件合并的应用——生日邀请函

📌 项目目标

- 熟练使用邮件合并功能

📌 项目描述

几天后是小姚的生日,她想邀请好朋友们一起庆祝,她打算自己制作一封邀请函。

任务 3.5.1　制作邀请函整体效果

制作邀请函整体背景,使用文本框插入文字并设置效果,摆放好相应位置,如图 3-94 所示。

知识点:页面背景,形状格式,旋转形状,组合形状。

步骤 1:新建空白文档,单击"布局"功能区→"页面设置"栏→"纸张大小"命令,在下拉菜单中选择"其他纸张大小"。在"页面设置"对话框"纸张"选项卡中,纸张大小为"自定义大小",宽:10.5 厘米、高:18 厘米。

步骤 2:单击"设计"功能区→"页面背景"栏→"页面颜色"命令,在下拉列表中选择"填充效果",在弹出的"填充效果"对话框中,选择"图片"选项卡,如图 3-95 所示,单击"选择图片"按钮,选择一张图片。

图 3-94　邀请函效果图

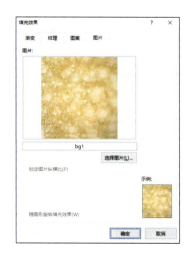

图 3-95　设置页面背景图

步骤 3:绘制一个矩形,设置其高为 15.9 厘米、宽为 9.2 厘米,白色填充,无轮廓。

步骤 4:选中矩形,在"绘图工具/格式"功能区→"排列"栏→"对齐"下拉菜单中,分别单击"水平居中"和"垂直居中"。

步骤 5:单击"绘图工具/格式"功能区→"形状样式"栏的"对话框启动器"按钮,打开"设置形状格式"窗格,将矩形填充的透明度设置为 30%,如图 3-96 所示。

单元 3　Word 2016 文档制作与处理

步骤 6：在形状中选择线条"连接符：肘形"，在文档中绘制图形 。按住橙色控制点向右拖动，将形状改变为 。

步骤 7：保持图形选中状态，在"绘图工具/格式"功能区→"形状样式"栏→"形状轮廓"→"粗细"子菜单中，选择"3 磅"；轮廓色为"蓝色，个性色 1"；在"大小"栏，设置高为 0.95 厘米，宽为 0.9 厘米；调整位置至右上角，参考图 3 - 94 所示效果。

步骤 8：选中该图形，按 Ctrl + C 组合键进行复制，按 Ctrl + V 组合键进行粘贴。将复制出的副本选中，在"绘图工具/格式"功能区→"排列"栏→"旋转"下拉菜单中，选择"水平翻转"命令。调整位置至左上角。

图 3 - 96　设置填充透明度

注意：善用"对齐"命令，使左上角和右上角的图形保持顶端对齐。

步骤 9：依此类推，将左下角和右下角的图形设置好。

步骤 10：按住 Shift 键，选中矩形及其四个角上的图形，单击"绘图工具/格式"功能区→"排列"栏→"组合"按钮→"组合"选项，将五个图形组合成一个整体。

步骤 11：借助文本框将文字内容输入，内容及效果参考图 3 - 94 所示。

任务 3.5.2　邮件合并

使用邮件合并功能，在"亲爱的"文字后面添加上具体的人名，使每张邀请函对应不同的人。

知识点：邮件合并。

步骤 1：单击"邮件"功能区→"开始邮件合并"栏→"选择收件人"命令，在展开的下拉菜单中选择"键入新列表"，弹出如图 3 - 97 所示对话框。如果已有建好的 Excel 名单表，则选择"使用现有列表"。

步骤 2：单击"自定义列"按钮，出现"自定义地址列表"对话框，如图 3 - 98 所示，单击"删除"按钮，删除所有"字段名"中的默认选项。

图 3 - 97　"新建地址列表"对话框　　图 3 - 98　"自定义地址列表"对话框

步骤 3：单击"添加"按钮，在弹出的对话框中输入要添加的"域名"，如图 3 - 99

115

所示，依次添加"姓名"和"先生/女士"域名，单击"确定"按钮，回到"自定义地址列表"对话框，如图 3-100 所示，单击"确定"按钮，回到"新建地址列表"对话框。

图 3-99 "添加域"对话框

图 3-100 自定义地址列表

步骤 4：在"新建地址列表"对话框中输入一人信息，完成第 1 条信息后，单击"新建条目"按钮或按 Tab 键，输入第 2 条信息，如此，将所有信息录入，如图 3-101 所示。

步骤 5：添加完毕后，单击"确定"按钮，出现"保存"对话框，选择保存位置，保存数据源。

步骤 6：在"邮件"功能区单击"选择收件人"按钮，在下拉菜单中选择"使用现有列表"项，找到刚保存的数据源，单击"确定"按钮，完成数据源的选择。

步骤 7：在"邮件"功能区单击"编辑收件人列表"按钮，出现"邮件合并收件人"对话框，如图 3-102 所示。勾选"姓名"前的复选框。

图 3-101 输入收件人信息

图 3-102 "邮件合并收件人"对话框

步骤 8：将插入点定位在"亲爱的"后面，单击"邮件"功能区→"编写和插入域"栏→"插入合并域"命令旁的小三角形按钮，在如图 3-103 所示的下拉菜单中选择"姓名"域，紧随其后再插入"先生女士"域，效果如图 3-104 所示。

步骤 9：按 Ctrl+S 组合键保存。单击"邮件"功能区→"预览结果"栏→"预览结果"按钮，如图 3-105 所示。

图 3-103 "插入合并域"

图 3-104 插入域名后的文档部分

图 3-105 预览最终效果

通过"预览结果"栏中的"记录"文本框及左右按钮，如图 3-106 所示，可逐条预览。

步骤 10：在"邮件"功能区→"完成"栏中，单击"完成并合并"命令，在如图 3-107 所示的下拉菜单中选择：

图 3-106 预览结果　　　　　　　　图 3-107 "完成并合并"

①"打印文档"：在弹出的"合并到打印机"对话框中，选择要打印的记录，如图 3-108 所示。

②"编辑单个文档"：在弹出的"合并到新文档"对话框中，选择"全部"，如图 3-109 所示，单击"确定"按钮，生成一个有多条记录的 Word 文档，如图 3-110 所示。

图 3-108 "合并到打印机"对话框　　　图 3-109 "合并到新文档"对话框

117

图 3-110　有多条记录的 Word 文档

1. 模板

在制作一个复杂或不熟悉的文档时，Word 提供的向导和模板可以提供一些帮助。

（1）使用已有的模板

选择"文件"功能区中的"新建"命令，打开"新建"界面，其中包含很多 Office 提供的主题模板及个人模板，从中选择需要的模板即可建立文档。Word 会自动将格式设置好，并在文档的相应位置给出一些提示。

（2）新建模板

用户也可以根据需要建立自己的模板，方法是：先删除用户文档中的多余内容，然后选择"文件"界面→"另存为"命令，在"另存为"对话框中选择"保存类型"为"Word 模板"，选择系统专门用来存放模板文件的目录，输入文件名存盘即可。

2. 宏

在 Word 中经常要重复某些功能的操作，如果能将这些重复工作定义为一个命令，则可以提高工作效率，Word 中"宏"就提供了这项功能。"宏"将一系列的操作命令和指令组合在一起，形成一个操作命令，将多步操作自动一次执行，类似于批处理文件。

编制一个简单的宏：

①单击"视图"功能区→"宏"栏→"宏"命令按钮下的小三角形按钮，在下拉菜单中选择"录制宏"命令，打开"录制宏"对话框，如图 3-111 所示。

②在"宏名"输入框中输入"我的宏"，在"将宏指定到"设置栏中，可以为"我的宏"定制

图 3-111　"录制宏"对话框

快捷键（键盘）或指定出现在快速访问工具栏上（按钮），单击"确定"按钮，鼠标指针下面出现一个录影带的图形，表示开始宏的录制了。单击工具栏上的"插入表格"按钮，插入一个2×7的表格。在"宏"下拉菜单中单击"停止录制"命令，如图3-112所示，一个宏就录制完成了。

③在"宏"下拉菜单中选择"查看宏"，打开如图3-113所示对话框，选择"我的宏"，单击"运行"按钮，一个表格就插入进来了。使用宏可以完成许多复杂又重复的操作。

图3-112 选择"停止录制"命令

图3-113 "宏"对话框

单元综合实训三

用Word文档设计并制作公司宣传册。要求作品主题明确、内容丰富、色彩搭配合理、版式排版合理，并以学生姓名为文件名进行保存，具体要求如下：

1. 用A4纸张，至少3页，设置合适的页边距，并在页眉处标明作品名称，在页脚处添加学号和日期。
2. 文档中包括文字、表格、图片、绘制图形、艺术字、文本框等。
3. 应用分栏、边框和底纹、文字格式、段落格式、首字下沉等多种方式排版。
4. 不得从网上抄袭或复制他人作品。

高手支招

单元 4
Excel 2016 的应用

> **教学目标**
> - 能够录入各种数据，包括使用公式和函数，并能美化和打印表格
> - 能利用排序、筛选、分类汇总、数据透视表和图表管理数据
> - 能利用规划求解功能做方案的决策和分析

项目 4.1 制作企业员工信息登记表

项目目标

- 了解 Excel 2016 的功能、特点及 Excel 2016 工作簿的基本元素
- 掌握添加、删除和重命名工作表的基本方法
- 掌握在工作表中输入数据的方法
- 掌握对工作表进行格式设置的方法

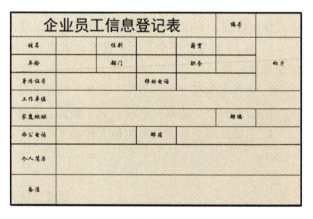

图 4-1 项目效果图

项目描述

公司要求新入职的员工都要手动填写一张如图 4-1 所示的登记表，其中包括姓名、性别、籍贯、年龄、部门、职务、身份证号、工作单位等内容，请用 Excel 2016 制作。

任务 4.1.1 创建工作簿并录入信息

新建一个空白工作簿文档，要求按图 4-1 所示录入表格中的文本。

单元 4　Excel 2016 的应用

知识点：Excel 2016 的基本元素及其工作界面，插入、删除、重命名工作表，在单元格中录入文本信息，保存工作簿。

1. 创建"企业员工信息登记表"工作簿

步骤 1：在"开始"菜单中找到 Excel 2016，单击，会打开如图 4-2 所示新建工作簿窗口。

步骤 2：单击图 4-2 中的"空白工作簿"，创建出的工作簿默认名为"工作簿 1"，它包含了一张名为 Sheet1 的空白工作表；在 Sheet1 工作表标签上单击鼠标右键，在弹出的菜单中选择"重命名"命令，如图 4-3 所示，将工作表名称修改为"企业员工信息登记表"。

图 4-2　新建工作簿

图 4-3　修改工作表的名称

步骤 3：单击"文件"选项卡，执行"保存"或"另存为"命令，如图 4-4 所示。单击"浏览"选项，打开如图 4-5 所示的"另存为"对话框。选择存放的位置，输入文件名"企业员工信息表登记表"，保存类型为".xlsx"，单击"确定"按钮，返回工作区，会发现标题栏上显示的是"企业员工信息表登记表.xlsx"。

图 4-4　保存工作簿

图 4-5　"另存为"对话框

2. 录入"企业员工信息登记表"的内容

步骤 1：选择 A1 单元格，输入"企业员工信息登记表"，如图 4-6 所示。

步骤 2：按 Enter 键，光标会跳到 A2 单元格，输入"姓名"，如图 4-7 所示。

图 4-6 输入"企业员工信息登记表"

图 4-7 输入"姓名"

步骤 3：使用同样的方法在 A3~A9 单元格区域依次输入"年龄""身份证号""工作单位""家庭地址""办公电话""个人简历""备注"，如图 4-8 所示。

步骤 4：分别将光标定位到 C2、C3、E2、E3 单元格中，输入"性别""部门""籍贯""职务"，在 D4、D7、F6、G1、G2 单元格中分别输入"移动电话""邮箱""邮编""编号""相片"，如图 4-9 所示。

步骤 5：表格的内容已经输入完成，按 Ctrl + S 组合键保存。

图 4-8 在 A3~A9 单元格区域输入数据

图 4-9 完成所有数据的输入

任务 4.1.2　美化表格

输入完表格所需的文字后，就需要对表格的格式进行调整和美化。

知识点：合并单元格，设置行高列宽，设置单元格格式、条件格式、使用样式。

步骤 1：打开上一任务保存的工作簿，在表格中选中 A1:F1 单元格区域，单击"开始"→"对齐方式"组中的"合并后居中"按钮，效果如图 4-10 所示。使用同样的方法分别对 B4:C4、E4:F4、B5:G5、B6:E6、B7:C7、E7:G7、B8:G8、B9:G9、G2:G4 单元格区域进行合并居中设置，效果如图 4-11 所示。

步骤 2：设置行高。选定第 1 行，执行"开始"选项卡→"单元格"组→"格式"下拉菜单中的"行高"命令，如图 4-12 所示，在弹出的如图 4-13 所示的对话框中输入"48"，单击"确定"按钮。同理，选择第 2~7 行，设置行高为 35.25；选择第 8 行和第 9 行，设置行高为 60。

单元 4　Excel 2016 的应用

图 4-10　合并后居中单元格（1）

图 4-11　合并后居中单元格（2）

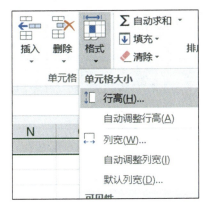

图 4-12　"格式"下拉菜单

图 4-13　设置行高对话框

步骤 3：设置列宽。按住 Ctrl 键，选中 A、G 两列，执行图 4-12 所示菜单中的"列宽"命令，在弹出的对话框中设置列宽为"13.75"；选择 B~F 列，设置"列宽"为"12"。

步骤 4：设置文字对齐方式。按 Ctrl+A 组合键选中表中全部单元格，执行"开始"选项卡→"单元格"组→"格式"下拉菜单中的"设置单元格格式"命令，打开"设置单元格格式"对话框，如图 4-14 所示。在"对齐"选项卡中的"水平对齐""垂直对齐"下拉列表中均选择"居中"，单击"确定"按钮，效果如图 4-15 所示。

图 4-14　设置文字居中

图 4-15　文字居中效果

123

步骤5：设置边框格式。在图4-14所示的对话框中，选择"边框"选项卡，如图4-16所示，设置线条样式为粗实线、黑色，单击"预置"栏中的"外边框"按钮，将设置的线条属性应用到外边框；内边框设置方法相同，即先设置线条样式和线条颜色，再单击"内部"按钮；另外，还可以单击"边框"栏中的按钮来添加或删除对应位置的线条，最后单击"确定"按钮，效果如图4-17所示。

图4-16　设置单元格边框

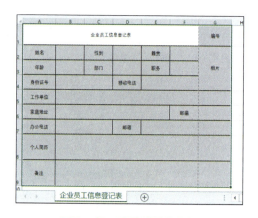

图4-17　设置单元格边框

步骤6：设置字体格式。切换到"字体"选项卡，设置字体为"华文行楷"，"字形"为"常规"，字号选择"12"，如图4-18所示，单击"确定"按钮；再单击选中"企业员工信息登记表"所在单元格，在"开始"选项卡→"字体"组中，设置"字体"为黑体、"字号"为28磅，如图4-19所示。

图4-18　设置字体格式

图4-19　选择字号大小

步骤7：设置底纹格式。选择表格区域，单击鼠标右键，在右键菜单中选择"设置单元格格式"命令，选择"填充"选项卡，如图4-20所示，在对话框中选择需要的背景色、图案颜色及图案样式，单击"确定"按钮，效果如图4-21所示。

步骤8：单击快捷访问工具栏上的"保存"按钮保存文件。

图4-20 背景设置对话框

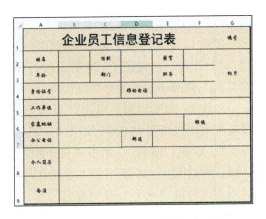

图4-21 企业员工信息登记表效果

任务4.1.3 修改并打印登记表

仔细查看图4-21所示登记表，发现没有预留填写编号的单元格，并且G列左侧有一条虚线，为什么？怎么处理？

知识点：取消合并单元格、移动文本、修改格式、打印预览。

1. 修改表格——将编号向左移一列

步骤1：取消A1:F1的单元格合并。选中A1单元格，单击"开始"选项卡→"对齐方式"组中的按钮，即可取消原来设置的"合并后居中"格式。

步骤2：将"编号"移到F1单元格。双击G1单元格，出现"I"形光标时拖动鼠标选中文字，按Ctrl+X组合键剪切文字，然后粘贴到F1单元格。结果如图4-22所示。

步骤3：复制格式。选中"姓名"单元格，单击"开始"→"剪贴板"功能区的"格式刷"按钮，再单击目标单元格F1。

步骤4：修改其他格式。选中A1:E1单元格区域，单击"合并后居中"按钮；选中F1单元格，打开"设置单元格格式"对话框，选中粗实线，添加上框线；再选中细实线，添加左框线。效果如图4-23所示。

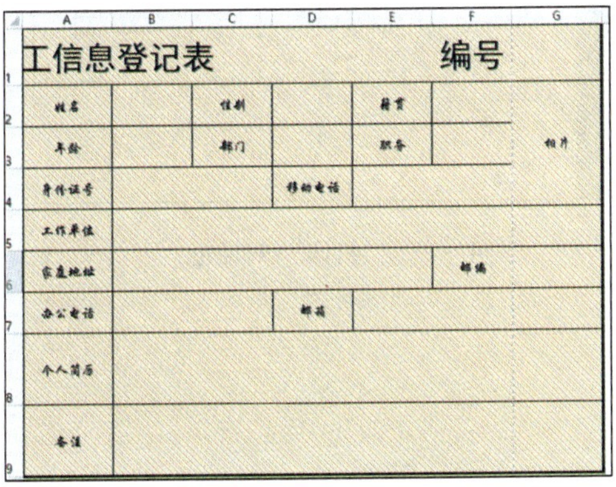

图4-22 移动"编号"结果

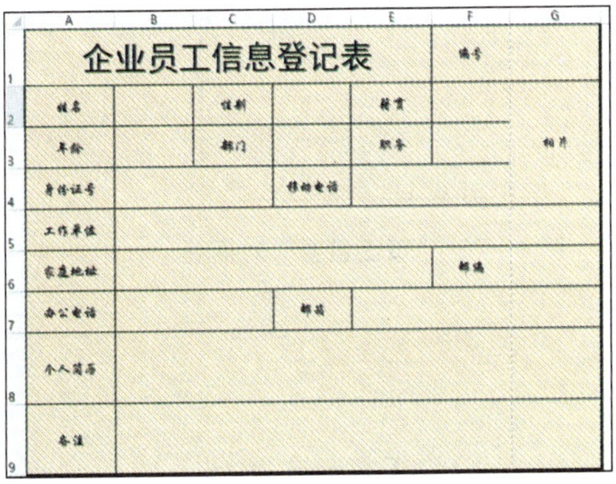

图4-23 修改后的效果

2. 打印表格

步骤 1：打印预览。在正式打印之前，可以预览一下打印效果。单击"开始"选项卡→"打印"按钮，出现图 4-24 所示的打印预览对话框，发现默认情况下将表格分成了两页，即 G 列左侧那条虚线是分页符，所以，在打印之前需要进行页面设置或打印调整。

步骤 2：页面设置。单击"页面布局"选项卡→"页面设置"组中相应的按钮，可以设置页边距、纸张大小等，如图 4-25 所示。单击"纸张大小"，选择"A4"；单击"打印方向"，设置"横向"；单击"页边距"，执行"自定义边距"命令，打开"页面设置"对话框，在如图 4-26 所示的"页边距"选项卡中分别设置：上、下各 2.5，左、右各 1.5，居中方式勾选"水平"和"垂直"。

图 4-24 打印预览对话框

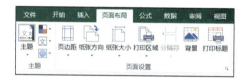

图 4-25 "页面设置"功能区

步骤 3：打印。单击"开始"→"打印"，弹出如图 4-27 所示的"打印"对话框，可以选择打印机和打印份数，也可以修改页面设置，确认后，单击"打印"按钮即可打印。

图 4-26 "页面设置"对话框

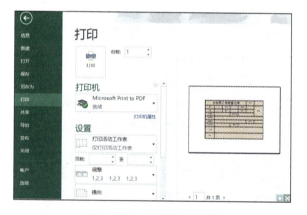

图 4-27 "打印"对话框

（一）关于 Excel 2016

Excel 2016 是一款非常流行的电子表格软件，是集电子数据表、图表和数据库于一体的优秀办公软件。

1. Excel 2016 的启动

启动 Excel 2016 主要有以下几种方法：
①单击"开始"按钮→"Excel 2016"命令。
②双击桌面上 Excel 2016 的快捷图标（如果已建立桌面快捷方式）。
③在"资源管理器"窗口中双击任何一个 Excel 文件。

2. Excel 2016 的退出

可以采用以下方法之一退出 Excel 2016：
①单击 Excel 2016 窗口右上角的"关闭"按钮。
②单击"文件"→"关闭"命令。
③按 Alt + F4 组合键。

3. Excel 2016 的工作界面

Excel 2016 的工作界面主要由标题栏、快速访问工具栏、控制按钮栏、功能区、名称框、编辑栏、工作区、状态栏组成，如图 4 – 28 所示。

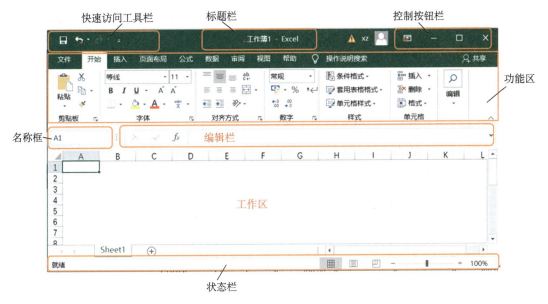

图 4 – 28　Excel 2016 的工作界面

其中，功能区位于标题栏的下方，默认由 9 个选项卡组成。一个选项卡分为多个组，每个组中有多个命令，如图 4 – 29 所示。

图 4 – 29　选项卡和功能区

4. Excel 2016 的基本元素

（1）工作簿

工作簿是工作表、图表及宏表的集合，它以文件的形式存放在计算机的外存储器中，扩展名为".xlsx"。新创建的工作簿默认名为"工作簿1""工作簿2"等。

（2）工作表

工作表是用于输入、编辑、显示和分析数据的表格，它由行和列组成，存储在工作簿中。每一个工作表都用一个工作表标签来标识，如图4-30所示。新建工作簿时，会自动创建一张名为Sheet1的工作表，当插入新工作表时，会依次自动命名为Sheet2、Sheet3等，用户也可重新命名，如命名为"企业员工信息登记表"等。新建的工作簿默认包含一张工作表，可以通过"文件"→"选项"→"常规"来改变新建时包含的工作表数。

图4-30　工作表标签

（3）单元格

单元格是Excel工作表的最小单位。每个矩形小方格就是一个单元格，用于输入、显示和计算数据，一个单元格内只能存放一个数据。如果输入的是文字或数字，则原样显示；如果输入的是公式和函数，则显示其结果，按F2键可以显示其公式。当前单元格是活动单元格，以粗线边框显示，如图4-30的A1单元格所示。

（4）单元格地址

单元格地址用来表示一个单元格的坐标，用列标和行号组合表示，列标在前、行号在后。列标用字母A～XFD表示，行号则用数字表示，如第6列（即F列）第9行的单元格地址为F9。最大行号是1 048 576，最大列号是XFD，一张工作表的单元格个数是1 048 576 × 16 384。单元格地址显示在名称框里，随意单击某个单元格，再按住Ctrl+↓组合键可到最后一行，按住Ctrl+→组合键可到最后一列。

5. 添加工作表

添加工作表的操作方法有以下两种：

①指向工作表标签，右键单击，在菜单中执行"插入"→"工作表"命令。

②单击工作表标签最右边的按钮 ⊕，会在最后插入新表。

注意：按住Ctrl键再拖动工作表，可以复制工作表。

6. 删除工作表

方法：右击要删除的工作表标签，从弹出的快捷菜单中选择"删除"命令。

注意：被删除的工作表是不可以恢复的。

（二）美化表格

美化表格主要包括设置表格中的数字格式、字体、对齐方式和表格的边框、底纹、行高、列宽等。主要有以下几种方法：

1. 利用"开始"选项卡中各功能组中的命令按钮

"开始"选项卡的功能组如图4-31所示。其中，字体、对齐方式、数字、样式各组中的按钮都可以设置所选中区域的格式，其中"样式"可以快速美化表格。

图4-31 "开始"选项卡的功能区

2. 使用"设置单元格格式"对话框

通过"设置单元格格式"对话框可以设置所选中表格区域的数字格式、字体、对齐方式和表格的边框、底纹等。

打开"设置单元格格式"对话框的方式有：

①单击"开始"选项卡→"单元格"组→"格式"下菜单中的"设置单元格格式"命令。

②单击鼠标右键，在弹出的快捷菜单中选择"设置单元格格式"命令。

③单击图4-31所示的"开始"选项卡各功能组中的"对话框启动器"按钮，都可以打开"设置单元格格式"对话框。

3. 复制格式

首先选定源单元格，单击或双击"开始"选项卡中的"格式刷"按钮，用带格式刷的鼠标指针去单击目标区域，目标区域的格式即变为源单元格格式。双击"格式刷"按钮，可以复制格式到多个不同的单元格。再次单击"格式刷"按钮或者按Esc键，则取消格式刷的选中状态。

4. 设置表格的行高和列宽

设置行高和列宽的操作步骤类似，设置行高通常使用以下方法。

（1）使用菜单命令

选择"开始"选项卡→"单元格"组→"格式"下拉菜单中的"行高"命令，打开"行高"对话框，设定行高的精确值，单击"确定"按钮。

（2）使用鼠标

将鼠标移动到要调整行高的行号的下边界处，鼠标指针变成带双箭头的"十"字时，按住鼠标左键，拖动行号的下边界，调整到所需的行高后放开鼠标即可。

（3）自动调整

选定行后，执行"开始"选项卡→"单元格"组→"格式"下拉菜单中的"自动调整行高"命令，会根据行中的内容自动调整为最适合的行高。

5. 套用格式

首先选定要格式化的单元格区域，然后选择"开始"选项卡→"样式"组→"单元格样式"或"套用表格格式"按钮，在下拉样式预览中单击一种表格样式后，所选表格区域就有相应的格式效果了。

6. 使用条件格式

实际工作中，经常需要将符合特定条件的数据以一种醒目的格式显示出来。使用条件格式的具体步骤如下：

选定要格式化的单元格区域，单击"开始"选项卡→"样式"组→"条件格式"按钮，在图4-32所示的下拉菜单中选择一种条件表达方式，或单击"管理规则（R）…"，打开"条件格式规则管理器"对话框，如图4-43所示。在对话框中，可以新建规则、编辑规则、删除规则。所谓规则，就是满足某种条件的格式，包括字体、边框、图案任意组合的格式。当数据满足预设条件时，就会自动应用这些格式。

图4-32 "条件格式"菜单

图4-33 "条件格式规则管理器"对话框

项目4.2 公司员工工资管理

项目目标

- 学会通过自动填充、有效性设置和使用公式及函数进行数据输入与统计
- 掌握单元格的引用方法及单元格和区域名称的定义与使用
- 了解 Excel 中的一些常用函数

项目描述

在无纸办公时代，Excel 2016 强大的数据计算和统计功能是公司财务人员的办公"利器"。本项目的任务是建立员工档案及对员工工资进行管理、分析和加密等。

任务4.2.1 创建公司员工档案

人事部门需要使用 Excel 工作簿来保存公司所有员工的档案信息，效果如图4-34所示。

单元 4　Excel 2016 的应用

工号	姓名	性别	部门	职务	职称	参加工作时间	出生日期	身份证号码	联系电话	基本工资
309001	刘建力	男	办公室	职员	工程师	1997/8/8	1978/8/13	410205197808138215	13975858636	¥8,500.00
309002	陈小敏	女	办公室	副经理	工程师	1996/6/1	1974/8/13	510205197408138205	13854340998	¥8,800.00
309003	孙海亭	男	财务部	副经理	工程师	1993/8/10	1969/9/8	372300196909083090	18954330908	¥9,800.00
309004	张晓英	女	行政部	经理	工程师	1995/7/1	1974/7/6	430125197407065602	13705438899	¥25,300.00
309005	艾晓敏	女	行政部	职员	技师	2000/7/6	1979/12/12	430101197912121800	13574856435	¥7,000.00
309006	陈德华	男	客服部	职员	工程师	1997/7/1	1975/2/14	430102197502141212	13408077788	¥7,500.00
309007	马建民	男	人事部	职员	工程师	1994/7/2	1968/7/7	432522196807075514	13319551133	¥8,500.00
309008	刘国强	男	人事部	副经理	工程师	2001/7/9	1980/2/14	430102198002141212	13787551862	¥8,500.00
309009	王振才	男	销售部	职员	工程师	1984/5/1	1963/5/7	140211196305072312	13978851122	¥6,700.00
309010	王壹	女	销售部	职员	技师	2000/5/3	1979/9/9	110102197909090128	13887116270	¥5,000.00
309011	王华磊	男	销售部	职员	技术员	2010/1/10	1983/1/10	430102198301103611	13677331214	¥4,500.00
309012	刘方明	男	销售部	职员	技师	2002/9/7	1981/9/12	360203198109120110	13187111633	¥3,500.00
309013	牟希雅	女	销售部	职员	工程师	1994/8/11	1970/12/9	430101197012091800	13408090999	¥4,400.00
309014	王建美	女	研发部	职员	高工	1994/2/4	1971/2/9	110102197102094607	13973118283	¥5,500.00
309015	刘凤昌	男	研发部	副经理	高工	1992/7/10	1971/12/16	430625197112168810	13548955678	¥7,800.00
309016	刘国明	男	研发部	职员	高工	1995/8/1	1973/1/13	372330197301133010	13867891213	¥4,000.00
309017	朱思华	女	研发部	职员	工程师	1996/5/1	1974/12/30	430103197410912001	13754318899	¥7,500.00
309018	彭庆华	男	研发部	职员	高工	1992/7/1	1970/2/9	430102197002091210	13508066768	¥5,600.00

图 4-34　公司员工档案信息表

知识点：自定义填充系列、填充系列、数据验证、公式、函数、条件格式化、使用样式、引用区域的表示方法。

步骤 1：运行 Excel 2016，新建"公司员工档案"工作簿，将 Sheet1 工作表重命名为"公司员工档案信息表"。

步骤 2：在 A1 单元格中输入"公司员工档案管理"；在 A2:K2 单元格区域分别输入工号、姓名、性别、部门、职务、职称、参加工作时间、出生日期、身份证号、联系电话、基本工资；在 B3:B20 单元格区域输入公司员工姓名，如图 4-35 所示。

步骤 3：使用自动填充方式输入工号。在 A3 单元格中输入第一个人的工号"309001"，将鼠标移到 A3 单元格右下角，会出现实心十字形，按住 Ctrl 键向下拖动鼠标，会自动填充系列，实现快速完成其他工号的输入，如图 4-36 所示。

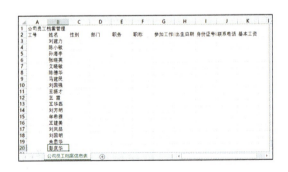

图 4-35　输入公司员工名单

图 4-36　自动填充工号

步骤 4：使用自动填充方式输入职称。309001～309004 员工的职称是"工程师"，在 F3 单元格中输入"工程师"，将鼠标移到 F3 单元格右下角，当出现实心十字形时，按住鼠标向下拖动，完成四位"工程师"的职称输入。注意，此时不用按 Ctrl 键，填充区域右下角会出现智能标记按钮，如图 4-37 所示，可以单击来修改自动填充方式。其他员工的职称可以使用同样的方法输入。

131

图 4-37　复制单元格填充

步骤 5：输入参加工作日期。输入日期时，年、月、日之间的间隔可以是"-"，也可以是"/"，即输入"1997-8-10"和"1997/8/10"结果一样，都会以默认日期格式"1997/8/10"显示。

步骤 6：使用有效性控制方法输入职务、部门信息。由于公司的职务和部门设置都只有几个固定的值，所以可以使用有效性控制方法输入。选中 E3 单元格，单击"数据"选项卡→"数据工具"组→"数据验证"按钮，打开如图 4-38 所示对话框。在"设置"选项卡中，"允许"选择"序列"，在"来源"框中输入"经理,副经理,职员"，注意逗号是半角符号；勾选"提供下拉箭头"复选框。

单击"确定"按钮后，回到 E3 单元格，其右侧会出现一个按钮，单击它即可通过选择的方式来给单元格输入值，如图 4-39 所示。将鼠标移到 E3 单元

图 4-38　"数据验证"对话框

格右下角，当出现实心十字形时，按住鼠标向下拖动进行自动填充，使每个员工的职务都能通过下拉列表方式选择输入。用相同的方法输入各个员工所在部门的值。

步骤 7：输入身份证号。身份证号是 18 位的数字字符，输入时，在数字前面要加英文半角的单引号"'"；为防止输入错误，设置数据验证：选中准备输入身份证号的单元格区域，单击"数据"选项卡→"数据工具"组→"数据验证"按钮，设置数据验证条件，如图 4-40 所示，并在"出错警告"选项卡中设置出错警告，如图 4-41 所示。当输入身份证号的长度不够或多于 18 位时，会弹出警告信息，如图 4-42 所示。

步骤 8：从身份证号中提取性别信息到性别列。身份证号的第 17 位代表性别，偶数为女，奇数为男，故在 C3 单元格中输入公式"=IF(MOD(MID(I3,17,1),2)=0,"女","男")"，按 Enter 键或单击编辑栏上的"√"，如图 4-43 所示。利用自动填充方式复制公式到 C4:C20 单元格区域。

步骤 9：从身份证号中提取出生日期到出生日期列。身份证号中的第 7~10 位是出生年份，第 11~12 位是月份，第 13~14 位是日，故可在 H3 单元格中输入公式："=DATE(MID

图4-39 输入职务值

图4-40 设置输入身份证号的
"数据验证"条件

图4-41 "出错警告"信息设置

图4-42 警告信息窗口

图4-43 用公式输入性别值

(I3,7,4),MID(I3,11,2),MID(I3,13,2))",确定后,再利用自动填充方式复制公式到H4：H20单元格区域。

步骤10：输入联系电话。电话号码是数字字符,在输入之前,选中J列,选择"设置单元格格式"的数字为"文本"。为减少输入错误,可以设置联系电话区域的数据验证条件为"文本长度",以及相应的错误警告信息。设置完成后,再输入数据。

步骤11：输入基本工资值并设置工资数据格式。选中要输入工资值的单元格区域,执行"数据"选项卡中的"数据验证"命令,在打开的对话框中设置验证条件为允许"小数"、介于"3 000~28 000",设置出错警告信息为"输入的值超出公司工资范围!"。选中

"基本工资"列的数据区域,在"设置单元格格式"对话框中的"数据"选项卡中,选择"货币"类,小数位数设为"2",货币符号为"￥"。

步骤12:将工资高于7 000的数据用红色字体显示。可以通过条件格式化快速实现,选中"基本工资"列的数据,单击"开始"→"样式"组→"条件格式"按钮,如图4-44所示,在下拉菜单中选择"大于(G)…",在弹出的如图4-45所示对话框中输入"7 000",在格式下拉框中选择要设置的格式,如"红色文本"。

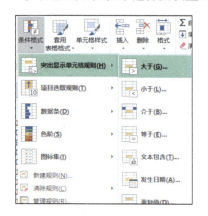

图4-44 "条件格式"菜单

图4-45 条件格式化对话框

步骤13:利用"样式"快速美化表格。选中A2:K20单元格区域,单击"开始"→"样式"组→"套用表格格式"按钮,在预览下拉框中单击"表样式浅色9",如图4-46所示,弹出如图4-47所示对话框,单击"确定"按钮后,效果如图4-48所示。

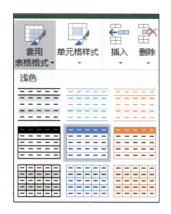

图4-46 "套用表格格式"按钮

图4-47 "套用表格式"数据源选择

任务4.2.2 使用公式计算每个员工的实发工资

公司员工的实发工资并不是基本工资,还要考虑本月的奖金、补助及相关扣除。财务部门会根据员工档案制作工资表,如图4-49所示。要求该表格中的基本工资信息关联着员工档案表中的数据,如果员工升职、加薪、调整工作部门了,工资表的数据能跟着变化。

知识点:粘贴链接、公式和IF函数,插入行。

步骤1:运行Excel 2016,打开"公司员工档案.xlsx"工作簿,按住Ctrl键,选中"工号""姓名""部门""基本工资"等列数据，复制。

图4-48 条件格式化和套用表格格式后的效果

图4-49 员工工资表

步骤2：单击表标签右侧的"新建表"按钮⊕，插入一张新工作表Sheet1，右击Sheet1工作表中的A2单元格，执行"粘贴选项"中的"粘贴链接"，如图4-50所示，则当档案中的工资做了调整时，这个表的数据也能跟着变化。

步骤3：将Sheet1重命名为"公司员工工资表"。

步骤4：在E2:H2单元格区域输入列名："奖金""补助""扣除"及"实发工资"，并输入每个员工的奖金额。

步骤5：利用IF函数输入每个员工的补助金额：研发部门的补助为500，其他部门的补助为200。单击F3单元格，再单击编辑栏上的"插入函数"按钮 ƒₓ，在打开的"插入函数"对话框中选择"常用函数"中的IF函数，单

图4-50 "粘贴选项"

击“确定”按钮。在“函数参数”对话框的第一个参数框中输入条件表达式“C3 = "研发部"”，在第二个和第三个参数框中分别输入“500”和“200”，如图4 - 51所示。单击“确定”按钮，在编辑栏中会显示公式“ = IF(C3 = "研发部",500,200)”，F3单元格中的值显示为200，如图4 - 52所示。再利用滚动填充，将F3单元格的公式复制到F4:F20单元格区域。

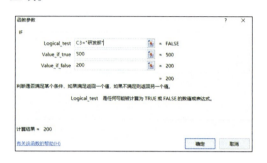

图4 - 51　IF“函数参数”设置对话框

	A	B	C	D	E	F	G	H
1								
2	工号	姓名	部门	基本工资	奖金	补助	扣除	实发工资
3	309001	刘建力	办公室	8500	450	200		
4	309002	陈小敏	办公室	8800	600			
5	309003	孙海亭	财务部	9800	400			

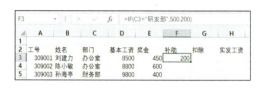

图4 - 52　“补助”单元格中的值

步骤6：输入每个员工的扣除金额。扣除数为三险一金、专项附加扣除、其他扣除和个人所得税等。这个值也可以使用函数来计算。由于要根据国家政策标准来计算，相对比较复杂，大家可以到网上去查阅。

步骤7：计算实发工资。单击H3单元格，在编辑栏中输入公式“ = D3 + E3 + F3 - G3”，按Enter键或单击编辑栏左侧的✓按钮，“9 129.5”被填入H3单元格。

实发工资也可以用自动填充手柄完成。单击H3单元格，将鼠标移动到其右下角，鼠标指针变为实心十字形，向下拖曳至H20单元格，完成公式的自动填充，如图4 - 53所示。

	A	B	C	D	E	F	G	H
1								
2	工号	姓名	部门	基本工资	奖金	补助	扣除	实发工资
3	309001	刘建力	办公室	8500	450	200	20.5	9129.5
4	309002	陈小敏	办公室	8800	600	200	21	9579
5	309003	孙海亭	财务部	9800	400	200	18	10382
6	309004	张晓英	行政部	25300	580	200	120	25960
7	309005	艾晓敏	行政部	7000	540	200	16	7724
8	309006	陈德华	客服部	7500	356	200	15	8041
9	309007	马建民	人事部	8500	500	200	21	9179
10	309008	刘国强	人事部	8000	500	200	20	8680
11	309009	王振才	销售部	6700	359	200	12.8	7246.2
12	309010	王　霞	销售部	5000	650	200	10	5840
13	309011	王华磊	销售部	4500	334	200	0	5034
14	309012	刘方明	销售部	3500	260	200	0	3960
15	309013	牟希雅	销售部	4400	400	200	0	5000
16	309014	王建美	研发部	5500	420	500	0	6420
17	309015	刘凤昌	研发部	7800	420	500	21	8699
18	309016	刘国明	研发部	4000	420	500	0	4920
19	309017	朱思华	研发部	7500	530	500	12	8518
20	309018	彭庆华	研发部	5500	530	500	0	6530

图4 - 53　实发工资计算结果

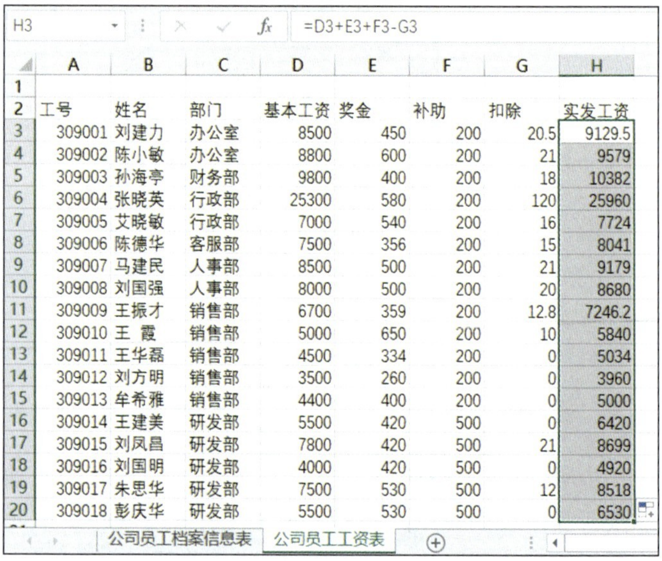

步骤8：插入表标题。单击行号1，在右键菜单中选择“插入”命令，即可插入一行。选中A1:H1单元格区域，执行“合并后居中”，输入标题“员工工资表”，在G2单元格中输入“单位：元”。最终效果如图4 - 49所示。

步骤9：保存工作簿。单击“快捷访问工具栏”上的按钮保存文件。

任务4.2.3　使用函数计算公司工资总额及部门平均工资

一个公司的平均工资水平反映了公司的效益和潜力，现在要求计算工资表中各数据项的

平均值及当月公司应该支出的工资总额。

知识点：使用函数、单元格的引用、定义单元格和区域名称、添加批注、应用单元格样式。

步骤1：在各数据项的下方单元格存放平均值。在C22单元格中输入"平均"。

步骤2：计算基本工资的平均值。选中D22单元格，在编辑栏中单击 f_x 按钮，弹出"插入函数"对话框，选择平均值AVERAGE函数，单击"确定"按钮，打开图4-54所示的"函数参数"对话框。单击Number1选择框右侧按钮，在工作表中框选D4:D21单元格区域，单击"确定"按钮，基本工资的平均值就显示在D22单元格中了。

步骤3：计算其他几项的平均值。选中D22单元格，拖动填充柄至H22单元格，进行公式复制，得到各项的平均值，如图4-55所示。

图4-54　函数参考对话框

图4-55　各项平均值

步骤4：设置小数点位数为1。选中单元格区域D22:H22，单击"开始"选项卡→"数字"组中的减少小数位数按钮，直到1位为止。

步骤5：给单元格和区域定义名称。选中H23单元格，将名称框中的"H23"修改为"工资总额"，按Enter键确认；选中实发工资项的H4:H22单元格区域，同理，在名称框中输入"实发工资"，按Enter键确认。定义、编辑、删除名称可以通过执行"公式"选项卡→"定义的名称"功能组中的"名称管理器"命令来完成，如图4-56所示。

步骤6：计算公司当月支出工资的总额。选中H23单元格，直接输入公式"=SUM(实发工资)"，按Enter键或单击编辑栏中的"√"确认后，结果如图4-57所示。

图4-56　"定义的名称"功能组

图4-57　计算工资总额

步骤7：为H23单元格添加批注。选中H23单元格，单击"审阅"选项卡→"批注"组中的"新建批注"按钮，此时会在H23单元格旁出现编辑批注的编辑框，在编辑框中输入"当月应支付的工资总额"，此时单元格右上角会出现一个红色小三角，如图4-58所示。之后，只要鼠标移到这个红色的小三角上，就会显示批注内容。

步骤8：美化表格。选中A3:H23单元格区域，设置单元格格式的数字为货币、1位小数、人民币格式；执行"开始"选项卡→"样式"组→"单元格样式"中的"输出"样式；选中C22:H23单元格区域，应用"单元格样式"中的"计算"样式；选中"工号"列，在"开始"选项卡的"数字"组中设置数字格式为"文本"。

设置标题"员工工资表"为华文行楷、18磅、加粗；"单位：元"为宋体、14磅、斜体；选中所有内容，设置"自动调整列宽"。最终效果如图4-59所示。

步骤9：单击"快捷访问工具栏"上的 按钮保存文件。

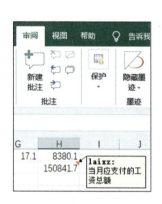

图4-58 添加批注

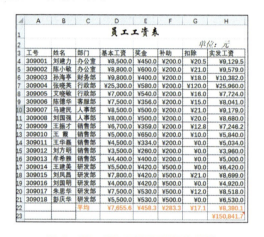

图4-59 录入工资表的最终效果

（一）数据类型及其输入的方法

Excel数据类型分为数值型、字符型和日期时间型3种。输入各种类型数据的操作方法如下。

1. 数值型数据

数值型数据由0～9、E、e、%、$、小数点和千分位符号等组成。数值型数据在单元格中的默认对齐方式为"右对齐"。当数值型数据的输入长度超过单元格的宽度时，Excel将自动用科学计数法来表示，如$1.25246E+11$。若单元格格式设置为两位小数，当输入3位以上小数时，显示在单元格中的数据的第三位小数将按照四舍五入取舍。Excel的数据精度为15位，若数字长度超过15位，则多余的数字舍入为零。当单元格中显示"########"时，表示单元格的宽度不足以显示输入的数据，此时只需双击该单元格，改变单元格的宽度即可。

2. 字符型数据

字符型数据包括汉字、英文字母、数字、空格及键盘能输入的其他符号。

对于"数字"字符数据，如邮政编码、电话号码等，在输入的数字之前加一个西文单引号"'"，或者先选中要输入数字字符的单元格区域，在"设置单元格格式"选项中选择"文本"，确定之后，在区域内输入的数字都会自动做字符型数据处理。

字符型数据在单元格中的默认对齐方式为"左对齐"。当输入的字符长度超过单元格的宽度时，若右边单元格无数据，则扩展到右边单元格显示，否则，将按照单元格宽度截断显示。

3. 日期时间型数据

Excel 常用的日期输入格式有"yyyy/mm/dd""yyyy－mm－dd"，即年、月、日之间用斜线"/"或连字符"－"分隔。时间格式为"hh:mm:ss"或"hh:mm[am/pm]"，其中 am/pm 与时间之间应有空格，如 10:30 am。如果缺少空格，将当作字符型数据来处理。

输入当前日期的快捷键为 Ctrl +；，输入当前时间的快捷键为 Ctrl + Shift +；。

（二）使用公式

对于单元格中的值，除了直接输入外，还可以通过公式计算。Excel 中的公式是以等号"＝"开头，由运算符和运算对象组合而成的。

1. 公式中的运算符

Excel 2016 中的公式中常用的运算符见表 4 – 1。

表 4 – 1　常用的运算符

类型	运算符	含义	示例
算术运算符	+	加	5 + 2.3
	–	减	C2 – D2
	*	乘	3 * A1
	/	除	A1/5
	%	百分比	30%
	^	乘方	5^2
比较运算符	=	等于	(A1 + B1) = C1
	>	大于	A1 > B1
	<	小于	A1 < B1
	>=	大于等于	A1 >= B1
	<=	小于等于	A1 <= B1
文本运算符	&	连接两个或多个字符串	"计算机" & "基础" 得到 "计算机基础"

续表

类型	运算符	含义	示例
引用运算符	:	区域运算符	A2:B4
	,	联合运算符	C3,C5
	（空格）	交叉运算符	B5:B15 A7:D7

注：数值型数据只能进行 +、-、*、/和^（乘方）等算术运算；日期时间型数据只能进行加减运算；字符串连接运算（&）可以连接字符串，也可以连接数字，连接字符串时，字符串两边必须加双引号""""，连接数字时，数字两边的双引号可有可无。

2. 引用区域的表示方法

（A2:B4）表示对当前工作表中 A2～A4 和 B2～B4 六个单元格组成的单元格区域的引用，（C3,C5）表示对当前工作表中 C3、C5 两个单元格的引用；（B5:B15 A7:D7）表示对同时隶属于（B5:B15）和（A7:D7）两个区域的单元格区域的引用，即两个区域的交集 B7 单元格。

3. 单元格的引用

在公式中引用单元格时，有相对引用、绝对引用和混合引用 3 种方式。当对公式进行复制时，相对引用的单元格会发生变化，而绝对引用的单元格将保持不变。通过单元格引用，可以在公式和函数中使用不同工作簿和不同工作表中的数据，或者在多个公式中使用同一个单元格的数据。

（1）相对引用

相对引用是指在进行公式复制时，该地址相对于目标单元格在不断发生变化。这种类型的地址由列标和行号表示。例如，单元格 E2 中的公式为" = SUM（B2:D2）"，当该公式被复制到 E3、E4 单元格时，公式中的引用地址（B2:D2）会随着单元格的变化而自动变化为（B3:D3）、（B4:D4）等，目标单元格中的公式会相应变化为" = SUM（B3:D3）"" = SUM（B4:D4）"等。这是由于目标单元格的位置相对于原位置分别下移了一行和两行，导致参加运算的区域分别做了下移一行和两行的调整。

（2）绝对引用

绝对引用是指在进行公式复制时，该地址不随目标单元格的变化而变化。绝对引用地址的表示方法是在地址的列标和行号前分别加上一个"$"符号。例如 $B$6、$C$6 等。这里的"$"符号就像是一把"锁"，锁定了引用地址，使它们在移动或复制时不随目标单元格的变化而变化。

（3）混合引用

混合引用是指在引用单元格地址时，一部分为相对引用地址，另一部分为绝对引用地址，例如 $A1 或 A$1。如果"$"符号放在列标前面，如 $A1，则表示列的位置是"绝对不变"的，而行的位置将随目标单元格的变化而变化；反之，如果"$"符号放在行号前，如 A$1，则表示行的位置是"绝对不变"的，而列的位置将随目标单元格的变化而变化。

（4）外部引用（链接）

同一工作表中的单元格之间的引用称作"内部引用"，而在 Excel 中引用同一工作簿中不同工作表中的单元格，或引用不同工作簿中的工作表的单元格，称作"外部引用"，也称为"链接"。

引用同一工作簿内不同工作表中的单元格格式为"=工作表名!单元格地址"。例如"=Sheet1!A2+Sheet2!A3"表示将 Sheet1 工作表中的 A2 单元格的数据与 Sheet2 工作表中的 A3 单元格的数据相加，放入目标单元格中。

引用不同工作簿工作表中的单元格格式为"=[工作簿名]工作表名!单元格地址"。例如"=[Book1]Sheet1!$A$1-[Book2]Sheet2!B1"表示将 Book1 工作簿的工作表 Sheet1 中的 A1 单元格数据与 Book2 工作簿的工作表 Sheet2 中的 B1 单元格的数据相减，放入目标单元格。

4. 单元格中显示的有关信息

在使用公式进行数据计算时，由于不正确的函数调用或单元格引用等原因，可能会产生错误，Excel 2016 将在该单元格中给出一个信息（值）。下面列出经常出现的一些错误信息。

（1）#NULL

若为两个并不相交的区域指定交叉点，由于使用了不正确的区域运算符或不正确的单元格引用，会出现此错误信息。例如，要对两个区域求和，应在引用这两个区域时使用逗号（SUM(A1:A10,C1:C10)）。如果没有使用逗号，Excel 将试图对同时属于两个区域的单元格求和，但是由于 A1:A10 和 C1:C10 并不相交，它们没有共同的单元格，则出现"#NULL"。

（2）#NUM！

当公式或函数中某个数字参数有问题时，将产生错误值"#NUM！"。例如，由公式产生的数字太大或太小，Excel 不能表示。

（3）#REF！

当单元格引用无效时，将产生错误值"#REF！"。

（4）#DIV！

当公式被 0（零）除时，会产生错误值"#DIV！"。这时可修改用作除数的单元格的引用，或在相应的单元格中输入不为零的值。

（5）#VALUE！

当使用错误的参数或运算对象类型时，或者当自动更正公式功能不能更正公式时，将产生错误值"#VALUE！"。若在需要数字或逻辑值时输入了文本，Excel 不能将文本转换为正确的数据类型。例如，如果单元格 A5 包含了一个数字，单元格 A6 包含文本"Not available"，则公式"=A5+A6"将返回错误"#VALUE！"。

（6）#####！

当输入单元格中的数值或公式所产生的结果太长，在单元格中不能完全显示时，会出现此错误值。这时可以通过拖动列之间的边界来修改列的宽度，也可以通过"单元格格式"对话框修改数字格式。如果对日期和时间做减法，必须确认格式是否正确。Excel 中的日期和时间必须为正值。如果产生了负值，则整个单元格会以"#"号填充显示。如果仍要显示这个数值,则须在"单元格格式"对话框中设置数字格式(选定一个不是日期或时间的格式)。

(7) #NAME?

若在公式中使用了 Excel 不能识别的文本,将产生错误值"#NAME?"。

(8) #N/A

当在函数或公式中没有可用数值时,将产生错误值"#N/A"。

5. 公式中的常用函数

Excel 提供了大量的内置函数,限于篇幅,这里只介绍几个常用函数。有关其他函数及其用法,可以按 F1 键,借助 Excel 2016 的帮助系统做进一步的了解。

(1) SUM 函数

语法:SUM 函数(参数1,参数2,…)。

功能:统计参数中各个数字参数之和。

参数1,参数2,…为可以包含或引用各种不同类型数据的参数,但只对数字型数据求和。使用最多的形式是 SUM(求和区域)。

(2) AVERAGE 函数

语法:AVERAGE 函数(参数1,参数2,…)。

功能:统计参数表中的各个数字参数的平均值。

参数1,参数2,…为可以包含或引用各种不同类型数据的参数,但只对数字型数据求平均值。使用最多的形式是 AVERAGE(求平均值的区域)。

(3) IF 函数

语法:IF(<条件表达式>,<表达式1>,<表达式2>)。

功能:如果条件满足,函数返回<表达式1>的值;否则,函数返回<表达式2>的值。

6. 创建公式

①单击要在其中输入公式的单元格。

②在单元格或编辑栏中以"="开头输入公式。

③若以函数开头,则直接单击编辑栏中的 ƒx 按钮,会自动输入"="。

(三) 选择性粘贴

单元格中的数据可以来自复制的值,复制后直接粘贴,得到的是包括源区域的值和格式的数据。若只想要值,可以在目标单元格中右击,然后在"粘贴"选项中单击"值"按钮,如图 4-60 所示。

对于更详细的粘贴选项,可以单击"开始"选项卡→"剪贴板"组中的"粘贴"按钮,执行"选择性粘贴"命令,在弹出的图 4-61 所示的"选择性粘贴"对话框中进行设置。

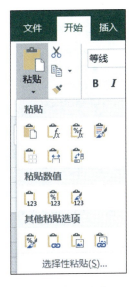

图 4－60　粘贴选项

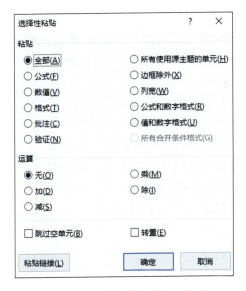

图 4－61　“选择性粘贴”对话框

根据需要粘贴的内容，在“粘贴”组中选择一个选项，例如选择“批注”，则在目标单元格中只粘贴批注。默认是“全部”，包括内容和格式，也包括批注、验证等。

如果需要获取基本工资的 30% 的数据，可以在目标单元格中预先输入“30%”，然后复制基本工资数据，粘贴到目标单元格时，在“选择性粘贴”的“运算”中选择“乘”。

若勾选“转置”项，则粘贴的目标表的行是源表的列，即源表中的列标题会变成行标题，如图 4－62 和图 4－63 所示。

A	B
工号	姓名
309001	刘建力
309002	陈小敏
309003	孙海亭
309004	张晓英
309005	艾晓敏
309006	陈德华

图 4－62　复制的源

3	工号	309001	309002	309003	309004	309005
4	姓名	刘建力	陈小敏	孙海亭	张晓英	艾晓敏

图 4－63　转置粘贴的目标

如果想要目标单元格的数据跟随复制的源数据变化而变化，可以选择“粘贴链接”，则在目标单元格中粘贴的就是一个引用公式。

打开“选择性粘贴”对话框的快捷键是 Ctrl + Alt + V；也可以在目标单元格上右击，在快捷菜单中执行“选择性粘贴”命令。

当在目标区域粘贴后，单击其右下角的智能标记(Ctrl)▾，还可以修改粘贴选项。

（四）使用自动填充

使用自动填充功能可以快速输入批量数据，包括数值、字符、日期及公式。

1. 填充序列

填充序列可以填充等差序列、等比序列和日期序列。

Excel 2016 的"填充序列"操作：单击"开始"→"编辑"→ ⬇ → "序列（S）…"，在打开的对话框中可以设置填充方向及等比、等差、日期的序列填充方式和填充范围，如图 4-64 所示。

对于等差数据序列，如 1、2、3、4、5、…序列，可以在前两个单元格中输入"1"和"2"，选中两个单元格，将鼠标移到单元格右下角，当出现实心十字形时，按住鼠标向下拖动进行自动填充；也可以只输入第一个数，按住 Ctrl 键拖动填充柄进行填充。填充后，还可以单击"自动填充选项"按钮，选择所需选项。

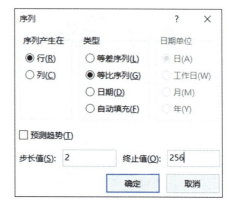

图 4-64 填充序列

2. 复制填充

复制填充可以填充字符和公式，当选中的是文本数据或公式时，拖动填充柄，可以实现复制。复制的公式中若包含相对引用，则会自动更新引用位置。

3. 自定义填充序列

除了填充等差序列、等比序列和日期序列之外，还可以自定义填充序列。

Excel 2016 的"自定义填充序列"操作：单击"文件"→"选项"→"高级"→"常规"项中的 按钮，打开"自定义序列"对话框，如图 4-65 所示，左侧框中的是已经定义好的，可以直接使用的序列。要添加自定义序列，则在"输入序列"框中输入自己的序列，如"一月份 二月份 三月份 …"。注意，每一个项为单独一行。输入完成后，单击"添加"按钮后，

图 4-65 自定义填充序列

自定义的序列就添加到了左侧框中，单击"确定"按钮即可。也可以导入在表格中已经输入的一列数据。

项目4.3　统计分析公司员工工资

📌 项目目标

- 学会对表中数据进行排序、筛选和分类汇总
- 掌握数据透视表和数据透视图的应用
- 学会为数据表创建图表

🖨 项目描述

为了了解全公司工资的基本状况，需要以"部门"为基准对工资表进行排序，以及以

"部门"为基准对工资表进行分类汇总。另外,为了对补助工资进行调整,也需要对部分数据进行筛选,以确定需要上调工资的人员名单。

任务4.3.1　对工资表进行数据排序和分类汇总

以"部门"的升序为主要关键字、"实发工资"的升序为次要关键字进行排序,然后做分类汇总,计算出各部门实发工资数据。

知识点:复制工作表、数据表的特点、单关键字的快速排序、多关键字排序、分类汇总数据。

步骤1:复制工作表。打开"公司员工档案.xlsx"工作簿,右击"公司员工工资表"标签,执行菜单中的"移动或复制…"命令,弹出如图4-66所示的对话框,选择位置为"公司员工档案.xlsx"工作簿、"移至最后"、勾选"建立副本",单击"确定"按钮。

步骤2:重命名复制的工作表名。双击表标签,重命名为"排序与分类汇总"。

步骤3:按部门升序、实发工资降序排序。选定A3:H21单元格区域,单击"数据"→"排序和筛选"组→"排序"按钮,在弹出的对话框中,主要关键字选择"部门",升序,单击"添加条件"按钮,次要关键字选择"实发工资",降序,如图4-67所示。单击"确定"按钮,结果如图4-68所示。

图4-66　"移动或复制工作表"对话框

图4-67　排序对话框

步骤4:汇总各部门的实发工资总额。选定A3:H21单元格区域,单击"数据"→"分级显示"组→"分类汇总"按钮,弹出图4-69所示的"分类汇总"对话框,分类字段选择"部门",汇总方式选择"求和",选定汇总项勾选"实发工资"。若选择"每组数据分页"复选框,表示数据较多时可分页显示。若勾选"汇总结果显示在数据下方"复选框,表示汇总结果显示在数据表下方。若在"分类汇总"对话框中单击"全部删除"按钮,将取消分类汇总。单击"确定"按钮,结果如图4-70所示。

步骤5:查看分类汇总数据。单击左上角的1、2、3数字,可以分级显示汇总结果,例如单击2,显示结果如图4-71所示。

注意:在对数据清单执行分类汇总之前,先要对清单中的数据按分类的字段进行排序。

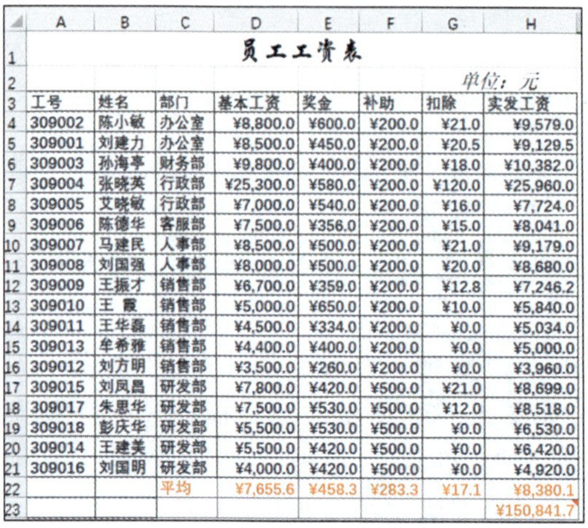

	A	B	C	D	E	F	G	H
1	员工工资表							
2								单位：元
3	工号	姓名	部门	基本工资	奖金	补助	扣除	实发工资
4	309002	陈小敏	办公室	¥8,800.0	¥600.0	¥200.0	¥21.0	¥9,579.0
5	309001	刘建力	办公室	¥8,500.0	¥450.0	¥200.0	¥20.5	¥9,129.5
6	309003	孙海亭	财务部	¥9,800.0	¥400.0	¥200.0	¥18.0	¥10,382.0
7	309004	张晓英	行政部	¥25,300.0	¥580.0	¥200.0	¥120.0	¥25,960.0
8	309005	艾晓敏	行政部	¥7,000.0	¥540.0	¥200.0	¥16.0	¥7,724.0
9	309006	陈德华	客服部	¥7,500.0	¥356.0	¥200.0	¥15.0	¥8,041.0
10	309007	马建民	人事部	¥8,500.0	¥500.0	¥200.0	¥21.0	¥9,179.0
11	309008	刘国强	人事部	¥8,000.0	¥500.0	¥200.0	¥20.0	¥8,680.0
12	309009	王振才	销售部	¥6,700.0	¥359.0	¥200.0	¥12.8	¥7,246.2
13	309010	王 霞	销售部	¥5,000.0	¥650.0	¥200.0	¥10.0	¥5,840.0
14	309011	王华磊	销售部	¥4,500.0	¥334.0	¥200.0	¥0.0	¥5,034.0
15	309013	牟希雅	销售部	¥4,400.0	¥400.0	¥200.0	¥0.0	¥5,000.0
16	309012	刘方明	销售部	¥3,500.0	¥260.0	¥200.0	¥0.0	¥3,960.0
17	309015	刘凤昌	研发部	¥7,800.0	¥420.0	¥500.0	¥21.0	¥8,699.0
18	309017	朱思华	研发部	¥7,500.0	¥530.0	¥500.0	¥12.0	¥8,518.0
19	309018	彭庆华	研发部	¥5,500.0	¥530.0	¥500.0	¥0.0	¥6,530.0
20	309014	王建美	研发部	¥5,500.0	¥420.0	¥500.0	¥0.0	¥6,420.0
21	309016	刘国明	研发部	¥4,000.0	¥420.0	¥500.0	¥0.0	¥4,920.0
22			平均	¥7,655.6	¥458.3	¥283.3	¥17.1	¥8,380.1
23								¥150,841.7

图 4 –68　排序结果

图 4 –69　“分类汇总”对话框

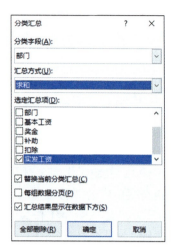

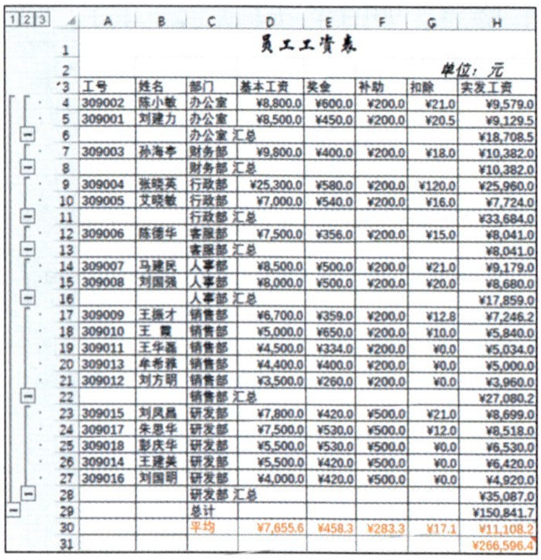

	A	B	C	D	E	F	G	H
1	员工工资表							
2								单位：元
3	工号	姓名	部门	基本工资	奖金	补助	扣除	实发工资
4	309002	陈小敏	办公室	¥8,800.0	¥600.0	¥200.0	¥21.0	¥9,579.0
5	309001	刘建力	办公室	¥8,500.0	¥450.0	¥200.0	¥20.5	¥9,129.5
6			办公室 汇总					¥18,708.5
7	309003	孙海亭	财务部	¥9,800.0	¥400.0	¥200.0	¥18.0	¥10,382.0
8			财务部 汇总					¥10,382.0
9	309004	张晓英	行政部	¥25,300.0	¥580.0	¥200.0	¥120.0	¥25,960.0
10	309005	艾晓敏	行政部	¥7,000.0	¥540.0	¥200.0	¥16.0	¥7,724.0
11			行政部 汇总					¥33,684.0
12	309006	陈德华	客服部	¥7,500.0	¥356.0	¥200.0	¥15.0	¥8,041.0
13			客服部 汇总					¥8,041.0
14	309007	马建民	人事部	¥8,500.0	¥500.0	¥200.0	¥21.0	¥9,179.0
15	309008	刘国强	人事部	¥8,000.0	¥500.0	¥200.0	¥20.0	¥8,680.0
16			人事部 汇总					¥17,859.0
17	309009	王振才	销售部	¥6,700.0	¥359.0	¥200.0	¥12.8	¥7,246.2
18	309010	王 霞	销售部	¥5,000.0	¥650.0	¥200.0	¥10.0	¥5,840.0
19	309011	王华磊	销售部	¥4,500.0	¥334.0	¥200.0	¥0.0	¥5,034.0
20	309013	牟希雅	销售部	¥4,400.0	¥400.0	¥200.0	¥0.0	¥5,000.0
21	309012	刘方明	销售部	¥3,500.0	¥260.0	¥200.0	¥0.0	¥3,960.0
22			销售部 汇总					¥27,080.2
23	309015	刘凤昌	研发部	¥7,800.0	¥420.0	¥500.0	¥21.0	¥8,699.0
24	309017	朱思华	研发部	¥7,500.0	¥530.0	¥500.0	¥12.0	¥8,518.0
25	309018	彭庆华	研发部	¥5,500.0	¥530.0	¥500.0	¥0.0	¥6,530.0
26	309014	王建美	研发部	¥5,500.0	¥420.0	¥500.0	¥0.0	¥6,420.0
27	309016	刘国明	研发部	¥4,000.0	¥420.0	¥500.0	¥0.0	¥4,920.0
28			研发部 汇总					¥35,087.0
29			总计					¥150,841.7
30			平均	¥7,655.6	¥458.3	¥283.3	¥17.1	¥11,108.2
31								¥266,596.4

图 4 –70　按照“部门”分类汇总的结果

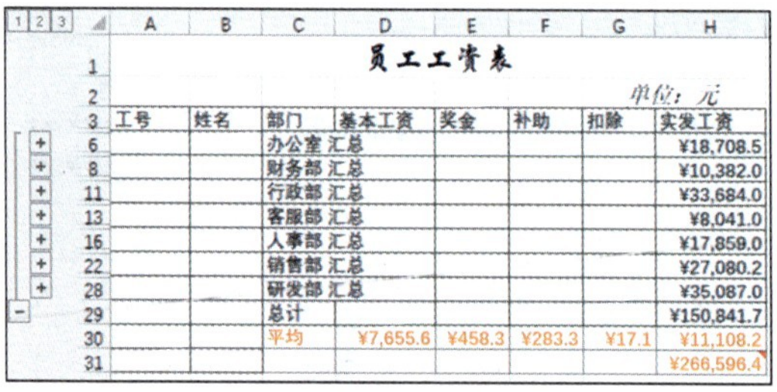

	A	B	C	D	E	F	G	H
1	员工工资表							
2								单位：元
3	工号	姓名	部门	基本工资	奖金	补助	扣除	实发工资
6			办公室 汇总					¥18,708.5
8			财务部 汇总					¥10,382.0
11			行政部 汇总					¥33,684.0
13			客服部 汇总					¥8,041.0
16			人事部 汇总					¥17,859.0
22			销售部 汇总					¥27,080.2
28			研发部 汇总					¥35,087.0
29			总计					¥150,841.7
30			平均	¥7,655.6	¥458.3	¥283.3	¥17.1	¥11,108.2
31								¥266,596.4

图 4 –71　2 级分类汇总显示结果

任务 4.3.2　利用“数字筛选”功能查看和修改员工工资

“数字筛选”可以使用户快速地从大量数据中查询到所感兴趣的信息，Excel 提供两种筛选方法，分别是自动筛选的条件筛选和高级筛选。

知识点：自动筛选、高级筛选、拆分窗口、冻结窗格。

1. 使用“条件筛选”修改奖金金额少于 380 元的员工的奖金为 380 元

操作方法如下：

步骤 1：复制“公司员工工资表”，并将其命名为“筛选”。

步骤 2：选定数据区域。选定 A3:H21 单元格区域，如果不想每次都框选，可以在该区域前后各插入一行，使之成为一个独立的数据表，之后对数据表的操作，只需要单击数据区域的任意一个单元格即可。

步骤3：设置自动筛选。单击"数据"选项卡→"排序和筛选"组→"筛选"按钮，此时数据表的各个列名右侧会出现自动筛选箭头。

步骤4：单击"奖金"右侧的自动筛选箭头，执行"数字筛选"下的级联菜单命令"小于或等于（Q）…"，如图4-72所示，出现"自定义自动筛选方式"对话框，如图4-73所示，设置筛选出补助工资小于或等于380元的数据，单击"确定"按钮后，效果如图4-74所示。

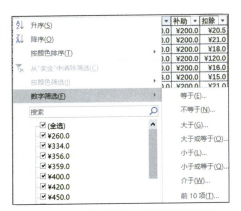

图4-72 "数字筛选"下的级联菜单

图4-73 "自定义自动筛选方式"对话框　　图4-74 筛选出奖金小于或等于380元的结果

步骤5：单击E10单元格，将其中的数值改为"380"，拖动单元格的填充手柄向下自动填充，修改所有符合条件的值。单击"数据"选项卡→"筛选"按钮，关闭筛选，可以看到奖金低于380元的4个人的奖金已经修改成了380元。

2. 使用"高级筛选"功能查看奖金少于400元，同时扣除为0元的员工数据

步骤1：建立高级筛选的条件（"奖金"<400且"扣除"=0）。在"筛选"工作表中的数据清单下方B28:C28单元格区域分别输入字段名，在B29:C29单元格区域分别输入条件，如图4-75所示。

步骤2：执行"高级筛选"功能。将光标定位到数据区域，单击"数据"选项卡→"排序和筛选"组→ 高级 按钮，打开图4-76所示的对话框。在对话框中选择"在原有区域显示筛选结果"，列表区域是数据表区域A4:H22，"条件区域"是上一步建立的条件区域

图4-75 建立"高级筛选"条件　　图4-76 "高级筛选"对话框

B28:C29，可以在文本框中直接输入，也可以通过单击其右边的 ↑ 按钮进行框选，单击 ↓ 按钮返回。如果选择"将筛选结果复制到其他位置"，则需要在"复制到"框中输入显示筛选结果的左上角单元格位置，可以通过单击 ↑ 按钮到工作表中进行选择定位。

步骤3：单击"确定"按钮，筛选结果如图4-77所示。

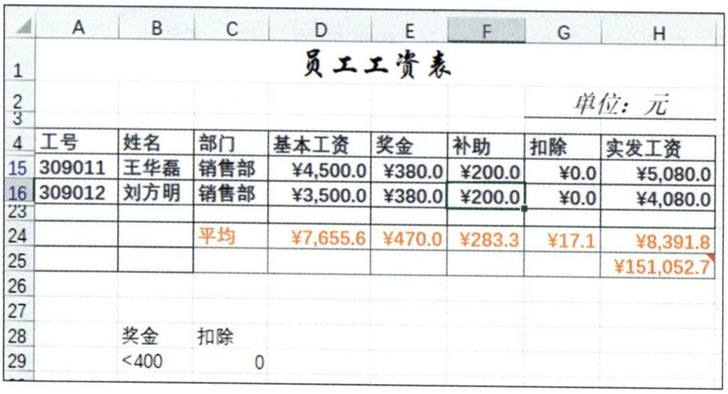

	A	B	C	D	E	F	G	H
1				员工工资表				
2							单位：元	
3								
4	工号	姓名	部门	基本工资	奖金	补助	扣除	实发工资
15	309011	王华磊	销售部	¥4,500.0	¥380.0	¥200.0	¥0.0	¥5,080.0
16	309012	刘方明	销售部	¥3,500.0	¥380.0	¥200.0	¥0.0	¥4,080.0
23								
24			平均	¥7,655.6	¥470.0	¥283.3	¥17.1	¥8,391.8
25								¥151,052.7
26								
27								
28		奖金	扣除					
29		<400	0					

图4-77 "高级筛选"结果显示

任务4.3.3 利用数据透视表统计员工信息

数据透视表是数据统计中的"战斗机"，简单的拖曳就能实现各种各样的统计，它具备排序、筛选和分类汇总等功能。本节任务是利用数据透视表快速统计出公司男女员工数和各年龄段的员工数，筛选出实发工资排名前两名的部门及各部门工资最高的员工名单。

知识点：创建、修改、美化数据透视表和透视图，在数据透视表中排序、筛选和分类汇总。

1. 利用数据透视表快速统计出公司男女员工数

步骤1：插入新工作表。单击工作表标签旁的 ⊕ 按钮，重命名新工作表为"数据透视表"。

步骤2：复制数据到工作表。选中"公司员工档案信息表"中的（A2:H20,K2:K20）区域，复制，在"数据透视表"工作表中右击A1单元格，单击粘贴选项中的"粘贴链接"按钮，将所选员工信息数据以链接的方式粘贴到"数据透视表"工作表中。

步骤3：创建数据透视表。将光标定位到数据区域的任意单元格，执行"插入"选项卡→"表格"组→"数据透视表"命令，打开图4-78所示的对话框，选择放置数据透视表的位置为"现有工作表"，定位到数据表的A21单元格，单击"确定"按钮，这时会出现透视表的两个主要部件，如图4-79所示。

步骤4：设置透视表的字段。在"数据透视表字段"窗口中，勾选"姓名"和"性别"，则姓名、性别会出现在下方的"行"列表中，将姓名拖到右边的"值"框中，如图4-80所示，这时透视表中显示如图4-81所示结果。

图 4-78 "创建数据透视表"对话框　　图 4-79 数据透视表的两个主要部件

步骤 5：修改透视表列标题。选中列标题单元格，直接在编辑栏中修改成新的标题名称，如图 4-82 所示。

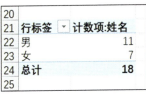
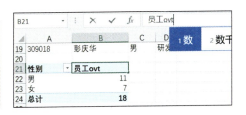

图 4-80　字段设置　　　图 4-81　数据透视表　　　图 4-82　修改透视表列标题

步骤 6：美化透视表。将光标定位到透视表区域，单击"数据透视表工具"→"设计"→"数据透视表样式"中的一个样式，取消勾选"镶边行"选项，如图 4-83 所示。得到如图 4-84 所示效果。

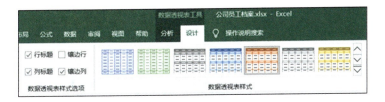

图 4-83　数据透视表样式　　　　　　　　图 4-84　应用样式后的效果

2. 利用数据透视表统计公司各年龄段的男女员工数

可以利用"数据透视表工具"→"分析"功能区的工具修改上面的数据透视表，也可以重新创建，最终效果如图 4-85 所示。下面重新创建一个数据透视表到新的工作表中。

步骤1：获取出生年份。在"数据透视表"工作表的J1单元格中输入"出生年份"，单击J2单元格，输入公式"=YEAR(H2)"，获取出生日期中的年份，如图4-86所示，再将公式滚动填充到J3:J19单元格区域，得到所有员工的出生年份。

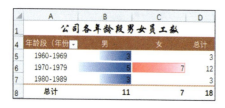

图4-85　公司各年龄段的男女员工数　　　　图4-86　获取出生日期中的年份

步骤2：创建数据透视表。执行"插入"选项卡→"表格"组→"数据透视表"命令，在"创建数据透视表"对话框中，"选择放置数据透视表的位置"为"新工作表"，如图4-87所示，确定后会自动插入一张新的工作表。双击表标签，重命名为"各年龄段员工数据透视表"。

步骤3：设置统计输出字段。在图4-88所示字段列表窗口中勾选姓名、性别、出生年份字段，并将姓名拖到"值"区域、性别拖到"列"区域，此时数据透视表效果如图4-89所示。

图4-87　"创建数据透视表"对话框　　图4-88　设置统计输出字段　　图4-89　透视表显示区

步骤4：设置分段统计。单击A5单元格，执行图4-90所示的"数据透视表工具"→"分析"→"分组选择"命令，打开图4-91所示的"组合"对话框，修改起始年份和终止年份分别为1960和2010、步长为10，单击"确定"按钮，效果如图4-92所示。

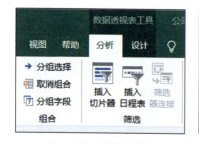  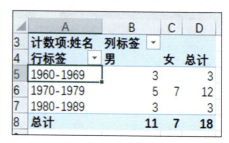

图4-90　数据透视表　　　图4-91　"组合"对话框　　图4-92　按10年分段的统计结果
　　　"分析"工具

步骤 5：修改标题并设置标题格式。选中“行标签”，在编辑栏直接修改为“年龄段（年份）”；在 A1 单元格输入“公司各年龄段男女员工数”，选中 A1:D1 单元格区域，执行“合并后居中”命令，设置字体为“华文行楷”，16 磅。

步骤 6：隐藏不需要的行。在行号 2、3 上拖动鼠标选中这两行，右击，在出现的快捷菜单上单击“隐藏”命令。

步骤 7：应用数据透视表样式。结果如图 4－93 所示。

步骤 8：修改对齐方式。全选，设置为“居中”格式；再选中 B5:B7 单元格区域，设置为“右对齐”格式；选中 C5:C7 单元格区域，设置为“左对齐”格式，效果如图 4－94 所示。

	A	B	C	D
1	公司各年龄段男女员工数			
4	年龄段（年份）	男	女	总计
5	1960-1969	3		3
6	1970-1979	5	7	12
7	1980-1989	3		3
8	总计	11	7	18

图 4－93　套用样式后效果

	A	B	C	D
1	公司各年龄段男女员工数			
4	年龄段（年份）	男	女	总计
5	1960-1969	3		3
6	1970-1979	5	7	12
7	1980-1989	3		3
8	总计	11	7	18

图 4－94　修改对齐方式后的效果

步骤 9：添加“渐变填充”数据条。选中 B5:C7 单元格区域，单击“开始”→“样式”→“条件格式”→“数据条”→“渐变填充”→“红色数据条”，如图 4－95 所示。

步骤 10：修改“男性”数据条。选中 B5:B7 单元格区域，执行图 4－95 中的“其他规则”命令，打开“新建格式规则”对话框，修改“条形图外观”为渐变填充、蓝色，填充方向为“从右到左”，如图 4－96 所示，单击“确定”按钮，效果如图 4－85 所示。

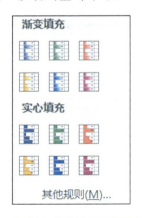

图 4－95　条件格式的数据条

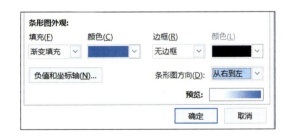

图 4－96　修改“条形图外观”

3. 创建一个数据透视表，在透视表中能快速查看各部门平均实发工资、能筛选出平均实发工资最高的两个部门及各部门工资最高的员工姓名

步骤 1：创建数据透视表。将光标定位到数据区，执行“插入”→“数据透视表”，在打开的对话框中，选择放置数据透视表的位置为“现有工作表”，然后在本工作表中指定一个位置，如 $D$21。

步骤 2：配置统计输出字段。在字段列表窗口中勾选"姓名""部门""职称""基本工资"等字段，并将"基本工资"拖到"值"区域、"职称"拖到"列"区域，将行区域中的"姓名"拖到"部门"的下方，此时数据透视表如图 4-97 所示。

步骤 3：隐藏左侧折叠按钮。单击"分析"→"显示"组→**+/- 按钮**，则按钮弹起，数据透视表中的折叠按钮被隐藏了，但仍可以通过双击各部门单元格来展开或折叠姓名内容。

步骤 4：简化布局。使用"设计"→"布局"功能组中的命令实现。

（1）隐藏分类汇总数据项

执行"设计"→"布局"→"分类汇总"→"不显示分类汇总"命令，如图 4-98 所示；再执行"总计"→"仅对行启用"，可以去除列项汇总。

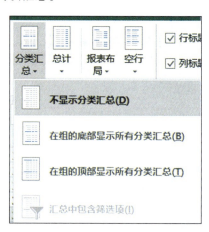

图 4-97 数据透视表显示区的结果　　　图 4-98 "布局"功能组的"分类汇总"下拉菜单

（2）将"姓名"子项作为单独列显示

执行"报表布局"→"以表格形式显示"，如图 4-99 所示，结果如图 4-100 所示。

图 4-99 "布局"功能组的"报表布局"下拉菜单　　　图 4-100 "以表格形式显示"的结果

步骤 5：修改统计值为求平均。在"数据透视表字段"对话框中，单击值域"求和项：基本工资"旁边的下三角按钮，弹出如图 4-101 所示的菜单，单击"值字段设置"，在打开的图 4－102 所示的对话框中，设置“计算类型”为“平均值”。

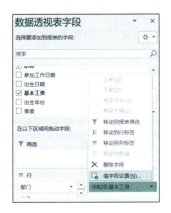

图 4－101　修改值设置菜单

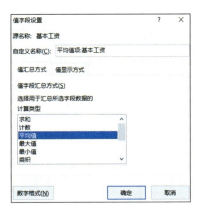

图 4－102　“值字段设置”对话框

步骤 6：查看各部门平均实发工资。双击各部门单元格或者单击“分析”→“活动字段”组→“折叠”按钮，折叠姓名列的内容，这时的“总计”就是各部门基本工资的平均值，如图 4－103 所示。

平均值项:基本工资		职称				
部门	姓名	高工	工程师	技师	技术员	总计
办公室			8650			8650
财务部			9800			9800
行政部			25300	7000		16150
客服部			7500			7500
人事部			8250			8250
销售部			5550	4250	4500	4820
研发部		5700	7500			6060

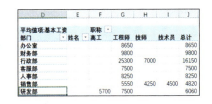

图 4－103　各部门基本工资的平均值

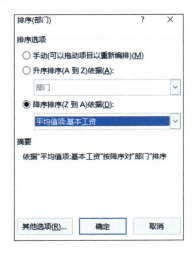

步骤 7：按“平均基本工资”排序部门。单击“部门”右侧的▾按钮，执行“其他排序选项”命令，在打开的图 4－104 所示的“排序（部门）”对话框中，选择“降序排序依据”，在下拉列表中选择“平均值项：基本工资”。单击“确定”按钮，结果如图 4－105 所示，总计列已经按降序排序了。

图 4－104　“排序（部门）”对话框

平均值项:基本工资		职称				
部门	姓名	高工	工程师	技师	技术员	总计
行政部			25300	7000		16150
财务部			9800			9800
办公室			8650			8650
人事部			8250			8250
客服部			7500			7500
研发部		5700	7500			6060
销售部			5550	4250	4500	4820

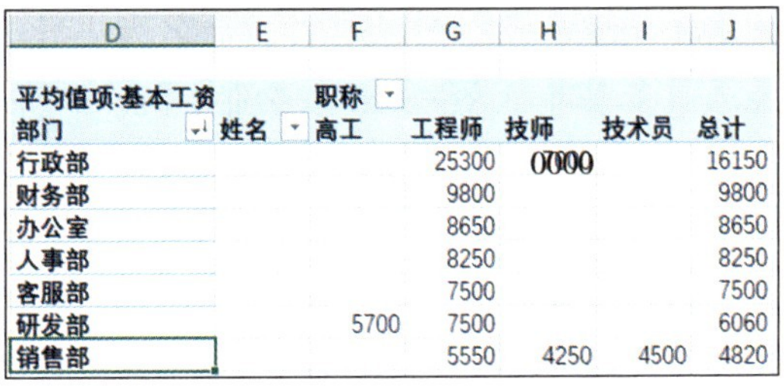

图 4－105　降序排序基本工资的平均值

步骤 8：筛选出平均基本工资最高的 2 个部门。单击“部门”右侧的▾按钮，执行“值筛选”→“前 10 项”，在打开的对话框中，设置显示 2 项，如图 4－106 所示，单击“确定”按钮，结果如图 4－107 所示。

步骤 9：查看各部门工资最高的员工姓名。单击“部门”右侧的▾按钮，执行“值筛

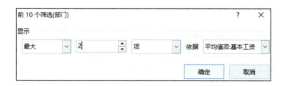

图 4－106　设置筛选的前 2 项

平均值项:基本工资		职称				
部门	姓名	高工	工程师	技师	技术员	总计
行政部			25300	7000		16150
财务部			9800			9800

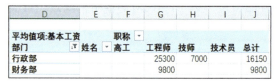

图 4－107　平均基本工资最高的 2 个部门

选”→“清除筛选”，选中“部门”字段，单击“分析”选项卡→“活动字段”组中的“展开活动字段的所有项”按钮，将姓名列展开；单击“姓名”右侧的▾按钮，执行“值筛选”→“前 1 项”，在打开的对话框中，设置显示“最大”“1 项”，依据为“平均值项：基本工资”，如图 4－108 所示，单击“确定”按钮，结果如图 4－109 所示。

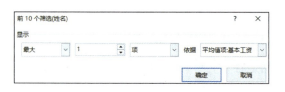

图 4－108　设置筛选最大的 1 项

平均值项:基本工资		职称				
部门	姓名	高工	工程师	技师	技术员	总计
行政部	张晓英		25300			25300
财务部	孙海亭		9800			9800
办公室	陈小敏		8800			8800
人事部	马建民		8500			8500
研发部	刘凤昌	7800				7800
客服部	陈德华		7500			7500
销售部	王振才		6700			6700

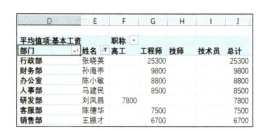

图 4－109　各部门工资最高名单

任务 4.3.4　创建公司员工工资图表

处理电子表格数据时，需要对大量烦琐的数据进行分析和研究，而工作表的视觉效果不直观，处理起来费时费力，建立数据图表可以将数据直观地表示出来。请为公司员工基本工资信息创建一张图表，以便能直观地看出最高和最低工资的差距及员工姓名。

知识点：创建图表、美化图表、更改图表类型、修改图表数据源、创建“动态图表”。

步骤 1：新建“公司员工基本工资图表”工作表。打开“公司员工档案”工作簿，新建一张工作表，并重命名为“公司员工基本工资图表”。复制“公司员工档案信息表”中的“工号”“姓名”“性别”“部门”“职务”“职称”“参加工作日期”“基本工资”等列数据，以“粘贴链接”的方式粘贴到“公司员工档案信息图表”中，如图 4－110 所示。

工号	姓名	性别	部门	职务	职称	参加工作日期	基本工资
309001	刘建力	男	办公室	职员	工程师	1997/8/8	8500
309002	陈小敏	女	办公室	副经理	工程师	1996/6/1	8800
309003	孙海亭	男	财务部	副经理	工程师	1993/8/10	9800
309004	张晓英	女	行政部	经理	工程师	1995/7/1	25300
309005	艾晓敏	女	行政部	职员	技师	2000/7/6	7000
309006	陈德华	男	客服部	职员	工程师	1997/7/1	7500
309007	马建民	男	人事部	职员	工程师	1994/7/2	8500
309008	刘国强	男	人事部	副经理	工程师	2001/7/9	8000
309009	王振才	男	销售部	职员	工程师	1984/5/1	6700
309010	王　霞	女	销售部	职员	技师	2000/5/3	5000
309011	王华磊	男	销售部	职员	技术员	2004/1/5	4500
309012	刘方明	男	销售部	职员	技师	2002/9/7	3500
309013	牟希雅	女	销售部	职员	工程师	1994/8/11	4400
309014	王建美	女	研发部	职员	高工	1994/2/4	5500
309015	刘凤昌	男	研发部	副经理	高工	1992/7/10	7800
309016	刘国明	男	研发部	职员	高工	1995/8/9	4000
309017	朱思华	女	研发部	职员	工程师	1996/5/1	7500
309018	彭庆华	男	研发部	职员	高工	1992/7/1	5600

切片与数据透视图　公司员工档案信息图表

图 4－110　“公司员工档案信息图表”中的数据表

步骤 2：选择要创建图表的数据列。按住 Ctrl 键选中姓名和基本工资列。

步骤3：创建图表。单击"插入"→"图表"组右下角的小箭头，弹出如图4-111所示的"插入图表"对话框，在对话框中选择图表类型为"柱形图"，子图表类型为"三维柱形图"。单击"确定"按钮，得到如图4-112所示图表效果。

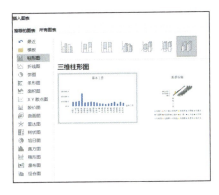
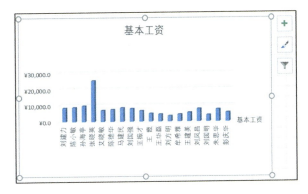

图4-111 "插入图表"对话框　　　　　图4-112 插入图表效果

步骤4：通过图4-112右上角的三个按钮可以快速编辑修改图表元素、图表样式及对图表中的数据进行筛选。图表元素的专有名称如图4-113所示。

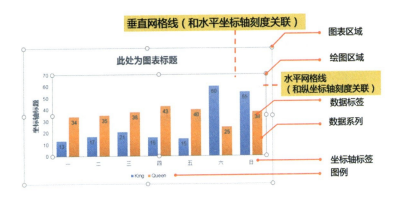

图4-113 图表元素的专有名称

步骤5：修改图表标题及图例。选中图表标题"基本工资"，修改为"员工基本工资"，并修改字体为"华文行楷"；删除图例"基本工资"。

步骤6：美化图表方法。单击选中想美化的图表元素，执行"格式"→"当前所选内容"组→设置所选内容格式命令，会弹出针对当前所选定图表元素的格式设置对话框，如图4-114和图4-115所示。最直接的方法是右击图表元素，执行快捷菜单中的"设置**格式"命令，打开相应对话框；若是修改填充和边框，则通过快捷菜单顶部的"填充"和"边框"按钮可快速完成，如图4-116所示。

分别对图表的图表区、绘图区、"基本工资"系列、网络线及图表标题等进行格式化，最终效果如图4-117所示。

图 4-114 图表格式设置

图 4-115 绘图区格式设置

图 4-116 右键菜单中的"填充"与"边框"按钮

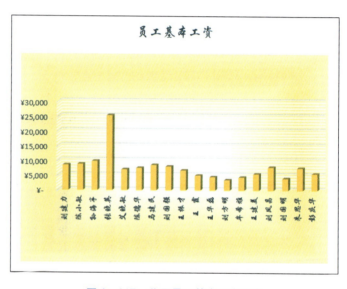

图 4-117 公司员工基本工资图表

（一）数据表

1. 数据表的概念

数据表就是简单的二维表，第一行为列标题，也称为字段，下面的每一行是一条数据，每一列数据都有相同的属性。一个数据表中间不能出现空行或空列。

2. 数据表中单关键字的快速排序方法

步骤1：将光标定位到数据表中需要排序的主关键字列的任意一个单元格。

步骤2：单击“数据”选项卡→“排序和筛选”组中的“升序”按钮 A↓Z 或“降序”按钮 Z↓A，或执行右键快捷菜单中的“排序”命令下的级联菜单中的相应命令。

3. 数据表中多关键字的分类汇总（嵌套）

如果想查看各部门的总工资支出及各部门男性和女性的平均实发工资情况，则可以利用嵌套分类汇总。

步骤1：复制性别数据到工资表。创建一张“员工工资表”的副本，在副本的工资表的“姓名”列后面插入一新列，复制“公司员工档案信息表”表中的“性别”列数据，以“粘贴值”的方式粘贴到“员工工资表”的新插入列中。

步骤2：按部门和性别排序。选中A3:I21单元格区域，单击“数据”选项卡→“排序和筛选”组→“排序”按钮，打开“排序”对话框，主要关键字选择“部门”，单击“添加条件”按钮，次要关键字选择“性别”，单击“确定”按钮。

步骤3：对“部门”进行分类，汇总“实发工资”。选中A3:I21单元格区域，单击“数据”→“分级显示”组→“分类汇总”按钮，在“分类汇总”对话框中，设置分类字段为“部门”、汇总方式为“求和”，选定汇总项“实发工资”。

步骤4：对“性别”进行分类，汇总“平均实发工资”。在上一步的基础上，再次执行“分类汇总”命令，在“分类汇总”对话框中，设置分类字段为“性别”、汇总方式为“平均值”，选定汇总项“实发工资”，取消勾选“替换当前分类汇总”，单击“确定”按钮。

步骤5：查看数据。单击左上角的1、2、3、4数字可分级显示汇总结果，单击3，显示结果如图4－118所示，可以清晰地看出各部门的实发工资总额及各部门男性和女性的平均实发工资。

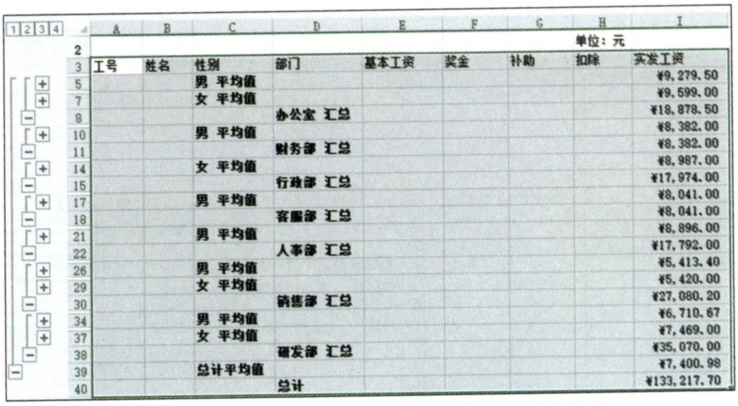

	A	B	C	D	E	F	G	H	I
2								单位：元	
3	工号	姓名	性别	部门	基本工资	奖金	补助	扣除	实发工资
5			男 平均值						¥9,279.50
7			女 平均值						¥9,599.00
8				办公室 汇总					¥18,878.50
10			男 平均值						¥8,382.00
11				财务部 汇总					¥8,382.00
14			女 平均值						¥8,987.00
15				行政部 汇总					¥17,974.00
17			男 平均值						¥8,041.00
18				客服部 汇总					¥8,041.00
21			男 平均值						¥8,896.00
22				人事部 汇总					¥17,792.00
26			男 平均值						¥5,413.40
29			女 平均值						¥5,420.00
30				销售部 汇总					¥27,080.20
34			男 平均值						¥6,710.67
37			女 平均值						¥7,469.00
38				研发部 汇总					¥35,070.00
39			总计平均值						¥7,400.98
40				总计					¥133,217.70

图4－118 嵌套的分类汇总结果

（二）数据透视表

1. 为数据透视表创建一个“页字段”

如果需要经常按部门查看数据，可以将“部门”字段作为查看的页字段，在图4－119所示“数据透视表字段”设置窗口中，将要作为查看的页字段“部门”拖放到了“筛选”区域，此设置创建的数据透视表如图4－120所示。这是“研发部”页，若要查看其他部门的情况,只要单击其右侧的 ▼,在下拉列表中单击选择要查看的部门即可,这个筛选项"部门"就相当于页字段。

图 4-119 将"部门"设置成筛选字段

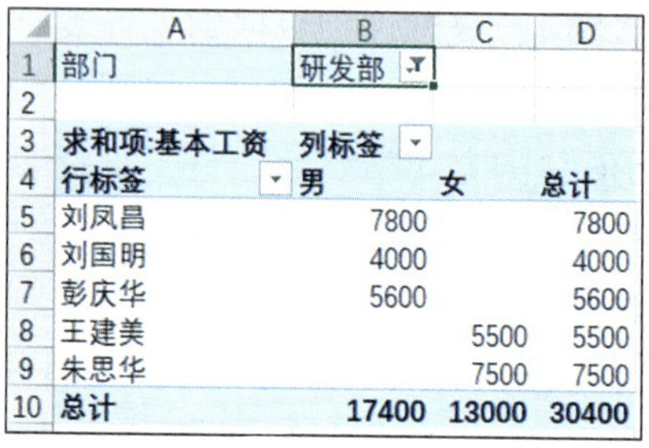

图 4-120 通过部门筛选的"研发部"页

2. 为数据透视表创建"切片"

当需要查看数据透视表中没有的字段信息时,可以利用"切片"功能。例如,上面的数据透视表中没有包含员工工号和职称信息,那么可以创建相关切片:将光标定位到数据透视表中,单击"分析"→"筛选"组→"插入切片器"按钮,打开如图 4-121 所示对话框。勾选要切出的字段,单击"确定"按钮,数据透视表旁就会生成所选字段的切片表,如图 4-122 所示。在"职称"切片表中单击"工程师",则在数据透视表中会筛选出所查看的部门的工程师员工性别和工资信息,在"工号"切片表中会显示对应员工的工号。若要取消按切片中的信息进行筛选,单击切片表标题栏中的 ▼ 按钮即可。

图 4-121 "插入切片器"对话框

图 4-122 生成的切片表

3. 更改数据透视表的数据源并刷新数据

(1) 更改数据源

执行"分析"→"数据"→"更改数据源"命令,打开如图 4-123 所示的对话框,重新选择数据表或区域。

（2）刷新数据透视表

当数据源中的数据发生变化时，数据透视表中的数据不会自动更新，需要执行"分析"→"数据"→"刷新"菜单中的"刷新"或"全部刷新"命令，如图 4-124 所示。

图 4-123　"更改数据透视表数据源"对话框

图 4-124　刷新数据透视表的显示

4. 创建数据透视图

如果感觉数据透视表仍不够直观，可以为它创建数据透视图，具体操作如下。

步骤 1：创建与数据透视表绑定的数据透视图。将光标定位到数据透视表中，执行"分析"→"工具"组→"数据透视图"命令，弹出如图 4-125 所示的"插入图表"对话框。

步骤 2：选择一种图表类型。选择"柱形图"类中的"簇状柱形图"，单击"确定"按钮，结果如图 4-126 所示。

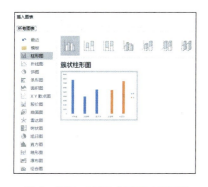

图 4-125　"插入图表"对话框

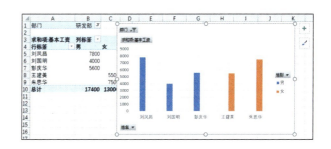

图 4-126　创建的"簇状柱形图"透视图

步骤 3：查看数据。从数据透视图上可以非常直观地看出所选部门男女员工数、各员工的基本工资高低等。单击透视图左上角的 部门 按钮，可以选择查看的部门；单击"职称"切片表中的选项，透视图会筛选出对应职称的员工信息。

步骤 4：修改数据透视图。单击图 4-126 所示透视图右侧的两个按钮，可以分别修改透视图的图表元素和样式及颜色等。

（三）图表

怎样更改已经创建的"图表类型"和"数据源"？商场的销售状态图表要能跟随销售数据及时变化，即要求图表是"动态图表"，该怎么做？

1. 更改图表类型

创建图表后，如果对所选择图表类型不满意，此时不必重新建立图表，只需要修改图表类型即可，操作步骤如下：选中需要修改的图表，单击"设计"→"类型"→"更改图表类型"按钮；或右击图表区，在弹出的快捷菜单中执行"更改图表类型"命令。

2. 修改数据源

生成图表后，若要改变用来生成图表的数据区域，或进行列转换，不必重新生成图表，可以直接修改数据源。步骤如下：选中待修改的图表，单击"设计"→"数据"→"选择数据"按钮，打开如图4-127所示的"选择数据源"对话框进行相关设置。若仅做行列转换，则可以直接单击"设计"→"数据"→"切换行/列"按钮。

图4-127 "选择数据源"对话框

3. 创建"动态图表"

要使商场的销售状态图表能及时跟随销售数据的变化而自动更新，只需要在创建图表之前对销售数据表进行"套用表格格式"即可。

步骤1：用"套用表格格式"美化销售数据表。选中销售数据区域，执行如图4-128所示的"开始"→"套用表格格式"命令，在下拉样式列表中单击套用一种喜欢的样式。

图4-128 "套用表格格式"

步骤2：创建并美化"销售图表"。选中上一步中使用"套用表格格式"美化的数据区域，单击"插入"选项卡中的"图表"命令，创建该数据区域的图表，这个图表就是动态图表了。

步骤3：修改销售数据。当产生一个新的销售数据时，在销售数据表中添加一条销售记录，此时会发现销售图表的数据自动更新了。

其实，当用"套用表格格式"美化了数据表后，会有以下几个特点：

①新添加的数据自动沿用上一行格式。

②数据表中设有公式的列会自动填充到新添加的行，不需要手工操作。

③套用格式后再创建的图表、数据透视表、数据透视图的数据源会自动扩展到新添加的行，不需要修改数据源，图表会自动刷新，数据透视表只需要执行"分析"数据功能组中的"刷新"命令即可。

项目4.4 拆分和打印公司员工工资表

项目目标

- 掌握利用数据透视表将一张表拆分成多张表的方法

- 学会对大型数据表的打印设置
- 了解文件保护的基本方法

📌 项目描述

财务部需要将公司员工工资表按部门生成独立的部门工资表,并美化成统一的风格;要以工资条的形式打印出来,就需要先将工资表制作成工资条的样式,然后进行相应的打印设置,如页眉/页脚的设置等,同时,日常需要对重要的数据表进行保护。

任务 4.4.1　按部门拆分公司员工工资表

利用数据透视表工具可以将一张大的数据表按某个字段进行快速拆分。

知识点:筛选字段、显示报表筛选页、同时编辑多张工作表。

步骤 1:选择数据源。打开"公司员工档案"工作簿,单击"公司员工工资表"工作表标签,框选 A3:H21 单元格区域。

步骤 2:格式化数据区载。对选定的数据区域"套用表格格式",目的是在修改工资表数据后,数据透视表的数据源能自动更新。

步骤 3:创建数据透视表。单击"插入"→"数据透视表",位置选择当前工作表的 A29 单元格;在字段设置对话框中,除了"部门"字段外,右击所有其他字段,在右键菜单中选择"添加到行标签",如图 4-129 所示。再将"部门"字段拖到"筛选"区域,由于这里不需要统计数据,所以列和值区域都不需要字段,如图 4-130 所示。此时的数据透视表如图 4-131 所示。

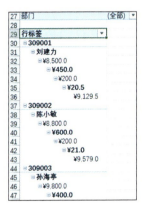

图 4-129　"添加到行标签"　　图 4-130　"筛选"区字段　　图 4-131　数据透视表显示效果

步骤 4:将数据透视表设置成表格样式。单击"分析"→"显示"→ +/- 按钮 ,以隐藏透视表中的折叠按钮;再按图 4-132 所示"布局"命令修改透视表的布局,得到图 4-132 右侧所示表格样式的数据透视表。

步骤 5:按"部门"拆分表格。选中 A27 单元格中的"部门",执行"分析"→"数据透视表"组→"选项"下拉菜单→"显示报表筛选页…"命令,打开图 4-133 所示对话框,单击"确定"按钮后,在工作簿中按"部门"拆分成了多个工作表,如图 4-134 所示。

步骤 6:选中所有部门的工作表。从图 4-134 可以看到,拆分出的工作表是连续排列

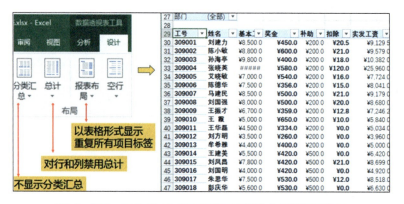

图4-132 "布局"命令及修改后表格样式的数据透视表

图4-133 "显示报表筛选页"设置对话框

图4-134 按"部门"拆分的多个工作表

的,所以单击第一张"办公室"表标签后,按住 Shift 键并单击最后一张"研发部"工作表标签,就选中了所有部门的工作表,这时在单元格中进行编辑,是同时编辑所选中的所有工作表的同一地址的单元格。

步骤7:统一添加表格标题。单击行号"1",在右键菜单中选择"插入",在新插入行的 A1 单元格中输入公式"=B2&"的工资明细表"",再选中 A1:G1 单元格区域,执行"合并后居中"、字体为 18 磅"华文行楷"。

步骤8:统一美化各部门工资表。选中第 2~3 行,执行右键菜单中的"隐藏"命令,选中数据表的列标题行 A4:G4,套用一种单元格样式。单击各部门的表标签,查看各部门工资表,如图 4-135 所示。

图4-135 统一编辑美化的各部门工作表

任务4.4.2 打印公司员工工资表

要求打印成工资条的样式,并且要有页眉/页脚和页码。

知识点：使用搜索函数、引用区域名称、公式和格式的自动填充、设置页眉/页脚和打印顺序。

1. 制作"工资条"

步骤1：给数据区域定义名称。为便于后面公式的引用，给工资表数据区域定义一个名称。打开"公司员工档案"工作簿，在"公司员工工资表"工作表中选中A3：H21单元格区域，在编辑栏的名称框中输入"工资明细"，按Enter键确认。

步骤2：插入"打印工资条"工作表。单击 ⊕ 按钮，插入一张新工作表，命名为"打印工资条"。

步骤3：排序后复制数据到"打印工资条"工作表。以"工号"为关键字、"升序"排序工资明细数据表后，复制A3：H3单元格区域列标题到"打印工资条"工作表中的A2单元格进行粘贴；复制A4：A21单元格区域的工号到"打印工资条"工作表A3单元格中以"粘贴值"的方式粘贴，粘贴后的效果如图4-136所示。

步骤4：从"工资明细"中搜索"工号"对应的"姓名"。在"打印工资条"工作表中的B3单元格中插入搜索函数"VLOOKUP"，参数如图4-137所示，确定后，B3单元格的公式为"=VLOOKUP($A3,工资明细,2)"，值为"刘建力"，公式的含义是：根据A3单元格的值，在"工资明细"区域查找到的行中取第2列内容。

图4-136　粘贴后的效果

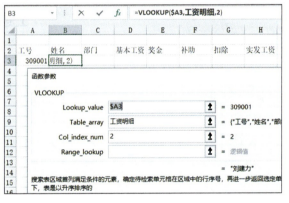

图4-137　"VLOOKUP函数参数"对话框

步骤5：从"工资明细"中搜索"工号"对应的其他各列值。选中B3单元格，鼠标移到它的右下角，变成实心"+"时向右滚动填充，将公式"=VLOOKUP($A3,工资明细,2)"进行复制，由于部门的值是取自"工资明细"区域的第三列，所以将公式中的第三个参数改成3，即变成"=VLOOKUP($A3,工资明细,3)"。同理，将其他单元格公式中的第三个参数改为它所对应的列数值即可。效果如图4-138所示。

步骤6：清除所有格式。如果复制数据时带了格式，可以单击工作表左上角，即行标与列标交叉处的 ◢ 按钮，选中整张工作表的单元格，单击"开始"选项卡"编辑"功能区中的 ◇▼ 按钮，在下拉菜单中选择"清除格式"。

步骤7：插入标题行并格式化第一条数据。在A1单元格中输入"工资条"，并选中A1：

H1 单元格区域，合并后居中；单击行号 4，在右键菜单中单击“插入”，即在第 4 行之前插入一行；对 A1:H4 单元格区域的字体、单元格进行格式化，效果如图 4－139 所示。

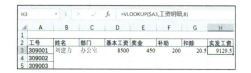

H3　=VLOOKUP($A3,工资明细,8)

	A	B	C	D	E	F	G	H
1								
2	工号	姓名	部门	基本工资	奖金	补助	扣除	实发工资
3	309001	刘建力	办公室	8500	450	200	20.5	9129.5
4	309002							
5	309003							

图 4－138　填充修改后的效果

	A	B	C	D	E	F	G	H
1	工资条							
2	工号	姓名	部门	基本工资	奖金	补助	扣除	实发工资
3	309001	刘建力	办公室	8500	450	200	20.5	9129.5
4								
5	309002							

图 4－139　格式化后效果

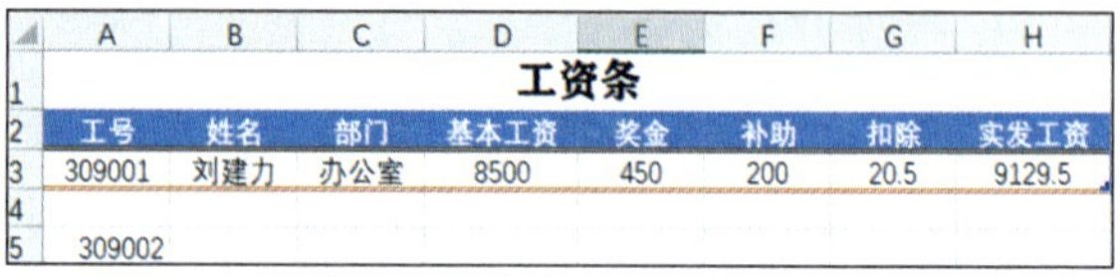

步骤 8：选中 A1:H4 单元格区域，将鼠标移到右下角，变成实心十字形时向下填充，直到出现最后一个员工的信息为止，工资条即制作完成。效果如图 4－140 所示。

	A	B	C	D	E	F	G	H
1	工资条							
2	工号	姓名	部门	基本工资	奖金	补助	扣除	实发工资
3	309001	刘建力	办公室	8500	450	200	20.5	9129.5
4								
5	工资条							
6	工号	姓名	部门	基本工资	奖金	补助	扣除	实发工资
7	309002	陈小敏	办公室	8800	600	200	21	9579
8								
9	工资条							
10	工号	姓名	部门	基本工资	奖金	补助	扣除	实发工资
11	309003	孙海亭	财务部	9800	400	200	18	10382
12								
13	工资条							
14	工号	姓名	部门	基本工资	奖金	补助	扣除	实发工资
15	309004	张晓英	行政部	25300	580	200	120	25960
16								

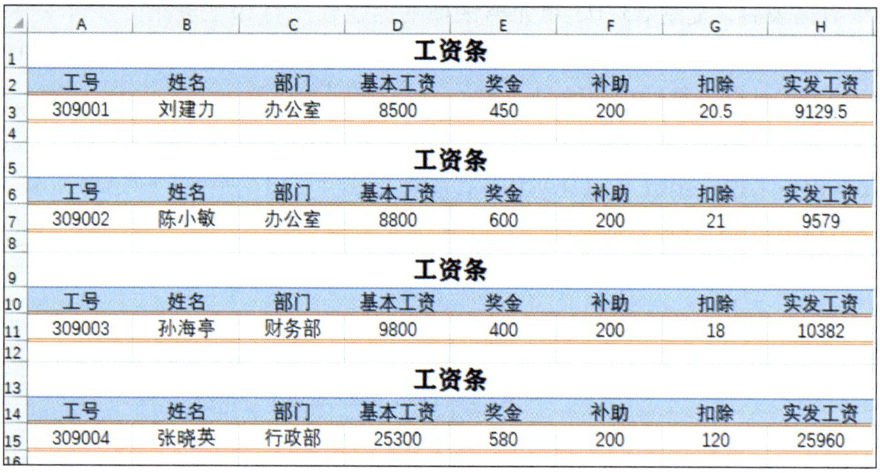

图 4－140　“工资条”效果

2. 设置“页面”

包括打印方向、缩放比例、纸张大小及打印的起始页码的设置。

步骤 1：打开“页面设置”对话框。单击“页面布局”→“页面设置”功能组右下角按钮，打开如图 4－141 所示的“页面设置”对话框。

步骤 2：设置打印“页面”。选择“横向”打印、不缩放的“100%”正常尺寸、常用的纸张尺寸“A4”、不指定起始页码，即默认“自动”的情况下，打印的第一页页码为 1。

3. 设置“页边距”

步骤 1：在图 4－141 所示的“页面设置”对话框中，单击“页边距”选项卡。

步骤 2：考虑到需要设置页眉/页脚，设置上、下页边距各为 2.4 厘米。

步骤 3：考虑到需要左侧装订，设置左、右页边距分别为 2.8 厘米和 1.8 厘米。

步骤 4：设置“页眉”“页脚”边界，均设置为 1 厘米。

步骤 5：当要打印的表格高或宽小于纸张打印区域时，可以设置居中方式，勾选“水平”。

4. 设置“页眉/页脚”

包括设置页眉和页脚的内容及其在页面上的位置。

步骤1：在图4-141所示的"页面设置"对话框中，单击"页眉/页脚"选项卡，如图4-142所示。

图4-141 "页面设置"对话框

图4-142 "页眉/页脚"选项卡

步骤2：自定义"页眉"。单击"自定义页眉"按钮，弹出"页眉"对话框，在中间输入"公司员工工资条打印表"，并通过单击 A 按钮设置字体为24磅的"华文行楷"，如图4-143所示，单击"确定"按钮，回到"页眉/页脚"选项卡。

步骤3：设置"页脚"。在"页眉/页脚"选项卡中的"页脚"下方的下拉列表框中选择 机密,2020/7/23,第1页，如图4-144所示。如果要修改这个页脚的默认设置，可以单击"自定义页脚"，打开页脚编辑对话框进行修改。最后单击"确定"按钮，完成页眉/页脚的设置。

图4-143 自定义"页眉"

图4-144 选择一种内置的"页脚"

步骤4：调整分页。回到工作表，发现的代表分页的虚线将"王建美"的工资条分在了两页上，如图4-145所示。单击工作表左上角 按钮，选中所有单元格，将鼠标移到行号之间，出现十字光标时按下鼠标稍稍拖动，调大或调小行高，以确保一条完整的信息在一个页上。

步骤5：预览打印效果。执行"文件"→"打印"命令，或再次打开"页面设置"对话框，单击"打印预览"按钮，打印预览效果如图4-146所示。

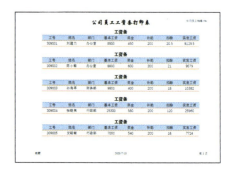

图4-145　查看分页位置　　　　　　　　　　图4-146　打印预览效果

5. 设置工作表

如果公司员工多，数据表就会很大，在打印前需要进行工作表设置，主要包括设置打印的区域、打印的标题、网格和打印顺序。

步骤1：单击"页面设置"对话框中的"工作表"选项卡，如图4-147所示。

步骤2：打印区域。当只要求打印工作表中的局部数据区域时，可以将其设置成"打印区域"，方法是：在"工作表"选项卡中单击"打印区域"右侧的按钮，选择表中需要打印的区域；或者在工作表中选中要打印的数据区域后，单击"页面布局"选项卡→"页面设置"组→"打印区域"→"设置打印区域"命令。

图4-147　"工作表"选项卡

步骤3：打印标题。一张大的数据表在打印时可能会被分为四页或者更多页，要想每页打印出来的表都有对应的列标题或包含左侧几个列，如图4-148所示，操作方法是：在图4-147所示的"工作表"选项卡中，单击"顶端标题行"右侧的按钮，在数据表

图4-148　公司员工档案表的打印效果

中选择标题所对应的行；单击"从左侧重复的列数"框右侧的按钮，在数据表中选择需要的列，如"工号"和"姓名"列。

步骤4：设置打印的其他选项。如果没有对数据表设置边框，又需要打印出网格线，则勾选"网格"；若勾选了"行和列标题"，则会打印出工作表的行号及列标题。

步骤5：设置打印顺序。当数据表被从中间分页时，可以设置打印顺序为"先行后列"或"先列后行"，具体根据装订后浏览数据方便来设置。

（一）窗口的拆分与冻结

窗口的拆分和冻结的目的是方便查看大的数据表中的数据。

（1）"拆分"命令

将当前工作表以当前活动单元格左上角为界，拆分成四个区域，四个不同的区域显示同一张工作表，此时四个区域均可滚动，这便于查看一张大数据表的不同区域中的数据。

（2）"冻结窗格"命令

可以只冻结首行列标题，或只冻结首行标题，或以当前活动单元格左上角为界将窗口分成四块。窗格冻结后，活动单元格的左边字段只能上下移动，上边的标题行或个别记录只能左右移动。冻结窗格对于查看大型工作表数据非常有用。

（二）保护数据

当工作簿中有重要的或保密的数据时，就需要对数据进行保护，具体有以下方式：

1. 文件级别保护

工作簿文件保护包括只读方式打开和用密码进行加密两种方式，选择"文件"→"信息"→"保护工作簿"下拉列表中的相应命令进行设置，如图4-149所示。

（1）只读方式打开

该保护方式用于防止不小心修改了数据。在打开文件时，会弹出是否以只读方式打开对话框的提示，单击"否"按钮，仍可以不以只读方式打开。

（2）用密码进行加密

单击图4-149中的"用密码进行加密"命令，会弹出图4-150所示的"加密文档"对话框，在"密码"框中输入密码，单击"确定"按钮，在"重新输入密码"框中确认密码，单击"确定"按钮后保存文档。当再次打开文件时，会要求输入密码。

图4-149 "保护工作簿"命令

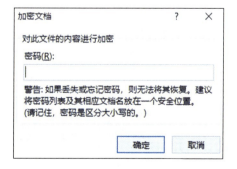

图4-150 "加密文档"对话框

2. 保护工作簿

若要防止其他用户查看隐藏的工作表或进行添加、移动、隐藏、重命名工作表操作，可以使用密码保护 Excel 工作簿的结构。操作步骤如下：

单击"审阅"→"保护"组→"保护工作簿"按钮，在弹出的对话框中设置密码即可。若想要修改工作簿的结构，则再次单击"保护工作簿"按钮，在弹出的撤销保护对话框中输入之前设置的密码。

3. 保护工作表

若要防止其他用户意外或有意更改、移动或删除工作表中的数据，可以锁定 Excel 工作表上的单元格，然后使用密码保护工作表。默认情况下，Excel 的所有单元格和图表都为"锁定"状态。

（1）设置保护工作表

步骤1：打开需要设置保护的某一个工作表，单击"审阅"→"保护"组→"保护工作表"按钮，出现如图 4 – 151 所示的"保护工作表"对话框。

步骤2：在该对话框中根据需要进行设置：

勾选"保护工作表及锁定的单元格内容"复选框，即启动对工作表的保护。

在"取消工作表保护时使用的密码"文本框中输入密码，则为密码保护。密码是可选的，如果没有密码，则任何用户都可以取消对工作表的保护。

在"允许此工作表的所有用户进行"选项区域中选择设置所有用户可以在保护状态下进行的操作。单击"确定"按钮，启动对工作表的保护。

步骤3：当工作表处于被保护的状态时，"审阅"选项卡"保护"组会出现"撤销工作表保护"命令按钮，如图 4 – 152 所示，单击此按钮，输入正确的保护密码，即可取消"保护工作表"设置。

图 4 – 151 "保护工作表"对话框

图 4 – 152 "撤销工作表保护"命令

（2）设置可编辑部分及隐藏公式

如果希望工作表只允许团队成员在特定单元格中添加数据而无法修改任何其他区域的内容，或者是想将某些单元格中的公式隐藏起来，那么在设置保护工作表之前，要进行如下操作。

步骤1：选定允许编辑的单元格或单元格区域，或选定有公式的单元格或单元格区域。

步骤2：打开"设置单元格格式"对话框，在"设置单元格格式"对话框中选择"保护"选项卡，如图4-153所示。取消选择"锁定"选项，在设置保护工作表时就取消了对该单元格的保护；选择"隐藏"选项，则可以隐藏选中单元格中的公式，只显示公式的结果，但该公式仍在起作用。

步骤3：按第（1）项的操作步骤去设置保护工作表。

图4-153 单元格"保护"设置对话框

4. 保护允许用户编辑区域

上述通过取消"锁定"方法开放的可编辑区域是不受保护的，任何用户不需要密码就可以编辑。若想对可编辑区域设置编辑密码，则要通过以下方法来实现。

步骤1：选中要保护的可编辑区域，执行"审阅"→"保护"→"允许用户编辑区域"命令（该命令只有在未设置工作表保护时才可以使用），出现图4-154所示对话框。

步骤2：单击"新建"按钮，弹出图4-155所示对话框，在"标题"文本框中输入保护区域的标题，例如"基本工资区"；在"引用单元格"文本框中选择确定要保护的单元格区域；在"区域密码"文本框中输入访问该区域的密码。单击"权限"按钮，可以指定某用户不需要密码就可以编辑的权限，单击"确定"按钮。

图4-154 "允许用户编辑区域"对话框

图4-155 设置区域及密码

步骤3：建立"允许用户编辑区域"后，必须再设置保护工作表，才能保护允许用户编辑区域。完成设置后，用户若试图编辑该区域，会弹出要求输入密码的对话框。

项目4.5 求最佳投资方案

项目目标

- 掌握将Excel的分析工具加载到功能区的方法
- 学会利用Excel的规划求解获取最佳投资方案的方法

项目描述

在很多情况下,企业可能面对多个投资项目,但由于资金限制不能全部进行投资,需要对这些项目进行取舍,实现组合投资优化。即在有限资金条件下,实现投资的收益最大化。

任务4.5.1　加载"规划求解"分析工具

Excel 2016 具有丰富的数据分析工具,默认情况下是关闭的,当要使用这些工具时,就需要将它们加载到功能区,若是不用,则最好关闭它们,以提高开启 Excel 的速度。

知识点:添加命令到功能区、修改快速访问工具栏。

步骤1:单击"文件"选项卡,选择"选项",或者右键单击"数据"选项卡,选择"自定义功能区(R)",会弹出"Excel 选项"窗口,在窗口中选中"加载项",如图4-156所示。

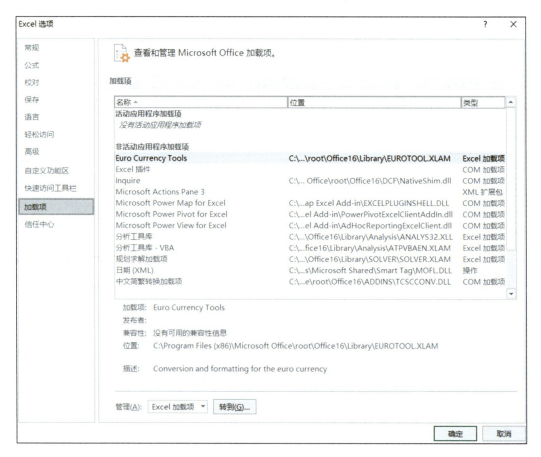

图4-156　"Excel 选项"窗口

步骤2:在窗口的右边"加载项"中选择"分析工具库"或"分析工具库-VBA"或"规划求解加载项"中的任一项。

步骤 3：单击下面的"转到"按钮，会弹出如图 4-157 所示的"加载项"对话框。

步骤 4：在对话框中勾选"规划求解加载项"，单击"确定"按钮。

步骤 5：在 Excel 窗口的"数据"选项卡"分析"功能组中可以看到"规划求解"功能按钮，如图 4-158 所示。

图 4-157 "加载项"对话框

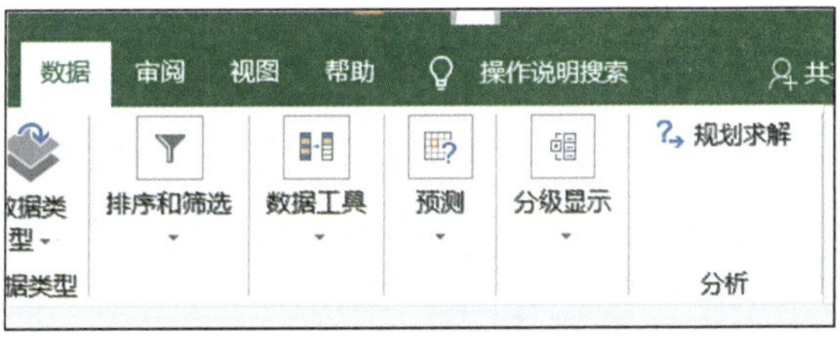

图 4-158 "分析"功能组

任务 4.5.2 获取最佳投资方案

公司现有 5 个可供选择的投资项目，各个项目在第 0 年和第 1 年需要的投资额和净现值如图 4-159 所示，但公司在当年和下一年均有投资金额限制，当年为 600 万元，下一年只有 150 万元。现在需要做出最优化的组合投资决策。

项目	第0年投资额 （万元）	第1年投资额 （万元）	净现值 （万元）
A	320	80	510
B	240	50	300
C	160	0	100
D	180	30	150
E	100	0	80

图 4-159 可供选择的投资项目信息

知识点：规划求解。

步骤 1：新建"投资组合决策"工作簿，在工作表中创建如图 4-160 所示的决策表格，其中"决策变量"列的取值为 0 或 1，变量为 1 表示选中该项目，变量为 0 表示放弃该项目。

步骤 2：在 B9 单元格中输入计算第 0 年资金投入合计公式："=SUMPRODUCT(B3:B7,E3:E7)"；在 C9 单元格中输入计算第 1 年资金投入合计："=SUMPRODUCT(C3:C7,E3:E7)"

注：SUMPRODUCT(B3:B7,E3:E7) 的功能是计算两个区域乘积的和，即 B3*E3+B4*E4+B5*E5+B6*E6+B7*E7。

步骤 3：在 D11 单元格中输入净现值合计公式："=SUMPRODUCT(D3:D7,E3:E7)"，此时初始合计金额均为"0"。

步骤 4：单击"数据"选项卡"分析"组中的"规划求解"命令，打开"规划求解参数"对话框，如图 4-161 所示。

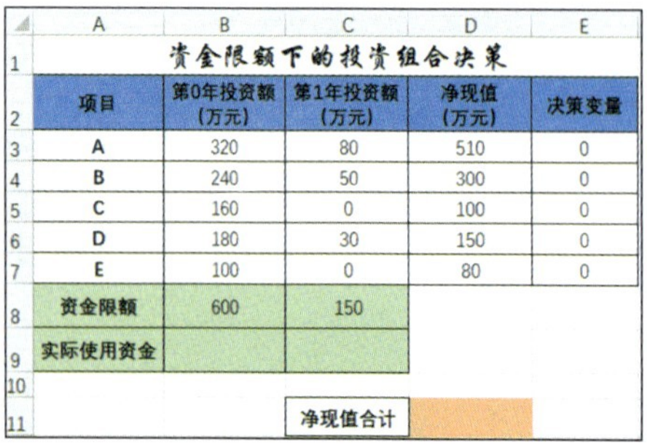

	A	B	C	D	E
1	资金限额下的投资组合决策				
2	项目	第0年投资额（万元）	第1年投资额（万元）	净现值（万元）	决策变量
3	A	320	80	510	0
4	B	240	50	300	0
5	C	160	0	100	0
6	D	180	30	150	0
7	E	100	0	80	0
8	资金限额	600	150		
9	实际使用资金				
10					
11			净现值合计		

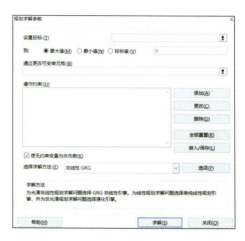

图 4－160　决策表

图 4－161　“规划求解参数”对话框

步骤 5：设置目标和可变单元格：目标是求不同决策变量组合状态下的净现值最大，因此“设置目标”为 D11 单元格达到“最大值”、“通过更改可变单元格”设置为 E3:E7 单元格区域。

步骤 6：设置约束条件：单击“添加”按钮，打开图 4－162 所示的对话框，分别添加以下条件。设置好的“规划求解参数”对话框如图 4－163 所示。

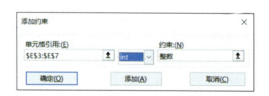

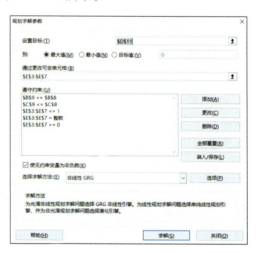

图 4－162　“添加约束条件”对话框

图 4－163　“规划求解参数”对话框

①第 0 年资金限额，即 $B$9 <= $B$8；

②第 1 年资金限额，即 $C$9 <= $C$8；

③决策变量 <=1，即 $E$3:$E$7 <=1；

④决策变量 >=0，即 $E$3:$E$7 >=0；

⑤决策变量为整。

步骤 7：单击“求解”按钮，如果存在最优结果，则弹出如图 4－164 所示的“规划求解结果”对话框，选择制作“运算结果报告”，勾选

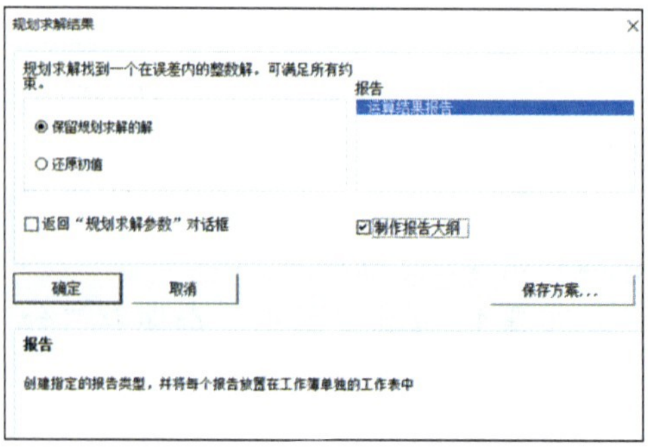

图 4－164　规划求解结果

"制作报告大纲",单击"确定"按钮后会生成图 4-165 所示结果报告。最终的决策表如图 4-166 所示,即选择项目 A、B,第 0 年使用资金 560 万元,第 1 年使用资金 130 万元,得到最大的净现值为 810 万元。

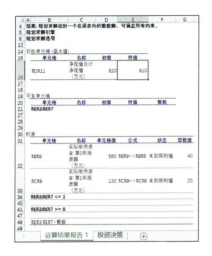

图 4-165　结果报告

图 4-166　最终的决策表

（一）Excel 环境设置

Excel 的很多环境参数设置都可以在 Excel 选项中完成,例如新建文档的字体、文档的用户名、自动更新选项设置、文件的默认保存格式和位置、自动保存设置、自定义功能区等。

1. 自动保存设置

步骤 1：单击"文件"选项卡,选择"选项",会弹出"Excel 选项"窗口,在窗口中选中"保存"选项,如图 4-167 所示。

步骤 2：设置自动保存的时间间隔：在窗口的右边"自定义工作簿的保存方法"中,勾选"保存自动恢复信息时间间隔",并在其右侧框中输入间隔的时间值。

步骤 3：设置自动恢复文件的保存位置：可以将默认的"自动恢复文件位置"修改成想要的位置。

2. 自定义快速访问工具栏

快速访问工具栏默认情况下位于窗口的标题栏左端,上面放置了一些最常用的命令按钮,可以将工作中常用的命令添加到这里。方法有：

①单击快速访问工具栏右侧的"自定义快速访问工具栏"按钮 ,在下拉框中单击勾选最常用的命令,如"新建""打开"等,如图 4-168 所示。

图 4-167 "保存"选项设置

图 4-168 "自定义快速访问工具栏"菜单

②如果想添加的命令不在图 4-168 所示的菜单列表中,可以单击菜单中的"其他命令…",打开"Excel 选项"窗口,在窗口中选中"快速访问工具栏",如图 4-169 所示。在右边窗口中的左侧列表框选中要添加的命令,再单击 添加(A)>> 按钮添加到右侧列表中;双击左侧列表中要添加的命令可直接添加到右侧列表中。

如果要添加的命令不在左侧列表框中,就需要在"从下列位置选择命令"的下拉菜单中选择相关的组,如"所有命令"或"不在功能区中的命令",如图 4-170 所示。单击"确定"按钮后,在快速访问工具栏中就有了想要的命令按钮。

图 4-169 "Excel 选项"窗口

图 4-170 选择命令组

（二）关于规划求解

Excel 软件中的规划求解功能可以为合理地利用有限的人力、物力、财力等资源快速做出最优决策，比如利润最大化，成本最小化，或者精确计算达到某个目标值的方案。

在 Excel 中，一个规划求解问题由以下 3 个部分组成：可变单元格、目标函数、约束条件。

可变单元格：是实际问题中有待确定的未知因素，一个规划问题中可能有一个变量，也可能有多个变量。在规划求解中，可以有一个可变单元格，也可能有一组。可变单元格也称为决策变量，一组决策变量代表一个规划求解方案。

目标函数：表示规划求解要达到最终目标的计算方法。一般来说，目标函数是规划模型中可变量的函数。目标函数是规划求解的关键，可以是线性函数，也可以是非线性函数。

约束条件：是实现目标的限制条件，与规划求解的结果有着密切的关系，对可变单元格中的值起着直接的限制作用，可以是等式，也可以是不等式。

单元综合实训四

1. 输入并制作“车辆使用登记表”，如图 4－186 所示。

车辆使用登记表

车牌号	使用时间	使用部门	使用人	事由	驾驶员	耗费	报销金额	批准人
赣HR**3	2016/5/25 8:00	行政部	张 英	公事	张敏健	￥80	￥80	李青明
赣HS**2	2016/5/21 10:00	财务部	王振才	公事	张敏健	￥100	￥100	李青明
赣HC**6	2016/5/26 11:30	财务部	马建民	私事	张敏健	￥50	￥5	李青明
赣H1**7	2016/5/30 13:00	销售部	朱思华	公事	孙国胜	￥30	￥30	张明华
赣HD**4	2016/6/2 8:40	销售部	王建美	公事	孙国胜	￥20	￥20	张明华
赣H5**8	2016/6/3 9:00	客服部	艾晓敏	公事	张敏健	￥85	￥85	张明华
赣HF**9	2016/6/4 10:30	人事部	陈关敏	公事	李志民	￥70	￥70	张明华
赣H2**5	2016/6/4 14:30	人事部	刘方明	私事	李志民	￥90	￥9	张波
赣HS**8	2016/6/6 15:20	客服部	王 霞	公事	李志民	￥120	￥120	张波
赣H9**9	2016/6/9 16:00	研发部	刘凤昌	公事	孙国胜	￥150	￥150	张波

图 4－186 车辆使用登记表

2. 利用公式制作“九九乘法表”，如图 4－187 所示。

九九乘法表

列1	1	2	3	4	5	6	7	8	9
1	1*1=1	2*1=2	3*1=3	4*1=4	5*1=5	6*1=6	7*1=7	8*1=8	9*1=9
2	1*2=2	2*2=4	3*2=6	4*2=8	5*2=10	6*2=12	7*2=14	8*2=16	9*2=18
3	1*3=3	2*3=6	3*3=9	4*3=12	5*3=15	6*3=18	7*3=21	8*3=24	9*3=27
4	1*4=4	2*4=8	3*4=12	4*4=16	5*4=20	6*4=24	7*4=28	8*4=32	9*4=36
5	1*5=5	2*5=10	3*5=15	4*5=20	5*5=25	6*5=30	7*5=35	8*5=40	9*5=45
6	1*6=6	2*6=12	3*6=18	4*6=24	5*6=30	6*6=36	7*6=42	8*6=48	9*6=54
7	1*7=7	2*7=14	3*7=21	4*7=28	5*7=35	6*7=42	7*7=49	8*7=56	9*7=63
8	1*8=8	2*8=16	3*8=24	4*8=32	5*8=40	6*8=48	7*8=56	8*8=64	9*8=72
9	1*9=9	2*9=18	3*9=27	4*9=36	5*9=45	6*9=54	7*9=63	8*9=72	9*9=81

图 4－187 九九乘法表

3. 按照"计算机应用基础成绩单",做如下设置:

①将标题"计算机应用基础成绩单"设置为隶书、20号、蓝色,将A1:F1单元格区域合并及居中,并为整个表格添加表格线。表格内行高设置为"35",列宽设置为"15",字体为"14号"、蓝色,水平对齐居中、垂直对齐居中。底纹是浅黄色。不得做其他任何修改。

②用函数方法计算总成绩(总成绩为笔试成绩与机试成绩的平均值,保留整数位)。不得做其他任何修改。

③对工作表"计算机应用基础成绩单"内的数据清单的内容按主要关键字为总成绩的递减次序和次要关键字为准考证号的递增次序进行排序。不得做其他任何修改。

④对工作表"计算机应用基础成绩单"内的数据清单的内容进行自动筛选(自定义),条件为总成绩大于或等于60并且小于或等于80。不得做其他任何修改。

⑤对工作表"计算机应用基础成绩单"内的数据进行自动筛选,条件为系别为"艺术设计系"。不得做其他任何修改。

⑥对工作表"计算机应用基础成绩单"内的数据进行分类汇总,分类字段为系别,汇总方式为均值,汇总项为总成绩,汇总结果显示在数据下方。不得做其他任何修改。

⑦对工作表"计算机应用基础成绩单"内的"姓名"和"总成绩"做出柱形图,反映学生成绩的总分情况。不得做其他任何修改。

计算机应用基础成绩单

准考证号	系别	姓名	笔试	机试	总成绩
0101001	数字艺术系	张骞	97	88	
0101002	艺术设计系	王红	68	76	
0101003	材料工程系	刘青	78	66	
0101004	工商管理系	马军	88	90	
0101005	艺术设计系	何力	89	68	
0101006	材料工程系	宋平	72	85	
0101007	工商管理系	周同	56	67	
0101008	数字艺术系	罗蒙	76	80	

高手支招

单元 5
PowerPoint 2016 幻灯片制作

> **教学目标**
> - 能够完善系统中提供的幻灯片母版，学会创建、编辑演示文稿，以及背景的设置及模板的套用
> - 学会在幻灯片中绘制按钮和简单图形及图文贯穿的运用
> - 能够在幻灯片中插入声、视频并进行播放设置
> - 熟悉第三方插件美化大师的运用
> - 熟练设置幻灯片的动画效果和动画路径，学会放映和打包

项目 5.1　PowerPoint 2016 基本操作——制作毕业论文

> **项目目标**
> - 熟练幻灯片模板的制作
> - 学会创建多张幻灯片
> - 学会在制作幻灯片时套用自己的素材
> - 掌握图文并茂的编排技巧

项目描述

首先制作一张毕业论文模板，用此模板制作一个完整的毕业论文 PPT，要求封面、目录和内容框架。

任务 5.1.1　幻灯片模板设计

创建演示文稿模板最有效的方法是创建个性化的母版，在母版中设置背景、自选图形、字体、字号、颜色等。为了充分展示自己的个性，创建模板之前，准备好要用到的背景图片、修饰图片、动画、声音文件等素材。背景图片可在网上下载，也可以用 Photoshop 等软件自己制作，制作图片时，可以加上个性化的图形文字标志。为了让设计模板小一些，图片

的格式最好为 JPG。

知识点：利用给出的图片素材制作母版。

1. 新建演示文稿

步骤 1：启动 PowerPoint 2016，如图 5-1 所示，在右侧的列表框中选择"空白演示文稿"选项，如图 5-2 所示。进入工作界面，在快速访问工具栏中单击"保存"按钮，如图 5-3 所示，将新建的演示文稿命名为"毕业论文模板.pptx"，保存。

图 5-1　启动 PowerPoint 2016

图 5-2　空白演示文稿

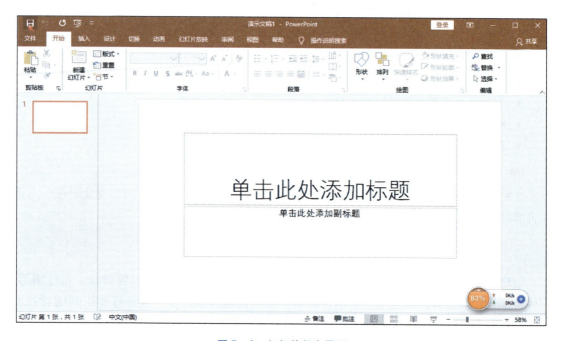

图 5-3　幻灯片保存界面

步骤2：单击"视图"→"幻灯片母版"，打开母版进行编辑。幻灯片母版如图5-4所示。

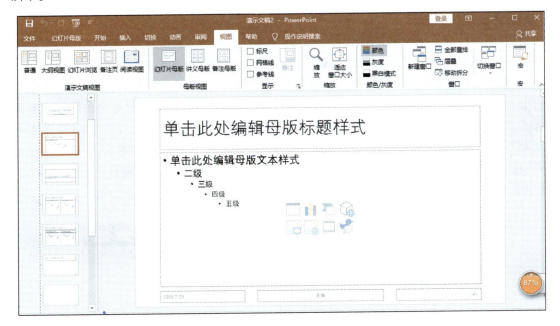

图5-4　幻灯片母版视图

步骤3：单击"幻灯片母版"→"背景"→"背景样式"，在弹出的下拉列表框中选择"设置背景格式"命令，在出现的"设置背景格式"对话框中选择"图片或纹理填充"，将素材库中的图片"背景图"作为母版背景。

步骤4：在幻灯片母版中插入修饰图片。

单击"插入"→"图像"→"图片"，在素材库中打开图片"校徽.jpg""校名.jpg"，将其插入幻灯片母版中，并调整图片至适当的大小，给图片加些修饰形状，再加一个页脚，效果如图5-5所示，最后保存。

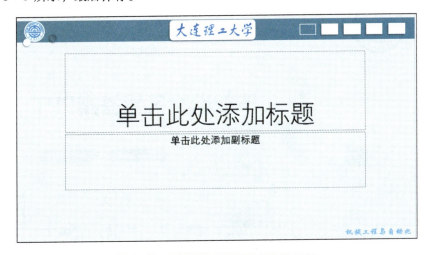

图5-5　设置修饰图片后的幻灯片母版

刚才设置的是幻灯片母版。通常一个演示文稿文件除了内容幻灯片外，还有一个标题幻灯片，作为整个演示文稿文件首页（或封面），可以通过标题母版进行设置。

2. PPT 封面设计

打开前面做的"毕业论文模板.pptx"，另存为"毕业论文封面"，在打开的母版编辑窗口的左侧空格中，单击"标题幻灯片版式"，插入的标题幻灯片母版样式如图 5-6 所示。可见，内容幻灯片母版和标题幻灯片母版除了所应用的幻灯片版式不同外，背景图片等内容相同。可以将标题母版中的修饰图片删除掉，并重新进行设置。将素材库中的图片"封面1.jpg""校徽.jpg"插入标题幻灯片母版中，并调整图片至适当的大小。在"插入"菜单→"形状"→"流程图"中选择两个终止形状，并添加答辩人和导师，如图 5-7 所示。在母版标题文本框内输入毕业论文题目，字体和字号按个人意愿设置，尽量醒目、大气，在功能区中单击"关闭母版视图"按钮，退出对母版的编辑，最后存盘。

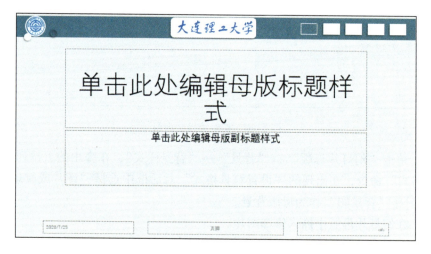

图 5-6　标题幻灯片母版

图 5-7　设置修饰图片后的标题母版

任务5.1.2　幻灯片的基本操作

知识点：幻灯片的复制、粘贴。

步骤1：新建一个空白演示文稿，以"毕业论文.pptx"为名保存，然后单击"设计"→"主题"→"浏览主题"，如图5-8所示。找到"毕业论文模板.ppts"路径，套用此模板，单击"设计"，选择刚套用的模板样式，右击，选择"应用于选定幻灯片"如图5-9所示。

图5-8　模板套用

图5-9　当前模板应用选定幻灯片

步骤2：打开"毕业论文封面.pptx"，选中幻灯片，右击，选择"复制"，如图5-10所示，然后切换到"毕业论文.pptx"窗口，右击"粘贴选项"，选择"保留源格式"，如图5-11所示，把封面移到第一张幻灯片前面即可。

图5-10　复制封面

图5-11　粘贴封面

任务5.1.3　幻灯片的目录

知识点：利用图形创建目录框架。

步骤1：在第二张幻灯片中插入素材库的"目录图片.jpg"，如图5-12所示。

步骤2：单击"插入"→"形状"，插入圆、矩形、圆角矩形各一个，如图5-13所示。

步骤3：选择圆和圆角矩形，单击"图片工具"→"形状填充"，选择淡灰；"形状轮廓"为无轮廓；单击"形状效果"→"阴影"，选择外部偏中阴影，如图5-14所示。

图 5-12 插入目录图片

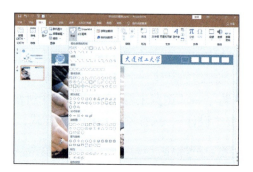
图 5-13 插入形状

步骤4：选择矩形，单击"图片工具"→"形状效果"→"阴影"，选择内部偏移右上阴影，如图 5-15 所示。

图 5-14 外部偏中阴影

图 5-15 内部偏右上阴影

步骤5：右击圆，选择"编辑文字"添加目录；右击圆角矩形，选择"编辑文字"添加序号；右击矩形，选择"编辑文字"添加目录名，如图 5-16 所示。

步骤6：框选目录01所有选项，单击"复制"→"粘贴"，生成02、03、04、05目录，更改矩形文本内容，如图 5-17 所示。

图 5-16 形状内添加文本

图 5-17 完整目录

任务5.1.4　课题背景及内容

知识点：同一个演示文稿里不同模板的应用。

步骤1：如图5-18所示，右击第二张幻灯片，选择"新建幻灯片"，新建第三张幻灯片。

图5-18　新建第三张幻灯片

步骤2：单击"设计"→"主题"，选择灰底模板，右击，选择"应用于选定幻灯片"，如图5-19所示。

步骤3：插入矩形、圆和文本，生成条目01框架，如图5-20所示。

图5-19　更改选定幻灯片模板　　　　图5-20　条目01框架

任务5.1.5　完善后续框架

知识点：框架相同的幻灯片的复制利用，利用图形创建结构。

步骤1：新建第四张幻灯片，添加"01课题背景及内容"框架，如图5-21所示，内容比较多，可以多新建几张。

步骤2：选择第三张幻灯片，右击，选择"复制幻灯片"，生成目录02框架，修改文本内容为"课题现状及发展情况"，如图5-22所示，移到最后一页。

图5-21　条目01内容

步骤 3：重复步骤 1、2 完善整个 PPT 框架的制作即可，效果如图 5-23 所示。

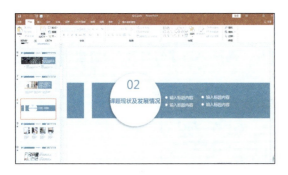

图 5-22　生成条目 02 框架

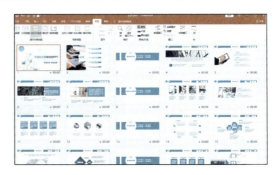

图 5-23　完整效果图

 知识链接

启动 PowerPoint 2016 后，将出现如图 5-24 所示的启动界面。

使用功能区，可以快速访问 PowerPoint 2016 中的所有命令，并且可以在以后更加轻松地添加内容和进行自定义。以下是 PowerPoint 2016 功能区上的常用命令及其位置。

（1）"文件"选项卡（图 5-25）

使用"文件"选项卡可以创建文件、打开或保存现有文件和打印演示文稿。

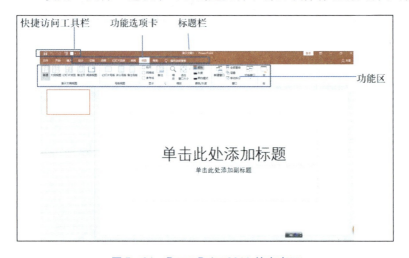

图 5-24　PowerPoint 2016 的主窗口

图 5-25　"文件"选项卡

（2）"开始"选项卡（图 5-26）

使用"开始"选项卡可以插入新幻灯片、将对象组合在一起及设置幻灯片上文本的格式。

图 5-26　"开始"选项卡

(3)"插入"选项卡(图5-27)

使用"插入"选项卡可以将表格、形状、图表、页眉或页脚插入演示文稿中。

图5-27 "插入"选项卡

(4)"设计"选项卡(图5-28)

使用"设计"选项卡可以自定义演示文稿的背景、主题设计和颜色的设置。

①单击"幻灯片大小",可以启动"幻灯片大小"对话框。

②在"主题"分组中单击某主题,可以将其应用于演示文稿。

③单击"设置背景格式",可以为演示文稿选择背景色和进行格式设计。

图5-28 "设计"选项卡

(5)"切换"选项卡(图5-29)

使用"切换"选项卡可以对当前幻灯片应用、更改或删除切换。

①在"切换到此幻灯片"分组中单击某切换,可以将其应用于当前幻灯片。

②在"声音"列表中,可以从多种声音中进行选择,以在切换过程中播放。

③在"换片方式"下,可以选择"单击鼠标时",以在单击时进行切换。

图5-29 "切换"选项卡

(6)"动画"选项卡(图5-30)

使用"动画"选项卡可以对幻灯片上的对象应用、更改或删除动画。

图5-30 "动画"选项卡

(7)"幻灯片放映"选项卡(图5-31)

使用"幻灯片放映"选项卡可以开始幻灯片放映、自定义幻灯片放映的设置和隐藏单个幻灯片。

单击"设置幻灯片放映",可以启动"设置放映方式"对话框。

(8)"审阅"选项卡(图5-32)

图 5-31 "幻灯片放映"选项卡

使用"审阅"选项卡可以拼写、更改演示文稿中的语言,或比较当前演示文稿与其他演示文稿的差异。

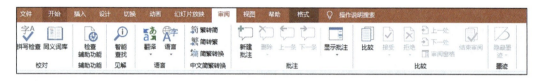

图 5-32 "审阅"选项卡

① "校对",用于启动拼写检查程序。
② "语言"分组,可以选择语言。
③ "批注"分组,可以为幻灯片添加、编辑批注等。
④ "比较",在其中可以比较当前演示文稿与其他演示文稿的差异。
(9)"视图"选项卡(图 5-33)

使用"视图"选项卡可以查看幻灯片母版、备注母版、幻灯片浏览,还可以打开或关闭标尺、网格线和参考线。

图 5-33 "视图"选项卡

项目 5.2　图形与图表的应用——元旦晚会策划方案

项目目标

- 熟练幻灯片中文本的编排和图形工具的使用
- 学会幻灯片背景设置和使用素材中的模板
- 添加数据表格,使用图表
- 使用 SmartArt 图形
- 了解母板的概念

项目描述

每年的各种大型节日期间,学校都会举办各种活动、晚会,本项目针对元旦晚会制作一套策划方案 PPT,学会图形与图表的使用。这是同学们平时接触比较多的案例。

任务5.2.1　制作母版

幻灯片母版用于设置幻灯片样式，用户可以使用幻灯片母版设置各种标题文字、占位符大小与位置、背景设计和配色方案等内容，只需更改母版中的内容，即可变更所有幻灯片的设计。

知识点：用艺术字和图片创建母版。

步骤1：启动 PowerPoint 2016，新建空白演示文稿，如图 5-34 所示。

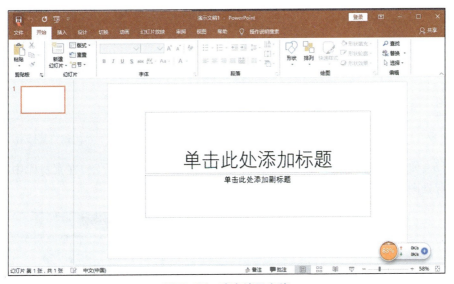

图 5-34　空白演示文稿

步骤2：单击"文件"→"另存"→"这台电脑"选项，在弹出的对话中选择要保存文件的位置，在"文件名"文本框中输入"活动策划"，单击"保存"按钮，如图 5-35 所示。

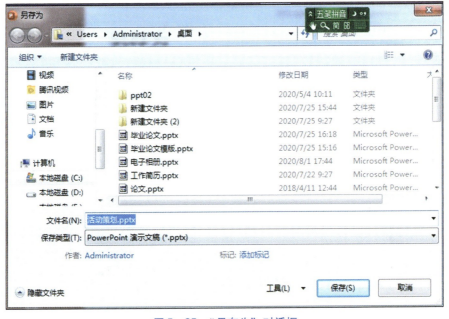

图 5-35　"另存为"对话框

步骤3：单击"视图"→"母版视图"→"幻灯片母版"按钮，即可进入幻灯片母版视图，如图5-36所示。

通过自定义母版可以为整个演示文稿设置相同的颜色、字体、背景、占位符和效果等。

步骤4：在左侧的幻灯片栏中选择标题幻灯片版式，如图5-37所示。

图5-36　幻灯片母版视图

图5-37　标题幻灯片版式

步骤5：如图5-38所示，单击"插入"→"图像"→"图片"，在素材库中找到图片"项目2背景图1.jpg"如图5-39所示，单击"插入"按钮。

图5-38　"图片"按钮

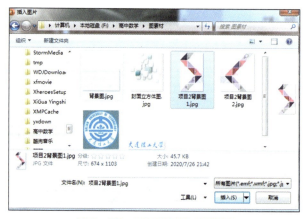
图5-39　"插入图片"对话框

步骤6：已选择的图片即可插入幻灯片母版中，如图5-40所示。

步骤7：选择图片，可以调整图片相应的大小。在图片上单击鼠标右键，选择"置于底层"选项，使文本占位符显示出来，效果如图5-41所示。

图5-40　插入图片效果

图5-41　图片置于底层效果

步骤8：在左侧的幻灯片栏中选择标题与内容版式，如图5-42所示。

步骤9：单击"插入"→"图像"→"图片"，在素材库中找到图片"项目2 背景图1.jpg"单击"插入"按钮。选择图片，单击右键，选择"置于底层"选项，把图片拉到相应位置即可，如图5-43所示。

 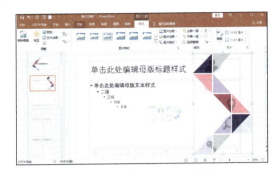

图5-42 标题与内容版式　　　　　　　　图5-43 图片置于底层效果

步骤10：单击"幻灯片母版"→"关闭"→"关闭母版视图"按钮，返回至幻灯片普通视图，如图5-44所示。

图5-44 幻灯片普通视图

在制作幻灯片正文内容之前，首先制作"活动策划方案"PPT的首页和目录。

步骤11：在首页标题中输入36号、黑体"元旦晚会"，输入54号、琥珀体"活动策划方案"和96号、粗黑"数字艺术学院"副标题，放到相应位置，如图5-45所示。

步骤12：如图5-46所示，新建幻灯片，删除标题和内容文本占位符。单击"插入"→"文本"→"文本框"，将光标放至幻灯片，绘制文本框。

步骤13：在文本框内输入"目录"

图5-45 设置首页

字体为黑体，字号为60，橙色加阴影，调整至相应位置，如图5-47所示。

图5-46 新建幻灯片　　　　　　　　　　　图5-47 输入"目录"

步骤14：单击"插入"→"图像"→"图片"按钮，在素材库中选择"项目2目录图标.jpg"，调整到相应位置，在图后面插入文本框，文本框内输入"01活动概况"，字号为36、黑体、橙色，如图5-48所示。

步骤15：重复上述操作，完成"目录"页的制作，如图5-49所示。

图5-48 在文本框中输入文字　　　　　　　　图5-49 "目录"页

任务5.2.2　绘制和编辑图形

知识点：图形的绘制、填充、修饰。

步骤1：新建幻灯片，在标题文本框内输入"一、活动概况"。

步骤2：单击"插入"→"插图"→"形状"，在弹出的列表中选择"矩形"，如图5-50所示，绘制上下两个矩形，如图5-51所示。

修饰矩形，使效果更佳。

步骤3：选择第一个矩形，单击"绘图工具"→"形状样式"→"形状填充"，在"主题颜色"选项区域选择"蓝色，个性色5，深色25%"选项，如图5-52所示。单击"形状轮廓"，在弹出的下拉列表中选择"无轮廓"选项，如图5-53所示。

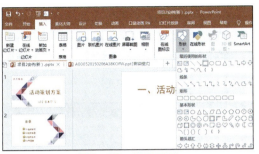
图 5-50 选择形状

图 5-51 插入矩形

图 5-52 形状填充

图 5-53 形状轮廓

步骤4：重复步骤3给两个矩形填充"金色，个性色4，淡色60%"，无轮廓色。

步骤5：选择第一个要添加文字的矩形，右击鼠标，选择"编辑文字"，输入"概况"，黑体、32号、白色。

步骤6：选择第二个要添加文字的矩形，右击鼠标，选择"编辑文字"，输入四条概况内容，宋体、24号、白色，如图5-54所示。

步骤7：新建幻灯片，在标题文本框内输入"二、活动主题"。单击"插入"→"插图"→"形状"，在弹出的列表中选择"椭圆"绘制一个椭圆，然后复制两个，调整到相应位置，按步骤3修饰椭圆颜色，如图5-55所示。

图 5-54 活动概况效果

图 5-55 椭圆形状效果图

步骤8：选择第一个椭圆形状，右击鼠标，选择"编辑文字"，输入"筑梦青春"，黑体、40号、白色，其他两个椭圆按同样方法输入相应内容，如图5-56所示。

步骤9：单击"插入"→"插图"→"形状"，在弹出的列表中选择直线，把三个椭圆用直线连接起来，如图5-57所示。

图5-56 设置文字样式

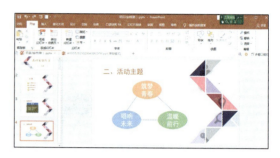

图5-57 效果图

任务5.2.3 添加数据表格

知识点：表格的插入、填充、修饰。

步骤1：新建幻灯片，在标题文本框内输入"三、节目类型"。单击"插入"→"表格"，在弹出的下拉列表中选择表格的6行和2列，如图5-58所示。

步骤2：在幻灯片中插入表格，在表格中输入相应的文字，单击"表格工具/布局"选项卡下"对齐方式"中的"居中"和"垂直居中"，如图5-59所示。

图5-58 插入表

图5-59 插入表格效果

步骤3：选择表格，单击"表格工具/设计"→"表格样式"→"其他"下拉按钮，在弹出的下拉列表中选择"中等样式1-强调2"选项，如图5-60所示。更改表格样式后的效果如图5-61所示。

步骤4：选择表格，单击"表格工具/设计"→"表格样式"→"效果"→"阴影"→"透视"→"透视：右下"，如图5-62所示。

步骤5：调整表格、文字大小和位置，使表格更加美观，效果如图5-63所示。

图 5-60　表格样式

图 5-61　更改表格样式效果

图 5-62　表格阴影

图 5-63　表格透视效果

任务 5.2.4　使用 SmartArt 图形

SmartAar 图形是信息和观点的视觉表示形式，主要分为列表、流程、循环、层次结构、关系、矩阵等几类。使用 SmartArt 图形制作"活动安排"的步骤如下。

知识点：多种 SmartArt 图形的认识，SmartArt 图形的套用、添加、修饰。

步骤 1：新建幻灯片，在标题文本框内输入"四、活动安排"。单击"插入"→"插图"→"SmartAar"按钮→"列表"→"垂直块列表"，如图 5-64 所示。

步骤 2：将光标移至文本框，输入相应内容，完成 SmartArt 图形的创建，如图 5-65 所示。

创建 SmartArt 图形之后，用户可以根据需要编辑 SmartArt 图形。

步骤 3：选择 SmartArt 图形，单击"SmartArt 工具/设计"→"图形创建"→"添加形状"，如图 5-66 所示，增加一个形状，输入文本。

步骤 4：单击"SmartArt 工具/设计"→"更改颜色"→"彩色个性色"，如图 5-67 所示，更改 SmartArt 图形的颜色。

图5-64 选择 SmartArt 图形

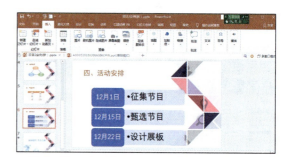
图5-65 完成 SmartArt 图形

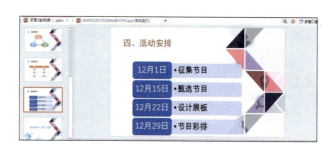
图5-66 增加形状

图5-67 更改 SmartArt 颜色

步骤5：单击"SmartArt 工具/格式"→"形状式"→"形状效果"→"发光"→"发光8磅，蓝色，主题1"，如图5-68所示，调整形状层次感。

步骤6：按照步骤5，调整其他三个形状的发光效果，可用不同的颜色间隔，效果更佳。这样一个插入 SmartArt 图形的幻灯片就做好了，如图5-69所示。

图5-68 形状发光

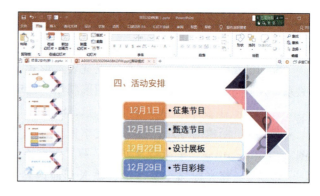
图5-69 修饰完的 SmartArt

任务5.2.5 图文混排制作"结束"页

制作"结束"页时，可以使用图片、艺术字相结合的手法。

知识点：结束页的格式和制作。

步骤1：新建幻灯片，在标题文本框内输入"谢谢聆听　请多指教"；删除文本框。在

"开始"→"字体"组中,设置字体为黑体、60号、淡蓝色,如图5-70所示。

步骤2:选择文本框,单击"绘图工具/格式"→"艺术字样式"→"快速样式"→"渐变填充:蓝色,主题色5;映像",如图5-71所示。

图5-70 "结束"页文字

图5-71 艺术字样式

步骤3:单击"插入"→"图像"→"图片",在弹出的"插入图片"的对话框中选择图片素材"项目2结束图.jpg",如图5-72所示。调整图片后的效果如图5-73所示。

图5-72 插入图片

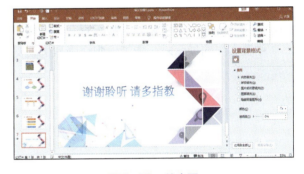

图5-73 结束页

1. PowerPoint 的视图

PowerPoint 使用5种基本视图显示幻灯片,最常用的两种是普通视图和幻灯片浏览视图。单击窗口右下角的按钮轻松切换各种视图,也可以单击"视图"选项卡→"演示文稿视图"栏,选择相应命令。

(1)普通视图

它是默认的视图,在这种视图方式下,可以同时使用3种窗格:大纲窗格、幻灯片窗格和备注窗格。

(2)大纲视图

仅显示演示文稿所有标题和正文,同时显示"大纲"工具栏。用户可以用"大纲"工具栏调整幻灯片标题、正文的布局,展开或折叠幻灯片内容,移动窗格的大小。

(3) 幻灯片视图

用于加工单张幻灯片。在幻灯片视图中，不但可以处理文本和图形，还可以处理声音、动画及其他特殊效果。

(4) 幻灯片浏览视图

此时幻灯片为多页并列显示，用户可以一目了然地看到演示文稿的整体外观效果。在该视图下，用户还可以对幻灯片进行移动、复制、删除等操作；使用该视图工具栏中的按钮还可以设置每张幻灯片的放映时间、选择幻灯片的动画切换方式等。

(5) 幻灯片放映视图

在幻灯片放映视图中，可以看到幻灯片切换效果，以及用户向演示文稿中添加的动画和声音效果。按 Esc 键或放映完所有幻灯片后恢复原样。

2. 美化幻灯片中的文本

美化文本的目的是增加阅读的兴趣，保证文本内容的重要性。除了通过设置字体、字号、颜色和添加艺术字等方式外，还有其他一些美化文本的方法。

(1) 设置文本方向

文本的方向除了横向、竖向和斜向外，还可以有更多的变化。设置文本的方向不但可以打破思维定式，而且可以增加文本的动感，会让文本别具魅力，吸引观众的注意。

竖向：特别有文化感，有助于观众的阅读，如图 5-74 所示。

中英文斜向展示时，能带给观众强烈的视觉冲击力，如图 5-75 所示。

图 5-74　竖向

图 5-75　斜向

十字交叉：在海报设计中比较常见，交叉处是抓住眼球焦点的位置，如图 5-76 所示。

错位：表现的内容有很多关键词，可以使用错位美化，如图 5-77 所示。

图 5-76　十字交叉

图 5-77　错位

(2) 设置标点符号

标点符号通常是文本的修饰，通过一些简单的设置，可以让标点符号成为强化文本的工具。

放大：将标点放大到影响视觉时，可以起到强调的作用，吸引观念的注意，如图 5-78 所示。名人名言或者重要的文本适合这种方法。放大的标点适合"大黑体"字体。

添加标点符号或加入文本：有时为了强调标题或段落起止，可以添加"【】"这样的标点，甚至在放大的符号中直接加入文本，如图 5-79 所示。

图 5-78　放大标点

图 5-79　标点加文本

(3) 创意文字

创意文字就是根据文字的特点，将文字图形化，比如拉长或美化文字的笔画、使用形状包围文字、采用图案挡住文字笔画等。比较复杂的需要用 Photoshop 专业软件完成图像。

3. 使用网格线排版

网格线是坐标轴上刻度线的延伸，并穿过幻灯片区域，即在编辑区显示的用来对齐图像或文本的辅助线条。在幻灯片中单击鼠标右键，在弹出的快捷菜单中选择"网格和参考线"命令，打开"网格和参考线"对话框，在其中即可设置网格，如图 5-80 所示。

4. 使用参考线排版

参考线由在初始状态下位于标尺刻度"0"位置的横、纵两条虚线组成，可以帮助用户快速对齐页中的图形和文字等对象，使幻灯片的版面整齐、美观。与网格线不同，参考线可以根据用户需要添加、删除和移动，并具有吸附功能，能将靠近参考线的对象吸附对齐。在"视图/显示"组中单击选中"参考线"复选框，即可在幻灯片中显示参考线，如图 5-81 所示。

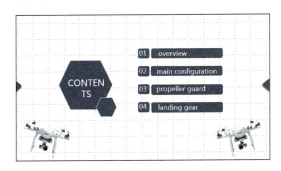

图 5-80　网格线

图 5-81　参考线

项目 5.3　动画的应用——制作学校简介

项目目标

- 为内容添加动画
- 在幻灯片中插入多媒体文件
- 在幻灯片中添加切换效果
- 在幻灯片中插入链接

项目描述

在学会制作简单幻灯片以后，现在以"学校介绍"为题材来制作内容更为丰富的幻灯片，包括动画、切换和超链接的设置。

任务 5.3.1　封面的制作

知识点：利用图形、艺术字制作封面，给封面所有对象设置动画效果。

步骤 1：启动 PowerPoint 2016，新建空白演示文稿，如图 5-82 所示。

步骤 2：单击"文件"→"另存"→"这台电脑"选项，在弹出的对话框中选择要保存文件的位置，在"文件名"文本框中输入"学校介绍"，单击"保存"按钮。

步骤 3：单击"视图"→"母版视图"→"幻灯片母版"按钮，即可进入幻灯片母版视图，如图 5-83 所示。

图 5-82　空白演示文稿

图 5-83　幻灯片母版视图

步骤 4：在左侧的幻灯片空格中选择"标题幻灯片版式"，如图 5-84 所示。

步骤 5：单击"插入"→"图像"→"图片"，如图 5-85 所示，在素材库中找到图片"项目 3 图片 1.jpg""项目 3 图片 2.jpg"单击"插入"按钮。

步骤 6：选择图片，可以调整图片大小，在图片上单击鼠标右键，选择"置于底层"选项，使文本占位符显示出来，效果如图 5-86 所示。

步骤 7：在左侧的幻灯片空格中选择"标题与内容"版式，单击"插入"→"图像"→"图片"，在素材库中找到图片"项目 3 背景图.jpg""项目 3 校名.jpg""项目 3 校门.jpg"，单击"插入"按钮，选择图片，单击右键，选择"置于底层"选项，把图片拉到相应位置即可，如图 5-87 所示。单击"幻灯片母版"→"关闭"→"关闭母版视图"按钮，返回至幻灯片普通视图。

单元5　PowerPoint 2016 幻灯片制作

图5-84　标题幻灯片版式

图5-85　"图片"按钮

图5-86　"插入图片"效果

图5-87　插入图片效果

步骤8：在首页标题中输入96号、琥珀体"学校简介"，输入32号、隶书"江西陶瓷工艺美术职业技术学院"副标题，放到相应位置，如图5-88所示。

步骤9：单击"插入"→"媒体"→"音频"的下拉按钮，在弹出的下拉列表中选择"PC上的音频"选项，如图5-89所示。

图5-88　设置首页

步骤10：在弹出的"插入音乐"对话框中选择素材库中的"我在景德镇等你mp3"音频文件，单击"插入"按钮，完成音频的插入操作，如图5-90所示。

图5-89　音频选项

图5-90　插入音频

步骤 11：选择"音频"按钮，单击"音频工具/播放"→"音频选项"，在"开始"后的选项框中选择"自动"，如图 5-91 所示。再勾选"循环播放，直到停止"和"放映时隐藏"复选框，如图 5-92 所示，调整"音频"按钮位置即可。

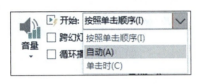

图 5-91 自动播放设置

图 5-92 音频设置

步骤 12：选择"学校简介"文本框，单击"动画"→"高级动画"→"添加动画"的下拉按钮，在弹出的列表中选择"飞入"选项，如图 5-93 所示，给标题添加飞入动画效果。

步骤 13：单击"动画"→"效果选项"的下拉按钮，选择"方向"→"自左侧"选项，如图 5-94 所示。单击"计时"→"开始"后的下拉按钮，选择"与上一动画同时"，如图 5-95 所示。

步骤 14：单击"动画"→"预览"，可以查看动画效果。

步骤 15：用上面同样的方法给副标题加一个同样的动画，只是动画开始的方法选择"上一动画之后"即可。

步骤 16：新建幻灯片，删除标题和内容文本占位符，单击"插入"→"文本"→"文本框"，将光标放至幻灯片，绘制文本框。在文本框内输入"目录"，字体为黑体，字号 60，橙色加阴影，调整至相应位置。

图 5-93 添加动画

图 5-94 动画方向

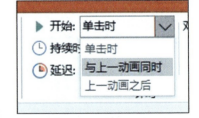

图 5-95 动画开始方式

步骤 17：单击"插入"→"插图"→"形状"，选择菱形，绘制一个菱形并输入"01"，在菱形后面插入文本框，文本框内输入"学校介绍"，36 号、黑体、橙色，如图 5-96 所示。

步骤 18：重复上述操作，完成"目录"页的制作，如图 5-97 所示。

图 5-96 在文本框中输入文字

图 5-97 "目录"页

步骤 19：选择"目录"，重复步骤 15，给"目录"加动画。

步骤 20：按住 Ctrl 键，选择菱形 1 和后面的文本框，单击"动画"→"飞入"→"效果选项"→"自底部"，单击"开始"→"上一动画之后"，完成第一条目录动画设置。

步骤 21：重复步骤 20，给其他两条目录添加动画。

任务 5.3.2 制作"学校介绍"页

知识点：使用 SmartArt 图形填充文本、SmartArt 图形的合并、动画效果设置。

步骤 1：新建幻灯片，在标题文本框内输入"学校发展历程"，36 号、黑体、橙色。

步骤 2：单击"插入"→"插图"→"SmartArt"→"流程"→"交错流程"，如图 5-98 所示，完成 SmartArt 图形添加。

步骤 3：选择 SmartArt 图形，单击"SmartArt 工具/设计"→"图形创建"→"添加形状"，如图 5-99 所示，增加三个形状。单击"更改颜色"→"彩色个性色"，更改 SmartArt 图形的颜色，输入文本，如图 5-100 所示。

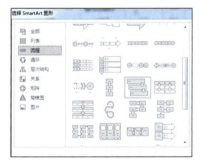

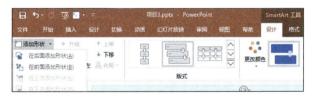

图 5-98 交错流程　　　　　　　　　　　图 5-99 添加形状

步骤 4：选择"学校发展历程"文本框，单击"动画"→"高级动画"→"添加动画"的下拉按钮，在弹出的列表中选择"飞入"选项，给标题添加飞入动画效果。

步骤 5：单击"动画"→"效果选项"的下拉按钮，选择"方向"→"自左侧"选项，选择"计时"→"开始"→"上一动画之后"。

步骤 6：选择"SmartArt"图形，单击"动画"→"浮入"选项，如图 5-101 所示。选择"计时"→"开始"→"上一动画之后"。

图5-100　更改颜色

图5-101　浮入效果

任务5.3.3　制作"主要荣誉"

知识点：利用特殊图形的格式来制作多个项目及设置动画效果。

步骤1：新建幻灯片，删除标题和内容文本占位符。单击"插入"→"文本"→"文本框"，将光标放至幻灯片，绘制文本框。在文本框内输入"主要荣誉"，字体为黑体，字号36，橙色加阴影，调整至相应位置。

步骤2：单击"插入"→"插图"→"图片"，在素材库中选择"项目3图片3.jpg"，如图5-102所示。

步骤3：在6个圆点处分别插入文本框，文本框内输入学校荣誉，然后按Ctrl键选择图片和所有文本框，右击选择"组合"，效果如图5-103所示。

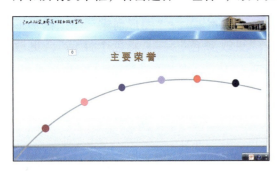

图5-102　插入图片

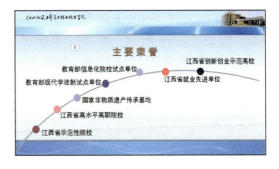

图5-103　效果图

步骤4：选择"主要荣誉"文本框，单击"动画"→"高级动画"→"添加动画"的下拉按钮，在弹出的列表中选择"飞入"选项，给标题添加飞入动画效果。

步骤5：单击"动画"→"效果选项"的下拉按钮，选择"方向"→"自左侧"选项，选择"计时"→"开始"→"上一动画之后"。

步骤6：选择图形，单击"动画"→"浮入"选项，选择"计时"→"开始"→"上一动画之后"。

任务5.3.4　制作"院系设置"

知识点：套用SmartArt图形设置五个分院及动画效果设置。

步骤1：新建幻灯片，在标题文本框中输入"院系设置"，36号、黑体、橙色。

步骤2：单击"插入"→"插图"→"SmartArt"→"循环"→"不定向循环"，如图 5-104 所示，完成 SmartArt 图形添加。

步骤3：选择 SmartArt 图形，单击"SmartArt 工具/设计"→"图形创建"→"添加形状"，如图 5-105 所示，增加三个形状。单击"更改颜色"→"彩色个性色 2"，更改 SmartArt 图形的颜色，输入文本，如图 5-106 所示。

图 5-104　不定向循环

图 5-105　添加形状

步骤4：选择"院系设置"文本框，单击"动画"→"高级动画"→"添加动画"的下拉按钮，在弹出的列表中选择"飞入"选项，给标题添加飞入动画效果。

步骤5：单击"动画"→"效果选项"的下拉按钮，选择"方向"→"自左侧"选项，选择"计时"→"开始"→"上一动画之后"。

步骤6：选择"SmartArt"图形，单击"动画"→"轮子"选项，如图 5-107 所示，选择"计时"→"开始"→"上一动画之后"。

图 5-106　院系设置

图 5-107　轮子效果

任务5.3.5　制作"结束"

知识点：结束页的制作和动画设置。

步骤1：新建幻灯片，删除标题和内容文本占位符，单击"插入"→"文本"→"文本框"，将光标放至幻灯片，绘制文本框。在文本框内输入"谢谢观看！"，字体为黑体，字号为90，橙色加阴影，调整至相应位置，如图 5-108 所示。

步骤2：单击"动画"→"加粗闪烁"，选择"计时"→"开始"→"上一动画之后"。单击左上角的"保存"按钮即可。

图 5-108　结束页

任务 5.3.6　为幻灯片设置切换效果

知识点：给演示文稿设置切换效果、切换声音和切换方式。

步骤 1：单击"切换"→"切换到此幻灯片"→"其他"→"立方体"，如图 5-109 所示。

步骤 2：单击"切换"→"切换到此幻灯片"→"效果选项"→"自右侧"。

步骤 3：单击"切换"→"计时"→"声音"→"风铃"，如图 5-110 所示；"切换方式"中，"设置自动换片时间"为 00:05.00，如图 5-111 所示。最后单击"应用到全部"，如图 5-112 所示，即给所有幻灯片添加了切换效果。

图 5-109　立方体切换

图 5-110　切换声音

图 5-111　换片方式

图 5-112　应用到全部

 知识链接

1. 绘制动作按钮

动作按钮的作用是，当单击这个按钮时，产生某种效果，例如链接到某一张幻灯片、某个网站、某个文件,或者播放某种音效、运行某个程序等,类似于超链接。

单击"插入/插图"→"形状"→"动作按钮"→"前进或下一页",如图5-113所示。在幻灯片右下角拖动鼠标绘制按钮,在打开的"操作设置"对话框中单击"确定"按钮,如图5-114所示,上面绘制的按钮链接到下一张幻灯片。

图5-113 动作按钮

图5-114 动作按钮设置

动作按钮还包括"后退或前进一项""转到开头""转到结尾""转到主页""获取信息""上一张""视频""声音""文档""帮助"等。

2. 创建超链接

在PowerPoint中,图片、文字、图形和艺术字等都可以创建超链接,方法都相同。

选择要创建超级链接的文字或图片,单击鼠标右键,如图5-115所示,选择"超链接",打开"插入超链接"对话框,如图5-116所示。

图5-115 超链接按钮

图5-116 "插入超链接"对话框

超链接有如下四项。

第一项：现有文件或网页。单击"现有文件或网页"，定位并选择含有要链接到的幻灯片的演示文稿，单击"书签"按钮，选择所需幻灯片的标题，如图 5-117 所示。

第二项：本文档中的位置。单击"本文档中的位置"，在"请选择文档中的位置"中选择位置，如图 5-118 所示。

图 5-117　现有文件或网页

图 5-118　本文档中的位置

第三项：新建文档。单击"新建文档"，键入新文件的名称，若要更改新文档的路径，单击"更改"按钮，选择"以后再编辑新文档"或"开始编辑新文档"，如图 5-119 所示。

第四项：电子邮件地址。单击"电子邮件地址"，在"电子邮件地址"框中键入所需的电子邮件地址，或者在"最近用过的电子邮件地址"框中选取所需的电子邮件地址，在主题框中键入电子邮件的主题，如图 5-120 所示。

图 5-119　新建文档

图 5-120　电子邮件地址

3. 在幻灯片中插入视频

可以将视频添加到演示文稿中，以增加演示文稿的播放效果。

①单击"插入"→"媒体"→"视频"，如图 5-121 所示，会弹出两个菜单，一个是"联机上的视频"，一个是"PC 上的视频"。

②单击"PC 上的视频"，弹出如图 5-122 所示对话框，选择本地的一个视频，然后单击"插入"按钮，这样就成功地在幻灯片中插入一个视频。

图 5-121　插入视频

图 5-122　"插入视频文本"对话框

③插入视频后，可以通过四周的调节按钮对视频进行缩放调整。

④选择视频，单击"视频工具/格式"→"视频样式"，可以对视频进行阴影设置。

⑤选择视频，单击"视频工具/播放"，如图 5-123 所示，可对视频的播放进行设置，如音量、播放方式等，设置后效果如图 5-124 所示。

图 5-123　视频播放设置

图 5-124　效果图

4. 录制声音

单张幻灯片录制声音的方法：选中要录制声音的幻灯片，执行"插入"→"媒体"→"音频"→"录制音频"命令，此时弹出"音频"对话框，如图 5-125 所示。单击圆形按钮开始录音，单击方形按钮可以停止录音，单击三角形按钮可以将录制的声音播放一次。录制完毕后，幻灯片上有一个声音图标，在幻灯片放映时，只要单击此图标，录制的声音就播放出来了。

整套或多张幻灯片录制声音的方法：先选中要录制声音的第一张幻灯片，在"幻灯片放映"选项卡的"设置"选项组中，单击"录制旁白"按钮，打开"录制旁白"对话框，如图 5-126 所示，用户可以在此设置话筒的级别、声音质量等。

图 5-125　"录音"对话框

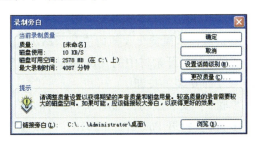

图 5-126　"录制旁白"对话框

设置完成后，单击"确定"按钮，打开"录制旁白"对话框。单击"当前幻灯片"按钮，可以从当前幻灯片开始录制旁白，如图 5－127 所示。随即将进入幻灯片放映模式，这时可以一边放映幻灯片，一边通过麦克风录制旁白。

要暂停录制旁白，可右键单击幻灯片，执行快捷菜单中的"暂停旁白"命令；要继续录制，可再次右键单击幻灯片，执行快捷菜单中的"继续旁白"命令，如图 5－128 所示。

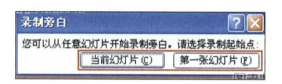

图 5－127 "录制旁白"对话框

图 5－128 暂停或继续录制旁白

项目 5.4　第三方插件——美化大师

项目目标

- 熟悉图形表达利器，掌握各种逻辑关系图示图表制作
- 海量图片素材库的运用
- 学会制作极具个性的电子相册
- 了解 PPT 中形状的强力扩展
- 在线模板的使用

项目描述

PPT 美化大师是一个 PPT 美化和制作辅助工具，其可以优化与提升现有 Office 软件的功能及体验。其丰富的图片、图示、模板等在线资源，帮助用户快速完成 PPT 文档的制作与美化，让总结、报告、汇报、方案等更加精美和专业。

任务 5.4.1　美化大师的安装

知识点：掌握美化大师的安装步骤。

步骤 1：打开素材中的"pptmhds_v2.0.9.0489.rar"，选择安装路径，如图 5－129 所示，单击"立即安装"按钮。

步骤 2：安装成功，如图 5－130 所示。

步骤 3：打开 PowerPoint 2016，可以看到在菜单栏中增加了"美化大师"和"口袋动画 PA"选项卡，如图 5－131 所示。

单元 5　PowerPoint 2016 幻灯片制作

图 5-129　安装路径

图 5-130　安装成功

图 5-131　安装好的效果

任务 5.4.2　美化大师功能详情

知识点：熟悉美化大师的界面。

1. 模板功能

模板功能是美化大师特有的功能，也是针对职场小白开发的高效偷懒工具。

（1）更换背景

如果对随机模板不满意，可以全部替换。注意，右下方可以调整幻灯片比例。如图 5-132 所示。

（2）魔法换装

其实就是重新随机更换模板，如图 5-133 所示。

（3）内容规划

输入相关内容，选择风格后，单击"完成"按钮即可创建一套完整的模板，如图 5-134 所示。

209

图 5-132　更换背景　　　　　图 5-133　美化魔法师

2. 幻灯片功能

（1）幻灯片

可选择插入或替换当前幻灯片，自动配色，非常方便，如图 5-135 所示。

图 5-134　内容规划　　　　　图 5-135　幻灯片版式

（2）魔法图示

类似于魔法换装，单击会随机生成一张幻灯片。

3. 插入功能

插入功能体现了美化大师 PPT 海量素材库，让制作者只需用关键词即可快速找到自己想要的素材。

（1）形状

近 300 页的 ICO 图标矢量素材，已清晰分好了类别，如图 5-136 所示。双击鼠标插入，形状大小、颜色均可编辑。

（2）图片

600 多页图片，主要以 PNG 图片为主，如图 5-137 所示。

（3）画册

选择合适的版式，如图 5-138 所示。

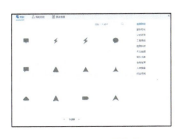
图5-136　矢量素材

图5-137　图片

图5-138　画册

4. 批量工具

（1）替换文字

这个功能比 NordriTools 中的一键统一更加人性化，一个好的 PPT 不可能只有一种字体，也不可能有太多字体，但是逐一修改很烦琐。PPT 虽然也有自带的替换字体功能，但美化大师提供的字体替换功能更加灵活，如图5-139所示。

（2）设置行距

除了字体，设置统一的行距也是 PPT 分页特性的一个难点，美化大师提供了行距设置功能，如图5-140所示。

图5-139　替换字体

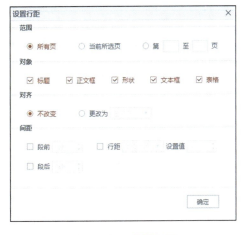
图5-140　设置行距

5. 工具功能

（1）矩形排列、圆弧排列

这个功能和 NordriTools 比较类似。

（2）导出

与 NordriTools 相比，缺少灵活性，尺寸上无法调整，不过也可以导出长图和单页图片。

（3）只读

将工作文档另存为 PDF 来防止篡改，对现今格式转化工具（比如 smallpdf）来说已经是过去式。美化大师提供的只读功能提供了一种新角度的解决方案，那就是打开 PPT 不能编辑的只读模式。

任务 5.4.3　美化大师制作关系图

知识点：利用美化大师自带的模板制作关系图。

步骤 1：新建一份空白的演示文稿，单击"口袋动画 PA/PPT 设计（素材）"→"主题背景"→"模板"，选择"绿色植物"作为演示文稿的模板，如图 5-141 所示。

步骤 2：单击"美化大师/新建"→"幻灯片"→"图示"，确定关系个数为 3，选择"因子结果"，然后确定想要的颜色。

步骤 3：单击如图 5-142 右边关系图中的一个就能完成制作，如图 5-143 所示。

图 5-141　添加模板

图 5-142　关系图对话框

图 5-143　制好的关系图

任务 5.4.4　美化大师制作画册

知识点：利用美化大师自带的画册功能展示多张图片。

步骤 1：新建一份空白的演示文稿，单击"美化大师"→"画册"，如图 5-144 所示。

步骤 2：选择一个合适的画册模板，如图 5-145 所示。

图 5-144　"画册"工具栏

图 5-145　"画册"界面

步骤3：单击红框处的1，2，3（与左侧照片1，2，3对应），添加照片，如图5-146所示。

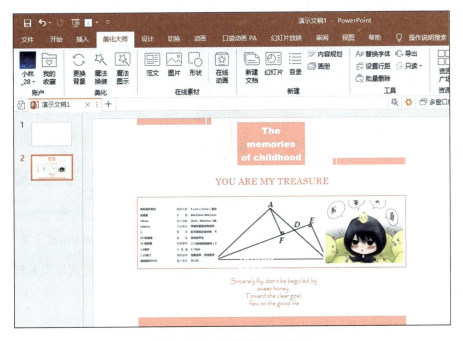

图5-146 制作好的画册效果

步骤4：添加完成后，单击"完成并插入PPT"，这样画册就做好了。

项目5.5 输出与演示——电子相册

项目目标

- 学会多种输出演示文稿
- 学会设置相应的放映方法
- 熟练演示文稿的打印设置
- 掌握演示文稿的打包方法

项目描述

PowerPoint 2016中输入演示文稿的相关操作主要包括打包、打印和发布。通过学习，应该能够熟练掌握输出演示文稿的各种操作方法，让制作出来的文稿不仅能直接在计算机中展示，还可以方便用户在不同的位置和环境中使用与浏览。

任务5.5.1 保护演示文稿

可以为演示文稿设置权限并添加密码，防止演示文稿中的内容被修改。下面给"校园安全.pptx"演示文稿设置保护密码。

知识点：给演示文稿设置加强保护的密码。

步骤1：在素材库中打开"校园安全.pptx"，单击"文件"→"信息"→"保护演示文稿"，选择"用密码进行加密"选项，如图5-147所示。

步骤2：打开"加密文档"对话框，在"对此文件的内容进行加密"栏的"密码"文本框中输入"123456"，单击"确认"按钮，如图5-148所示。

图 5-147 用密码进行加密

图 5-148 密码对话框

步骤3：重新打开演示文稿，打开"密码"提示框，并提示打开此演示文稿需要密码，在"密码"文本中输入正确的密码后，单击"确认"按钮才能打开。

任务 5.5.2 将演示文稿转换为 PDF 文档

知识点：将制作好的演示文稿转换成 PDF 格式导出。

步骤1：在素材库中打开"校园安全.pptx"，单击"文件"→"导出"→"创建 PDF/XPS"，选择"创建 PDF/XPS 文档"选项，如图5-149所示。

步骤2：打开"发布为 PDF 或 XPS"对话框，在地址栏中选择发布位置；单击"发布"按钮，即显示转换进度，如图5-150所示。

图 5-149 创建 PDF/XPS

图 5-150 创建进度

步骤3：在计算机中打开设置的发布幻灯片的文件夹，即可看到发布的 PDF 文件，打开该文件，即可看到转换格式后的幻灯片，如图5-151所示。

任务 5.5.3 将演示文稿转换为视频

知识点：将制作好的演示文稿转换成视频效果播放。

步骤1：在素材库中打开"校园安全.pptx"，单击"文件"→"导出"→"创建视频"

单元 5　PowerPoint 2016 幻灯片制作

图 5-151　PDF 格式

选项，如图 5-152 所示，单击右侧"创建视频"栏中第一个列表框中右侧下拉按钮，选择"显示文稿质量"。

步骤 2：在"创建视频"栏中单击"创建视频"按钮，打开"另存为"对话框，选择保存位置，设置视频文件类型，单击"保存"按钮，如图 5-153 所示。在地址栏中选择发布位置；单击"发布"按钮，即显示转换进度。

步骤 3：在计算机中打开保存的幻灯片，即可看到幻灯片的视频播放效果。

图 5-152　创建视频

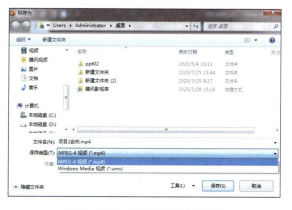

图 5-153　设置视频文件类型

任务 5.5.4　将演示文稿打包

知识点：将制作好的演示文稿复制到光盘。

步骤 1：在素材库中打开"校园安全.pptx"，单击"文件"→"导出"→"将演示文稿打包 CD"选项，在右侧"将演示文稿打包成 CD"栏单击"打包成 CD"按钮，如图 5-154 所示。

步骤 2：打开"打包成 CD"对话框，如图 5-155 所示。若单击"复制到 CD"按钮，会将演示文稿刻录到光盘中。

图 5-154　打包 CD 界面

图 5-155　打包 CD 对话框

步骤 3：打开"复制到文件夹"对话框，单击"浏览"按钮，打开"选择位置"对话框，在地址栏中选择保存的位置，单击"选择"按钮，返回"复制到文件夹"对话框，单击"确定"按钮。

任务 5.5.5　幻灯片放映方式

知识点：幻灯片放映方式的设置。

步骤 1：执行"幻灯片放映"→"设置放映方式"命令，打开"设置放映方式"对话框，如图 5-156 所示，在"放映类型"选项区域中有三种放映方式（演讲者放映、观众自行浏览、在展台浏览），这里选择"演讲者放映"。

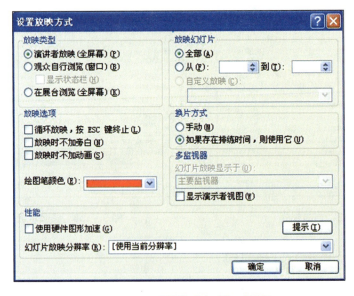

图 5-156　"设置放映方式"对话框

（1）演讲者放映

以全屏幕显示，可以通过前翻键 PageDown 和后翻键 PageUp 显示不同的幻灯片，并提供了绘图笔进行勾画。

（2）观众自行浏览

以窗口形式显示，可以利用窗口中的滚动条或"浏览"菜单显示所需要的幻灯片；可以利用"编辑"菜单中的"复制幻灯片"命令将当前幻灯片复制到 Windows 剪贴板上。

（3）在展台浏览

以全屏形式在展台上做演示用。在播放幻灯片时，除保留鼠标指针用于选择屏幕对象外，其余功能全部失效，要终止时可按 Esc 键，不能做任何其他修改。

步骤2：在"放映选项"区域中可选择循环放映；在"绘图笔颜色"区域选择红色；在"放映幻灯片"区域选择全部幻灯片；在"换片方式"区域选择"如果存在排练时间，则使用它"等，完成后单击"确定"按钮。

任务 5.5.6　播放幻灯片

知识点：幻灯片播放时的各种功能键。

制作好的幻灯片只有在播放的过程中才能把前面制作的动画效果、超链接和插入的多媒体显示出来，放映过程中，可以通过鼠标指针指出幻灯片重点内容，也可以在屏幕上画线或加入说明文字。

在浏览视图下，选定学校简介的第一张幻灯片。播放时可以按快捷键 F5 或在"幻灯片放映"功能区中单击"从头开始"或"从当前幻灯片开始"，PowerPoint 会自动满屏动态放映所有幻灯片。把鼠标移至屏幕左下角，右击，在图 5 – 157 所示快捷菜单中使用相关命令，可以进行任意定位、修改屏幕显示内容、随时退出放映状态。在放映过程中，也可以按 Esc 键随时终止播放。

图 5 – 157　图标按钮

任务 5.5.7　演示文稿的打印

知识点：演示文稿的大小、方向、打印选项的设置。

步骤1：页面设置。

现在要将制作好的演示文稿打印成纸质资料保存起来，按要求将演示文稿输出幅面设为 A4、编号从 1 开始、幻灯片方向为横向。

①执行"设计/自定义"功能区"幻灯片大小"，则弹出如图 5 – 158 所示对话框。

②在"幻灯片大小"下拉列表框中选择幻灯片尺寸"A4 纸张（210 × 297 毫米）"。在"幻灯片编号起始值"微调框中设置编号为 1。在"方向"选项区中设置"幻灯片"为横向，"备注、讲义和大纲"为纵向。

图 5 – 158　"幻灯片大"对话框

步骤 2：设置打印选项。

页面设置好后，就可以打印输出演示文稿了。在输出正稿之前，最好先预览一下，单击"文件"选项卡"打印"选项，即可预览打印效果，如图 5-159 所示。确定无误后，设置打印机、打印范围、打印份数和打印内容，然后就可以正式打印输出了。

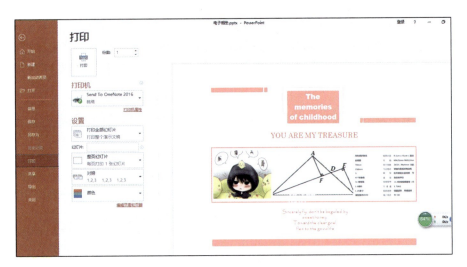

图 5-159 "打印预览"效果

①执行"打印"命令，则弹出如图 5-160 所示的"打印"对话框。

②在"打印机"区域的下拉列表中选择连接好的打印机。

③在"设置"区域中选择"打印全部幻灯片"，输出所有幻灯片。

④在"整页幻灯片"下拉列表中选择"讲义"选项区域中的水平放置的幻灯片。（注："讲义"指一页上可打印按自己设置的份数打印多份幻灯片；"备注页"是打印指定范围中的幻灯片备注；"大纲视图"是打印演示文稿的大纲。）

⑤在"颜色"下拉列表中选择颜色，如果是彩色打印，就按原样彩色输出。（注："灰度"选项是指在单色打印机上以最佳的方式打印彩色幻灯片，效果如图 5-161 所示；"纯黑白"选项是指以纯黑白的方式打印幻灯片，效果如图 5-162 所示）。

图 5-160 "打印"对话框

⑥在"打印份数"微调框中选择 1 份（可以根据自己需求选择）。

⑦设置完成后，单击"确定"按钮，即可按要求输出一份学校简介的彩色幻灯片。

单元 5　PowerPoint 2016 幻灯片制作

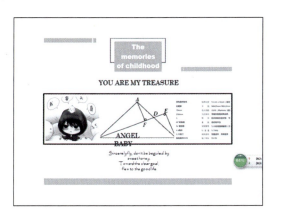

图 5-161　"灰度"打印模式

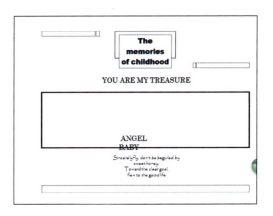

图 5-162　"纯黑白"打印模式

1. 嵌入字体格式

当将制作好的演示文稿复制到其他电脑中进行播放时，由于其他电脑没有相应的字体，必然会影响文稿的演示效果。其实，可以将字体嵌入演示文稿中带走。

①执行"工具"→"选项"命令，打开"选项"对话框。

②切换到"保存"标签中，选中"嵌入 TrueType 字体"选项，单击"确定"按钮返回。

③再保存一下演示文稿即可。

2. 播放演示文稿补充

（1）播放演示文稿

执行"幻灯片放映"→"从头开始"命令，或者按快捷键 F10，即可整屏显示当前演示文稿中的幻灯片。

播放过程中，可以使用鼠标单击来切换下一张幻灯片，也可以使用键盘控制。控制按键见表 5-1。

表 5-1　控制按键

切换动作	操作键
切换到下一张	→、↓、PgDn、空格、回车
切换到上一张	↑、←、PgUp
切换到第一张	Home
切换到最后一张	End

（2）结束放映

可以使用 Esc 键结束当前的放映，也可以右击幻灯片，选择"结束放映"。

(3)使用绘图笔

在当前放映的幻灯片上单击鼠标右键,鼠标指向"指针选项"命令,选择一种笔形。按住鼠标左键,在幻灯片上任意书写。如果要改变颜色,通过"墨迹颜色"来选择。如果要更改书写的内容,选择"橡皮擦"或"擦除幻灯片上的所有墨迹"命令。

(4)让幻灯片自动播放

要让 PowerPoint 的投影片自动播放,只需要在播放时右键单击这个文稿,然后在弹出的菜单中执行"显示"命令即可,或者在打开文稿前,将该文件的扩展名从 PPT 改为 PPS,再双击它即可。这样就避免了每次都要先打开这个档才能进行播放所带来的不便和烦琐。

单元综合实训五

1. 以制作"演讲比赛"PPT 为例,具体要求如下:

"演讲比赛"PPT 是同学们在校期间参加演讲比赛必须要准备的内容,封面要求新颖、大气、独特一些,可以参考超链接中"如何美化文字特效"来制作封面标题,模板可借助 Photoshop 自己制作或是网上下载。

2. 以制作"红色教育主题班会"PPT 为例,具体要求如下:

制作一个不少于 5 张的"红色教育主题班会"的演示文稿,播放时有动态和切换,还要插入背景音乐和链接的视频。

3. 以制作"社团新生培训"PPT 为例,具体要求如下:

套用美化大师自带的模板和内容规划来制作幻灯片,插入 SmartArt 图形,用画册来展示图片。

4. 把自己这个学期制作好的 PPT 作业打包成 CD 交给老师。

高手支招

单元 6
网络应用与信息安全

> **教学目标**
> - 掌握计算机网络的基本概念和基础知识，主要包括常用网络设施、网络协议与体系结构、IP 地址、DNS 应用、家庭组网等
> - 了解信息安全概念和防控常识，主要包括信息安全技术、管理、职业道德、法律等内容
> - 了解网络安全新技术

项目 6.1　搭建局域网及创建家庭组

> **项目目标**
> - 了解网络概念与体系结构、熟悉 IP 地址
> - 学会认识相应的网络设备及熟悉常用网络传输介质
> - 了解无线网络设备配置
> - 学会组建家庭网络，实现资源共享

> **项目描述**

局域网的优势很多，现在家中智能手机、电视、笔记本等都有上网功能，那么怎么把这些设备通过网络连接在一起呢？

任务 6.1.1　搭建局域网

步骤 1：准备好压线钳、水晶头（也叫 RJ45）、测试仪，并根据情况制作若干根网线；网线在连接设备时，先通过测试仪测试网线的连通性。

网线的接口（也叫水晶头、RJ45）常用两种做法：

①568A。把网线剥开，从左到右排列顺序为白绿、绿、白橙、蓝、白蓝、橙、白棕、棕。

②568B。把网线剥开,从左到右排列顺序为白橙、橙、白绿、蓝、白蓝、绿、白棕、棕。

现在所有设备基本能自动识别布线方式,所以做成哪一种都可以,一般做成568A即可。

步骤2:网线做好后,用网线将ADSL的LINE口与路由器的VLAN口相连接,路由器与集线器的LAN口连接起来,集线器与电脑网卡接口连接起来。

注:如果家中客户端在4台以内,可以直接将路由器与电脑网卡接口相连接,不使用集线器,如图6-1所示。

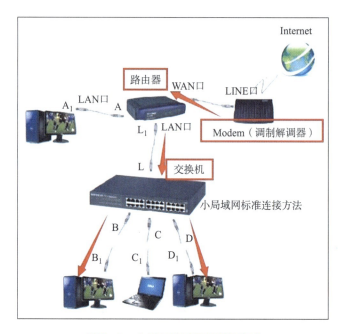

图6-1 小型局域网标准连接方法

步骤3:为了确保每台电脑的网卡驱动安装正常且电脑之间可以互相访问,需要通过命令测试。

测试方法:

单击电脑屏幕左下角的"开始"按钮,单击"运行"选项,输入命令"ping 127.0.0.1 -t",按 Enter 键,会弹出一个窗口,如果出现的界面与图6-2所示一样,证明安装正确。

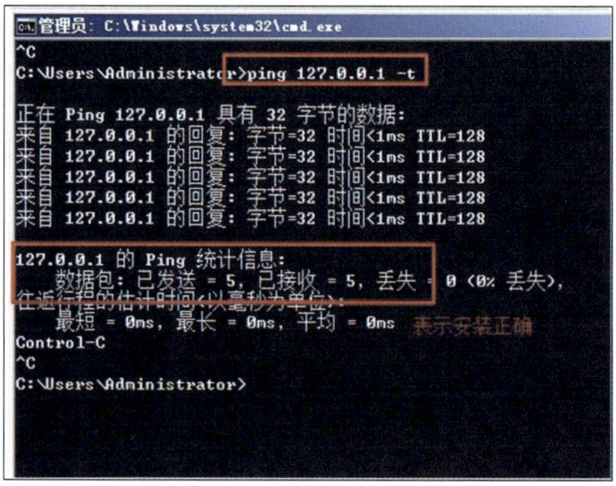

步骤4:计算机本地IP地址分配。

IP 地址有两种分配方法:动态地址分配与静态地址分配,目前用动态地址分配得最多。动态地址分配,只要设置好路由器就可以了(路由器出厂时,厂家已设置好,不需要再设置了,所以这一步不需要再操作)。

一般静态 IP 地址推荐的范围是

图6-2 网卡驱动正常示意图

192.168.1.1~192.168.1.254,每台计算机需要分配唯一的 IP 地址,子网掩码为255.255.255.0,DNS 一般为192.168.1.1,其他各项按默认处理。配置电脑网卡 IP:在桌面选中"网络"图标,单击鼠标右键,选中"属性"命令,打开"网络和共享中心"对话框,单击"更改适配器设置",打开"本地连接 状态"对话框。在"以太网"上单击鼠标右键,单击"属性"按钮,打开"本地连接 属性"对话框,选择"Internet 协议4(TCP/IPv4)",单击"属性"按钮,打开"Internet 协议版本4(TCP/IPv4)属性"对话框,在"常规"选项卡中选中"自动获得IP地址"和"自动获得DNS服务器地址"即可,如图6-3所示。

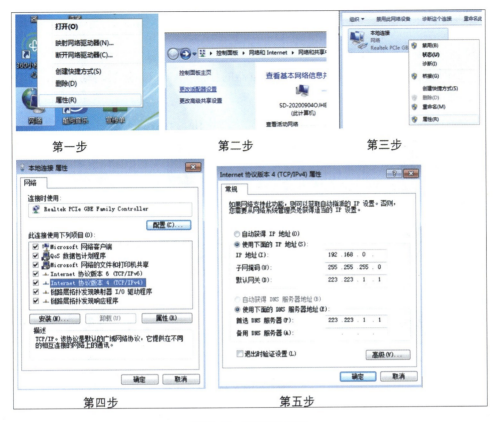

图 6-3 TCP/IP 属性

步骤5：每台计算机的 IP 地址都配置完成后，进行计算机之间的互通性测试。

测试方法：

打开"运行"对话框，在任意一台计算机上通过命令"ping 192.168.1.x"（x 代表任意一台计算机制 IP 地址最后一组数字，如 ping 192.168.1.158）进行测试，如果出现如图 6-4 所示的界面，说明网络已连接。

至此，一个简单的局域网组建完毕，可以通过各自的 IP 地址相互访问。

图 6-4 互通性测试界面

注意事项：

- 集线器或路由器之间通过 LAN 口相连接，即可扩展网络。
- 路由器的 WAN 口不要用作扩展网络的接口，该接口的作用是连接 ADSL 或宽带。
- 在组建局域网过程中，合理使用 ping 命令，以确保网络的畅通。

任务6.1.2　创建家庭组

步骤1：连接无线路由器。

用一根网线连接电脑网络接口和无线路由器的任意LAN口，然后启动电源，如图6-5所示。

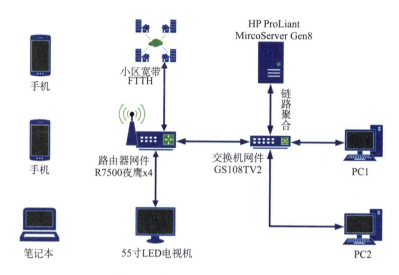

图6-5　最常见的家庭网络拓扑图

步骤2：无线路由器设置过程。

①按照说明书打开浏览器，输入登录地址、登录路由器，输入默认账号和密码，单击"登录"按钮，如图6-6所示。

②无线路由器会自动侦测网络连接类型。

③自动进入默认管理界面，单击"手动设置"按钮进入高级设置界面，在此界面中，可以单击"设置"按钮来设置无线密码，如图6-7所示。

图6-6　登录页面

④单击"手动设置"按钮打开"因特网连接类型"对话框，宽带用户在"我的因特网连接是："的下拉列表中选择"PPPoE（用户名/密码）"，输入宽带的用户名、密码及确认密码后保存，如图6-8所示。

⑤如果在第3步设置了无线密码，下面设置无线的步骤可以省略。单击左边的"无线连接"选项卡，打开"无线连接"页面，如图6-9所示。

⑥单击"手动无线连接安装"按钮，打开"无线连接"对话框，在"网络密钥"文本框中输入密码（此密码是WiFi密码）即可，其他保持默认。无线网络名称中的"dlink"为无线设置搜索时看到的名字，也可以改成自己喜欢的名称，如图6-10所示。

⑦保存后用一根网线连接光猫和路由器的WAN口。手机、笔记本、iPad输入刚刚设置的无线密码连接即可。

单元 6　网络应用与信息安全

图 6-7　网络配置

图 6-8　设置用户名和密码

图 6-9　无线连接

图 6-10　设置密码

1. 计算机网络定义

计算机网络就是利用通信设备和线路将地理位置不同、功能独立的多个计算机系统相互连起来，以功能完善的网络软件（如网络通信协议、信息交换方式及网络操作系统等）来实现网络中信息传递和共享的系统。

2. 计算机网络的发展过程

计算机网络从问世至今已经有半个多世纪的时间，其间历经了四个发展阶段，即初级阶

225

段，多台计算机互连阶段，标准、开放的计算机网络阶段，高速、智能的计算机网络阶段。

（1）初级阶段

在 20 世纪 50 年代，人们通过通信线路将计算机与终端相连，通过终端进行数据的发送和接收，这种"终端－通信线路－计算机"模式称为远程联机系统，由此开始了计算机和通信技术相结合的年代，远程联机系统就被称为第一代计算机网络。

远程联机系统的结构特点是单主机多终端，所以，从严格意义上讲，并不属于计算机网络范畴。

（2）多台计算机互连阶段

远程联机系统发展到一定的阶段，计算机用户希望各计算机之间可以进行信息的传输与交换，于是在 20 世纪 60 年代出现了以实现"资源共享"为目的的多计算机互连的网络。

这一阶段结构上的主要特点是：以通信子网为中心，多主机多终端。1969 年，在美国建成的 ARPAnet 首先实现了以资源共享为目的不同计算机互连的网络，成为今天互联网的前身。

（3）标准、开放的计算机网络阶段

1984 年，ISO 颁布了《开放系统互连基本参考模型》，这个模型通常被称作 OSI 参考模型。只有标准的才是开放的，OSI 参考模型的提出引导着计算机网络走向开放的标准化的道路，同时，也标志着计算机网络的发展步入了成熟的阶段。

（4）高速、智能的计算机网络阶段

近年来，随着通信技术，尤其是光纤通信技术的发展，计算机网络技术得到了迅猛的发展。用户不仅对网络的传输带宽提出越来越高的要求，对网络的可靠性、安全性和可用性等也提出了新的要求。网络管理逐渐进入了智能化阶段，包括网络的配置管理、故障管理、计费管理、性能管理和安全管理等在内的网络管理任务都可以通过智能化程度很高的网络管理软件来实现。计算机网络已经进入了高速、智能的发展阶段。

3. 计算机网络的分类

在计算机网络的研究中，常见的分类方法见表 6－1。

表 6－1　计算机网络分类

序号	分类角度	分类种类
1	使用对象	公众网络：是指用于为公众提供网络服务的网络，如 Internet
		专用网络：是指专门为特定的部门或应用而设计的网络，如银行系统的网络
2	通信介质	有线网络：是指采用有形的传输介质如铜缆、光纤等组建的网络
		无线网络：使用微波、红外线等无线传输介质作为通信线路的网络
3	传输技术	广播式网络：是指网络中所有的计算机共享一条通信信道
		点到点网络：由一条通信线路连接两台设备，数据传输可能需要经过一台或多台中间通信设备

续表

序号	分类角度	分类种类
4	地理覆盖范围	局域网：覆盖范围大约是几千米以内，如一幢大楼内或一个校园内。学校或中小型公司的网络通常属于局域网
		城域网：覆盖范围大约是几千米到几十千米，它主要是满足城市、郊区的联网需求。例如，将某个城市中所有中小学互连起来所构成的网络就可以称为教育城域网
		广域网：覆盖范围一般是几十千米到几千千米以上，它能够在很大的范围内实现资源共享和信息传递。大家所熟悉的 Internet，就是广域网中最典型的例子

4. 计算机网络的拓扑结构

网络设备及线路按照一定关系构建成具有通信功能的组织结构，即网上计算机或设备与传输媒介形成的节点与线的物理构成模式就是计算机网络拓扑结构。其主要分为以下几类：

（1）总线型

总线型拓扑结构如图 6-11 所示。网络中采用单条传输线路作为传输介质，所有节点通过专门的连接器连到这个公共信道上，这个公共的信道称为总线。总线型结构的网络是一种广播网络。任何一个节点发送的数据都能通过总线传播，同时能被总线上的所有其他站点接收到。

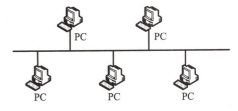

图 6-11　总线型拓扑结构

总线型网络形式简单，需要铺设的通信线缆最短，单个节点出现故障，一般不会影响整个网络，但是总线出现故障，就会导致整个网络瘫痪。

（2）星型

星型拓扑结构如图 6-12 所示。网络中有一个中心节点，其他各节点通过各自的线路与中心节点相连，形成辐射型结构。各节点间的通信必须通过中心节点转发。

星型网络具有结构简单、易于建网和易于管理等特点。但是一旦中心节点出现故障，会直接造成整个网络瘫痪。

（3）环型

环型拓扑结构如图 6-13 所示。在环型网络中，各节点和通信线路连接形成一个闭合的环。在环路中，数据按照一个方向传输。发送端发出的数据沿环绕行一周后，回到发送端，由发送端将其从环上删除。任何一个节点发出的数据都可以被环上的其他节点接收到。

环型网络具有安装便捷、易于监控等优点，但容量有限，网络建成后，增加节点困难。

（4）网状

网状拓扑结构如图 6-14 所示。在网状网络中，各节点和其他节点都直接相连。

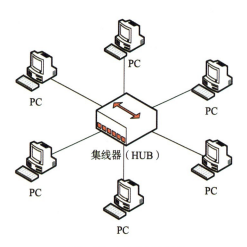

图 6-12　星型拓扑结构

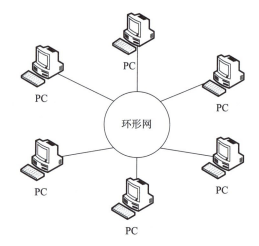

图 6-13　环型拓扑结构

在网状结构中，节点之间存在多条路径可选，在传输数据时，可以灵活地选用空闲路径或者避开故障线路，增加网络的性能和可靠性。网络结构安装复杂，需要铺设的通信线缆最多。

5. 计算机网络的功能

计算机网络功能可归纳为资源共享、数据通信、负载均衡、数据信息处理四项。其中最重要的是资源共享和数据通信。

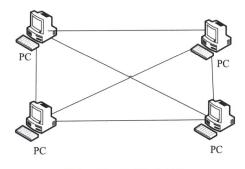

图 6-14　网状拓扑结构

（1）资源共享

资源共享是网络的基本功能之一。资源共享不仅使网络用户克服地理位置上的差异，共享网络中的资源，还可以充分提高资源的利用率。例如，网络打印机、网络视频等都属于资源共享。

（2）数据通信

数据通信是计算机网络的另一项基本功能。它包括网络用户之间、各处理器之间及用户与处理器之间的数据通信。例如，微信、QQ 聊天等是数据通信的常见应用。

（3）负载均衡

负载均衡是指当网络的某个服务器负荷过重时，可以通过网络传送到其他较为空闲的服务器去处理。利用负载均衡可以提高系统的可用性与可靠性。例如，12306 网站最高访问量达到上亿，负载均衡可以有效地分散客户到不同的服务器。

（4）数据信息处理

以网络为基础，可以将从不同计算机终端上得到的数据收集起来，并进行整理和分析等综合处理。当前流行的大数据就是信息集中处理的典型应用。例如，支付宝、淘宝芝麻信用就是通过对一个人在淘宝上的各种行为进行综合分析得到的。

6. 网络常用设备

计算机接入互联网必须经过传输介质和网络互联设备。

（1）传输介质（图 6-15）

传输介质是网络中发送方和接收方之间传输信息的载体，也是网络中传输数据、连接各网络站点的实体。

①双绞线。双绞线是由按规则螺旋结构排列的两根绝缘线组成的。双绞

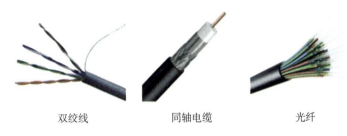

双绞线　　　　　同轴电缆　　　　　光纤

图 6-15　双绞线、同轴电缆、光纤

线成本低，易于铺设，既可以传输模拟信号，也可以传输数字信号，但是抗干扰能力较差。

②同轴电缆。同轴电缆由外层圆柱导体、绝缘层、中心导线组成。同轴电缆可分成基带同轴电缆和宽带同轴电缆两种。

③光纤。光纤由缆芯、包层、吸收外壳和保护层四部分组成。光纤分为单模光纤和多模光纤两类。光纤具有直径小、质量小、频带宽、误码率很低、不受电磁干扰、保密性好等优点。在局域网的主干网络中，越来越多地采用光纤。

④无线信道。目前常用的无线信道有微波、卫星信道、红外线和激光信道等。

（2）网络互联设备（图 6-16）

①网卡。网卡也被称作网络适配器，是计算机与互联网相连的接口部件。网卡具有唯一的 48 位二进制编号（即 MAC 地址），相当于计算机的网络身份证。

②中继器。中继器是一种为避免信号传输过程中衰减而放大信号的设备，可以保证在一定距离内信号传输不会衰减。

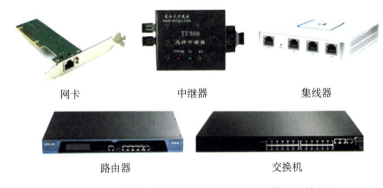

网卡　　　　　中继器　　　　　集线器

路由器　　　　　交换机

图 6-16　网卡、中继器、集线器、路由器、交换机

③集线器。集线器是将多条线路的端点集中连接到一起的设备。它是一种信号再生转发器，可以把信号分散到多条线路上。

④路由器。路由器是连接局域网与广域网或两种不同类型局域网的设备，在网络中起着数据转发和信息资源进出的枢纽作用，是网络的核心设备。当数据从某个子网传输到另一个子网时，要通过路由器来完成。路由器根据传输消耗、网络拥塞或信源与终点间的距离来选择最佳路径。

⑤交换机。交换机是一种在通信系统中完成信息交换功能的设备，其有多个端口，能够

将多条线路的端点连接在一起,并支持多个计算机并发连接,实现并发传输,改善局域网的性能和服务质量。

7. 网络协议与体系结构

网络协议与体系结构是网络技术中最基本的两个概念。网络协议是网络通信的规则,网络体系结构是网络各层结构与各层协议的组合。

(1) 网络协议

日常生活中的协议指的是参与活动的双方或多方达成的某种共识,例如,打电话时需要拨"区号+电话号码",这就是一种协议。网络协议指的是一组控制数据通信的规则,这些规则明确地规定交换数据的格式和时序。计算机网络是一个十分复杂的系统,为了确保这个系统能够正常工作,也需要多种协议,网络协议就是为了确保网络的正常运行而制定的规则。

(2) 网络体系结构

协议是规则,是抽象的,计算机网络除了需要这些抽象的规则外,还需要有对这些抽象规则的具体实现方法。对于计算机网络这样复杂的系统,一次性的整体实现是不现实的,因此,采取将复杂问题进行分层次解决的处理方法,把一个大问题分割成相对容易解决的小问题,这就是网络体系结构的意义。网络体系结构主要有 OSI 参考模型和 TCP/IP 参考模型。

①OSI 参考模型。

OSI(Open System Interconnection Reference Model,开放式系统互连通信参考模型)将网络体系结构分成 7 层,从低到高分别是物理层、数据链路层、网络层、传输层、会话层、表示层、应用层,如图 6-17 所示。某一层都提供一种服务,通过接口提供给更高一层,高层无须知道底层是如何实现这些服务的。这有点儿类似于生活中能够接触到的邮政系统,发信人无须知道邮政系统的内部细节,只要贴足邮资,将信件投入邮筒,信件就可以到达收信人手中。在邮政系统中,发信人与收信人处于同一层次,邮局处于另一层次,邮局为收发信人提供服务,邮筒作为服务的接口。

②TCP/IP 参考模型。

TCP/IP(Transmission Control Protocol/Internet Protocol,传输控制协议/互联网协议)是目前使用最广泛的互联网标准协议之一。TCP/IP 参考模型只有 4 层,由低到高分别是网络接口层、网际层、传输层、应用层。TCP/IP 参考模型与 OSI 参考模型的对应关系见表 6-2。

表 6-2 TCP/IP 与 OSI 对应关系

TCP/IP	OSI
应用层	应用层
	表示层
	会话层
传输层	传输层
网际层	网络层
网络接口层	数据链路层
	物理层

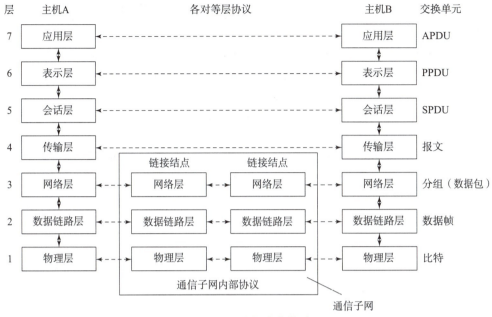

图 6-17 OSI 参考模型

OSI 参考模型的初衷是希望为网络体系结构与协议的发展提供一种国际标准，但是随着因特网的发展，TCP/IP 得到了最广泛的应用。虽然 TCP/IP 不是国际标准，但是它由多所大学共同研究并完善，而且得到了各个厂商的大力支持，TCP/IP 现在已经是一个事实上的行业标准，并且由这个标准发展出了 TCP/IP 参考模型。

8. IP 地址

IP（Internet Protocol，互联网协议）地址在网络技术中具有极其重要的作用，无论是基础入门还是高端应用，都不能缺少 IP 地址的帮助。为了让读者有一个直观的印象，用打电话这个例子进行类比说明。假如，要给张三打电话，首先要知道张三的电话号码，然后拨打、接通、说话。张三的这个电话号码必须是唯一的。每个人的电话都不能重复，这样才能确保准确地联系到张三。在打电话的时候，自己也要有唯一的号码。不管打的电话是市话还是长途，运营商都应该能够准确地接通对方，关键就是号码的唯一性。互联网通信和电话通话有类似的地方，如果需要访问互联网，必须拥有唯一的 IP 地址，要访问的目标也必须有唯一的 IP 地址。IP 地址对于互联网通信的作用与电话通话的作用是一样的，所以说 IP 地址必不可少。

IP 地址是一种统一的格式，每一台主机都必须申请一个 IP 地址才能接入互联网。IP 地址的长度为 32 位二进制数字，分为 4 段，每段 8 位，用十进制数字表示，每段数字范围为 0～255，段与段之间用点隔开。例如，江西陶瓷工艺美术职院的 IP 地址为 218.204.113.174。

9. DNS 域名系统

如果要访问江西陶瓷工艺美术职院官网，可以在浏览器的地址栏中输入"http:// 218.204.113.174"，但是这样的 IP 地址很难记住，所以引入了域名（网址）http:// www.jxgymy.com.cn，这样的域名记忆就容易多了。

在上网的时候，通常输入的是网址，而不是 IP 地址，但网络上的计算机彼此之间只能用 IP 地址才能相互识别，因此，需要一个记录 IP 地址与域名对应关系的数据库，DNS 就是在这种需求下产生的。

DNS 是 Domain Name System（域名系统）的缩写，它是由解析器和域名服务器组成的。域名服务器保存主机的域名和对应 IP 地址。一个域名可以对应一个或多个 IP 地址，而一个 IP 地址可以没有域名，也可以对应一个或多个域名。访问互联网某个网址时，首先通过域名解析系统找到网址相对应的 IP 地址，然后才能访问。

项目 6.2　使用 Internet 检索公司招聘信息及发送应聘资料

项目目标

- 学会正确使用网络浏览器
- 熟悉网络浏览器的相关操作
- 使用搜索引擎查找资料
- 学会申请和使用电子邮箱

项目描述

A 同学是计算机系的学生，即将毕业，他想通过网络寻找合适的招聘信息。在网上看到有几则招聘信息很适合自己，于是决定把简历通过自己的邮箱发送到这几个公司的邮箱。

任务 6.2.1　使用 Internet 检索公司招聘信息

步骤 1：启动网络浏览器，并在地址栏中输入"www.baidu.com"，按 Enter 键。界面如图 6-18 所示。

图 6-18　信息搜索界面

步骤 2：在搜索文本框中输入关键词。

百度主页上有一个搜索栏（即搜索引擎），百度的搜索功能分为多个类别，根据需要，用户可以在百度主页中选择搜索"网页""资讯""视频""图片""文库""贴吧"或"地图"。如果要进行特定主题的搜索，在搜索引擎的文本框中输入关键词，多个关键词之间可以使用空格符分开。例如，输入一个字段"计算机招聘信息"，并单击"百度一下"按钮，搜索引擎即开始搜索，系统将查找符合查询条件的内容目录，并显示出来供用户参考，如图 6-19 所示。

图 6-19 搜索结果页面

步骤 3：使用页面中的超链接打开网页。

当光标移动到超链接文本或图像时，鼠标会变成手的形状。单击鼠标左键，打开相关项的网页，即可查看相关详细内容。如果内容不是需要的内容，可以继续单击查看其他项，或单击"下一页"按钮，查看下一页的搜索项，直到找到合适的信息为止。也可以更换关键词重新搜索，或查看网页下端的"相关搜索"栏（图 6-20），确认是否有合适的搜索关键词，如果有，使用鼠标左键单击该项即可。

图 6-20 百度"相关搜索"栏

任务6.2.2　使用电子邮件发送应聘资料

1. 申请免费的电子邮箱

步骤1：打开IE浏览器，在地址栏输入网址"www.126.com"，按Enter键进入126站点，如图6-21所示。

图6-21　126站点首页

步骤2：单击"立即注册"按钮，进入用户注册页面。根据提示输入相关信息，如图6-22所示。

图6-22　用户注册界面

输入完成后,单击"创建账号"按钮,进入注册确认页面,在该页面的"请输入上图中的字符"文本框中输入确认码,单击"确认"按钮,完成注册。

注意:请务必记住自己设置的用户名和密码,以后登录邮箱时要用到。密码最好是数字和字母的组合,尽量不要用自己的生日和电话作为密码,以保障安全。

2. 发送电子邮件

步骤1:在 IE 地址栏中重新输入"www.126.com",按 Enter 键,出现 126 邮箱登录界面,在用户名在密码栏中输入刚注册的用户名和密码,单击"登录"按钮,登录邮箱,如图 6-23 所示。

图 6-23 登录邮箱

步骤2:单击界面中的"写信"按钮,进入撰写邮件界面,如图 6-24 所示。

步骤3:在"收件人"输入框中输入接收邮件人的 E-mail 地址,如 jxgymy@163.com,在"主题"框中输入主旨,如"应聘'计算机网络管理员'"。在正文编辑区中书写相关信件内容,如简单的自我介绍及应聘该职位的愿望。

步骤4:单击"主题"栏下面的"添加附件"链接,将已写好的"简历.doc"文件以附件的形式附加到该邮件里,如图 6-25 所示。

步骤5:添加好附件之后,单击"发送"按钮,会显示邮件发送成功界面。

图6-24 撰写邮件界面

图6-25 添加附件界面

1. Internet 应用基础

因特网是一个提供信息资源的庞大计算机网络，因特网上提供的信息非常广泛，它们分布在世界各地的主机上。这些信息由从事不同专业的人们负责管理和更新，它们涉及当今世界的方方面面，面对如此大量的信息，因特网是如何进行组织并使人们得以利用的呢？事实上，在因特网中采用 WWW 方式可以将几乎所有的信息提供给用户。

WWW（World Wide Web）的含义是"环球网""布满世界的蜘蛛网"，俗称万维网、3W 或 Web。WWW 是一个基于超文本（Hypertext）方式的信息检索服务工具。它是由欧洲粒子物理实验室（CERN）研制的，将位于全世界 Internet 网上不同地点的相关数据信息有机地编织在一起。WWW 提供友好的信息查询接口，用户仅需要提出查询要求，而到什么地方查询及如何查询则由 WWW 自动完成。因此，WWW 为用户带来的是世界范围的超级文本服务：只要操纵电脑的鼠标，用户就可以通过 Internet 从全世界任何地方调来所希望得到的文本、网络多媒体和网络即时通信（如微信、QQ）、电子商务与网上购物、远程控制等信息。另外，WWW 还可以提供"传统的"Internet 服务：Telnet（远程登录）、FTP（文件传输）、Gopher（一种由菜单式驱动的信息查询工具）和 Usenet News（电子公告牌服务）。通过 Internet 应用，一个不熟悉网络的人也可以很快成为 Internet 行家。

WWW 的成功在于它制定了一套标准的、易为人们所掌握的超文本开发语言 HTML、信息资源的统一定位格式 URL 和超文本传送通信协议 HTTP。下面介绍有关 WWW 的一些基本概念。

（1）统一资源定位器（URL）

URL（Uniform Resource Locator，统一资源定位器）是 WWW 页的地址，利用 WWW 获取信息时，要标明资源位置及浏览器应该怎么处理它。

URL 地址格式排列为：模式（或称协议）、服务器名称（或 IP 地址）、路径和文件名，如"协议://授权/路径？查询"。

必须注意的是，WWW 上的服务器是区分大小写字母的，所以要注意正确的 URL 大小写表达形式。

（2）超文本标记语言（HTML）

HTML（Hyper Text Markup Language）即超文本标记语言，是 WWW 的描述语言，由 Tim Berners-lee 提出。HTML 文本是由 HTML 命令组成的描述性文本，HTML 命令可以说明文字、图形、动画、声音、表格、链接等。

（3）Web 网站与网页

WWW 实际上就是一个庞大的文件集合体，这些文件称为网页或 Web 页，网站的第一个网页称为主页，它们都存储在因特网上的成千上万台计算机上，提供网页的计算机称为 Web 服务器，或叫作网站、网点。随着 Web 2.0 概念的普及和 W3C 组织的推广，网站重构的影响力正以惊人的速度增长，HTML + CSS 布局、DHTML 和 Ajax 像一阵旋风，铺天盖地地席卷而来，包括新浪、搜狐、网易、腾讯、淘宝等在内的各种规模的 IT 企业都对自己的网站进行了重构，这些都是基于 Web 前端技术实现的。

（4）HTTP 协议

为了将网页的内容准确无误地传送到用户的计算机上，在 Web 服务器和用户计算机之间必须使用一种特殊的语言进行交流，这就是超文本传输协议 HTTP。

2. 信息安全概述

信息安全是指网络系统的硬件、软件及其他系统中的数据受到保护，不因偶然或者恶意的攻击而遭受丢失、篡改或泄露，系统可连续、可靠正常运行，网络服务不会中断。信息安全研究的是如何在网络上进行安全通信的技术。

信息安全的目的是通过各种技术和管理措施，使网络系统和各项网络服务正常工作，经过网络传输和交换的数据不会丢失、被篡改或泄露，确保网络的可靠性，以及网络数据的完整性、可用性和机密性。

明确信息安全的目的后，就可以从威胁信息安全的方式入手，探讨信息安全的防御措施，从硬件到软件、从技术到管理、从道德到法律，建立起信息安全体系结构。

3. 信息安全威胁

信息安全面临的威胁是多方面的，有人为原因，也有非人为原因，其安全威胁主要表现在以下方面。

（1）网络自身特性所带来的安全威胁

由于网络的开放性、自由性和互联性，使得对信息安全的威胁可能来自物理传输线路，也可能来自对网络通信协议的攻击，或利用计算机软件或硬件的漏洞来实施攻击。这些攻击者可能来自本地或本国，也可能来自全球任何国家。

（2）网络自身缺陷所带来的安全威胁

①网络协议缺陷所带来的安全威胁。

目前互联网使用最广泛的是 TCP/IP 协议，该协议在设计时由于考虑不周（也可能当时不存在这方面的安全威胁）或受当时的环境所限，或多或少存在一些设计缺陷。网络协议的缺陷是导致网络不安全的主要原因之一。但是安全是相对的，不是绝对的，因此，没有绝对安全可靠的网络协议。

②操作系统、服务软件和应用软件自身漏洞所带来的安全威胁。

Windows、Linux 或 UNIX 操作系统、服务器端的各种网络服务软件及客户端的应用软件（Adobe Reader、Flash Player 等）都或多或少地存在因设计缺陷而产生的安全漏洞（例如普遍存在的缓冲区溢出漏洞），这也是影响信息安全的主要原因之一。

（3）网络攻击与入侵带来的安全威胁

①病毒和木马的攻击与入侵带来的安全威胁。

病毒和木马是最常见的信息安全威胁。计算机病毒指编制或者在计算机程序中插入的破坏计算机功能或者破坏数据，影响计算机使用，并且能够自我复制的一组计算机指令或者程序代码，具有传染性、隐蔽性、潜伏性、破坏性。理论上，木马也是病毒的一种，它可以通过网络远程控制他人的计算机，窃取数据信息（例如网银、网游的账号和密码，或其他重要信息资料），给他人带来严重的威胁。

木马与普通病毒的区别在于木马不具备传染性，隐蔽性和潜伏性更突出。普通病毒主要是破坏数据，而木马则是窃取他人数据信息。

②黑客攻击与入侵带来的安全威胁。

黑客使用专用工具和采取各种入侵手段非法进入网络、攻击网络，并非法获取网络信息资源。例如，通过网络监听获取他人的账号和密码；非法获取网络传输的数据；通过隐蔽通道进行非法活动；采用匿名方式访问和攻击等。

（4）网络设施本身和所处的物理运行环境所带来的安全威胁

计算机服务器和网络通信设施（路由器、交换机等）需要一个良好的物理运行环境，否则，将会给网络带来物理上的安全威胁。

（5）网络安全管理不到位、安全防护意识薄弱和人为操作失误带来的安全威胁

网络安全管理不到位、管理员的安全防范意识薄弱、系统安全管理和设置不到位，以及管理员的操作失误，也会造成严重的信息安全威胁。

4. 信息安全保障措施

要保障信息安全，不仅要从技术角度采取一些安全措施，还要在管理上制定相应的安全制度规范，配合相应的法律法规，整体提高信息系统安全。

（1）网络安全防范技术

①网络访问控制。

网络访问控制的目的是保障网络资源不被非法入侵和访问。访问控制是信息安全中最重要的核心措施之一。

使用防火墙技术，实现对网络的访问控制，既保护内部网络不受外部网络（互联网）的攻击和非法访问，还能防止病毒在局域网中传播。防火墙技术属于被动安全防护。

使用入侵防御系统，进行主动安全防护。入侵防御系统能实施监控、检测和分析数据流量，并能深度感知和判断哪些数据是恶意的，从而将恶意数据丢弃，以阻断攻击。

②网络缺陷弥补。

网络自身缺陷主要是靠弥补服务器和用户主机的通信协议与系统安全来弥补。为此，可以从以下几方面入手。

- 服务最小化原则，删除不必要的服务或应用软件。
- 及时给系统和应用程序打补丁，提高操作系统和应用软件的安全性。
- 用户权限最小化原则，对用户账户进行合理设置和管理，并设置好用户的访问权限。
- 加强口令管理，杜绝弱口令的存在。

③攻击与入侵防御。

杀毒软件是一种可以对病毒、木马等对计算机有危害的程序代码进行清除的程序工具。杀毒软件通常集成监控识别、病毒扫描与清除、自动升级病毒库、主动防御等功能，有的杀毒软件还带有数据恢复等功能，是计算机防御系统（包含杀毒软件、防火墙、特洛伊木马和其他恶意软件的查杀程序与入侵预防系统等）的重要组成部分。

④物理安全防护。

物理安全防护是保护计算机系统、网络服务器、打印机等硬件设备和通信链路免受自然

灾害、人为破坏与搭线攻击，包括安全地区的确定、物理安全边界、物理接口控制、设备安全、防电磁辐射等。

5. 网络安全管理措施

除技术手段外，加强网络的安全管理、制定相关配套措施的规章制度、确定安全管理等级、明确安全管理范围、采取系统维护方法和应急措施等，将对网络安全、可靠地运行起到重要作用。

网络安全策略是一个综合、整体的方案，不能仅仅采用上述一个或几个安全方法，要从可用性、实用性、完整性、可靠性和保密性等方面综合考虑，才能得到有效的安全策略。

6. 网络安全道德与法律

为了保证信息的安全，除了运用技术和管理手段外，还要用道德手段约束、法律手段限制。通过道德感化、法律制裁，还可以使攻击者产生畏惧心理，达到惩一儆百、遏制犯罪的效果。

（1）信息安全保障的道德约束

从道德层面考虑信息安全的保障问题，至少应当明确：在信息安全问题上，什么人负有特定的道德责任和义务？这些道德责任和义务有哪些具体的内容？对信息安全负有道德责任和义务的人员大致可以分为三种类型：信息技术的使用者、开发者和信息系统的管理者。为了保障信息安全，这三种类型的人都应履行特定的道德义务，并要为自己的行为承担相应的道德责任。根据其活动、行为的不同性质及与信息安全的不同关系，可以为这三种类型的人拟定各自应遵循的主要的道德准则，从而形成三个不同的道德准则系列。

系列1：信息技术的使用者的道德准则
①不应非法干扰他人信息系统的正常运行。
②不应利用信息技术窃取钱财、智力成果和商业秘密等。
③不应未经许可而使用他人的信息资源。

系列2：信息技术的开发者的道德准则
①不应将所开发信息产品的方便性置于安全性之上。
②不应为了加速开发或降低成本而以信息安全为代价。
③应努力避免所开发信息产品自身的安全漏洞。

系列3：信息系统的管理者的道德准则
①应确保只向授权用户开放信息系统。
②应谨慎、细致地管理、维护信息系统。
③应及时更新信息系统的安全软件。

（2）信息安全保障的法律法规

从法律层面上看，应当说，法律以其强制性特点而能够成为保障信息安全的有力武器。我国多部法律内容都涉及信息安全相关内容，比如《宪法》《刑法》《刑事诉讼法》等。2017年6月1日开始实施的《中华人民共和国网络安全法》将网络空间主权、个人信息保护、网络产品和服务提供者的安全义务、网络运营者的安全义务、临时限网措施、关键信息基础设施安全保护等写入法律,以这样的法律为依据打击破坏信息安全的各种违法、犯罪行为,可以明显减少对于信息安全的威胁。

例如,《中华人民共和国网络安全法》第五十二条规定:网络产品、服务的提供者,电子信息发送者,应用软件提供者违反本法规定,有下列行为之一的,由有关主管部门责令改正,给予警告;拒不改正或者导致危害网络安全等后果的,处五万元以上五十万元以下罚款;对直接负责的主管人员处一万元以上十万元以下罚款:

(一)设置恶意程序的;

(二)其产品、服务具有收集用户信息功能,未向用户明示并取得同意的;

(三)对其产品、服务存在的安全缺陷、漏洞等风险未及时向用户告知并采取补救措施的;

(四)擅自终止为其产品、服务提供安全维护的。

《刑法》也对故意制作、传播计算机病毒等破坏程序和利用计算机实施金融诈骗、盗窃、贪污、挪用公款、窃取国家秘密或者其他犯罪的各种行为做出了相应的定罪处罚规定。

项目 6.3　信息安全新技术

项目目标

- 了解生物识别安全
- 了解云计算信息安全
- 了解大数据信息安全

项目描述

大家对网络安全一词都非常熟悉,那么对信息安全新技术呢?

任务 6.3.1　生物识别安全

作为一种新兴的技术,生物识别技术主要是利用每个人的身体特征各不相同且难以复制的优点进行信息认证和身份识别。随着近些年指纹识别、虹膜识别、视网膜识别、人脸识别等技术在生活中被广泛应用,生物识别技术越发受到人们重视。

1. 指纹识别

生物识别技术中的指纹解锁是目前应用范围最广的一种,也是目前为止技术较为完善、安全性较为可靠的生物识别技术,目前主流的手机上都配置指纹识别功能,并且指纹解锁速度可以达到 0.2 s,十分迅速,同时,还支持多个指纹的录入和识别,技术已经相当完善。

2. 人脸识别

在人脸识别领域中,生物识别技术同样保证了信息的安全。比如支付宝就提供了人脸识别登录选项,准确率也比较高。这一技术还会衍生出"刷脸支付"等新功能。但是相比指纹支付,刷脸支付由于安全性欠缺,目前还很难推广开,这需要人脸识别技术不断地突破。

3. 虹膜识别

虹膜识别技术的生物基础和指纹识别的原理相同，人的虹膜具有唯一性，为实现信息认证、保障信息安全提供了理论基础。现实中也已经有电子厂商将这一技术运用到了实际产品当中，比如三星 S 系列的手机就配备了虹膜识别技术，但是虹膜识别目前对环境的要求比较高，尤其是在暗光环境下识别效果还有待提升，相比于指纹识别，虹膜识别在完成产业化的道路上还有很长的路要走。

在未来，生物识别技术将会被用于所有的准入与识别系统，让人们可以抛弃所有的外带、实物性质的卡片、证件等。比如身份证的取消，在需要识别身份的时候，只需识别指纹、人脸或虹膜等生物信息便可以实现。再如，生物识别技术全面应用到线下购物场景当中，比如超市消费不需要再通过手机支付宝、微信等媒介进行指纹支付，而是直接在超市收银台按指纹（人脸识别、虹膜识别）就可完成付款。甚至在未来，实体货币也将消失，取而代之的是将个人账户资金与生物识别技术结合，实现无纸币化购物、消费等。

任务6.3.2　云计算信息安全

近年来，云计算在 IT 技术领域大放异彩，成为引领技术潮流的新技术。云计算的优势十分明显，可以通过一个相对集中的计算资源池，以服务的形式满足不同层次的网络需求。云计算规模化和集约化特性，也带来新的信息安全。

1. 安全测试与验证机制

在云计算产品的开发阶段，针对安全进行专门的测试和验证必不可少，这对发现安全漏洞和隐患至关重要。现阶段，即便是针对传统软件产品的安全性测试，也非常困难，而云计算自身的独特环境又增加了安全性测试的挑战性，因此，当前学术界和产业界非常关注云计算环境。就目前来看，云计算的安全行测试与验证机制主要有增量测试机制、自动化测试机制及基于 Web 的一些专门测试工具。

2. 认证访问和权限控制机制

云计算环境中的授权认证访问和权限控制机制是防止云计算服务滥用、避免服务被劫持的重要安全手段之一。这里主要从服务和云用户两个视角说明对云计算认证访问和权限控制机制的应用方式。

以服务为中心的认证访问和权限控制机制是对请求验证和授权的用户设置相应权限与控制列表来验证及授权。在进行认证访问和权限控制方面，对云计算用户采用联合认证的方式来对系统中的用户权限进行控制。为保证其安全性，需要将用户的相关信息交给第三方进行相应的维护与管理，这种方式能够很大程度上解决了用户的安全隐患问题。

3. 安全隔离机制

在进行安全隔离机制处理的过程中，主要有两个方面的考虑：一方面是对云计算中用户的基础信息的安全性进行管理与保护，方便云计算服务提供商对云计算中用户的基础信息进行管理；另一方面是降低其他的对用户的行为进行的恶意攻击及一些误操作带来的安全隐患行为。

4. 网络层次

云计算的本质就是利用网络将处于不同位置的计算资源集中起来，然后通过协同软件，让所有的计算资源一起工作，从而完成某些计算功能。这样在云计算的运行过程中，需要大量的数据通过网络传输，在传输过程中，数据私密性与完整性存在很大威胁。云计算必须基于随时可以接入的网络，便于用户通过网络接入，方便地使用云计算资源，这使得云计算资源需要分布式部署路由，域名配置复杂，更容易遭受网络攻击。

任务 6.3.3　大数据信息安全

大数据发展过程中，资源、技术、应用相依相生，以螺旋式上升的模式发展。无论是商业策略、社会治理还是国家战略的制定，都越来越重视大数据的决策支撑能力。但也要看到，大数据是一把"双刃剑"，大数据分析预测的结果对社会安全体系所产生的影响力和破坏力可能是无法预料和提前防范的。例如，美国一款健身应用软件将用户健身数据的分析结果在网络上公布，结果涉嫌泄露美国军事机密，这在以往是不可想象的。

2018 年 7 月 12 日，在 2018 中国互联网大会上，中国信息通信研究院发布了《大数据安全白皮书（2018 年）》，在该白皮书中提到，大数据安全以技术作为切入点，梳理分析当前大数据的安全需求和涉及的技术，提出大数据安全技术总体大数据安全技术体系总体分为大数据平台安全、数据安全和个人隐私保护三个层次。

1. 大数据平台安全技术

大数据平台逐步开发了集中化安全管理、细粒度访问控制等安全组件，对平台进行了安全升级。部分安全服务提供商也致力于通用的大数据平台安全加固技术和产品的研发。这些安全机制的应用为大数据平台安全提供了基础机制保障。

2. 数据安全技术

数据是信息系统的核心资产，是大数据安全的最终保护对象。除大数据平台提供的数据安全保障机制之外，目前所采用的数据安全技术，一般是在整体数据视图的基础上，设置分级分类的动态防护策略，降低已知风险的同时，考虑减少对业务数据流动的干扰与伤害。对于结构化的数据安全，主要采用数据库审计、数据库防火墙，以及数据库脱敏等数据库安全防护技术；对于非结构化的数据安全，主要采用数据泄露防护技术。同时，细粒度的数据行为审计与追踪溯源技术，能帮助系统在发生数据安全事件时迅速定位问题，查缺补漏。

3. 个人隐私保护技术

大数据环境下，数据安全技术提供了机密性、完整性和可用性的防护基础，隐私保护是在此基础上，保证个人隐私信息不发生泄露或不被外界知悉。目前应用最广泛的是数据脱敏技术，学术界也提出了同态加密、安全多方计算等可用于隐私保护的密码算法。

大数据安全标准是保障大数据安全、促进大数据发展的重要支撑，加快大数据安全标准化的研究将尤为迫切。除了完善相关体系、制度、标准外，加强大数据环境下网络安全问题的研究和基于大数据的网络安全技术的研究，落实信息安全等级保护、风险评估等网络安全体制也是解决信息安全问题的关键。

单元综合实训六

一、操作题

1. 启动网页浏览器，输入"新浪""搜狐"网站的地址，浏览网页信息，并将这两大网站添加到"收藏夹"中。

2. 用文本编辑器写一个简易的 HTML + CSS + DIV 盒子模型设计个人简历网页等内容。

3. 将同一寝室的同学的电脑组成一个小型局域网。

二、简答题

1. 什么是 WWW 和 URL？
2. 什么是网络体系结构？
3. 什么是无线局域网？其特点是什么？
4. 威胁网络安全的因素有哪些？如何防范？
5. 阐述黑客攻击的一般步骤。
6. 谈谈你了解的信息安全新技术。

高手支招

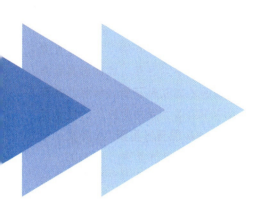

单元 7
新一代信息技术

> 📝 **教学目标**
> - 初步了解大数据
> - 初步了解云计算
> - 初步了解区块链
> - 初步了解虚拟现实

项目 7.1 走进大数据时代

🚗 **项目目标**
- 理解大数据的概念
- 区分数据类型
- 了解大数据的特征、关键技术
- 了解大数据的应用

🖨 **项目描述**

为什么淘宝提供的一些推荐总是我喜欢的商品？打开美团 APP，我会被自己中意的美食包围着，原来我们已进入了大数据时代。

任务 7.1.1 初识大数据

在现实世界里的 1 min，一个人能做些什么呢？其实，能做的十分有限，可能只是刚刚拿出手机，也可能是刚刚迈出脚步。但是，互联网上的 1 min 会发生很多惊人的事情，积累总量惊人的数据，如图 7-1 所示。

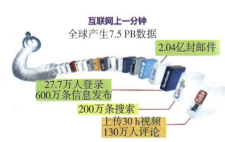

图 7-1 互联网上 1 min

1. 数据的分类

人们每天产生庞大的数据，微信聊天、天猫购物是数据吗？这些数据又是怎样分类的呢？

数据不仅指狭义上的数字，也可以指具有一定意义的文字、字母、数字符号的组合及图形、图像、视频、音频等，还可以是客观事物的属性、数量、位置及其相互关系的抽象表示。例如，"0，1，2，…""阴、雨、下降、气温""学生的档案记录、货物的运输情况""微信语音聊天、微信视频聊天产生的音频或视频、微信朋友圈的照片"等都是数据。按照获取方式不同，数据可以划分为结构化数据、非结构化数据和半结构化数据三大类，如图7-2所示。

图7-2　数据的分类

据统计，企业中20%的数据是结构化数据，80%的数据则是非结构化或半结构化数据。如今，全世界结构化数据增长率大概是32%，而非结构化数据增长率则是63%。

2. 大数据概念

"大数据"一词越来越多地被提及，人们用它来描述和定义信息爆炸时代产生的海量数据。大数据概念早已有之，但大量专业学者、机构从不同的角度理解大数据，加之大数据本身具有较强的抽象性，目前国际上尚没有一个统一的定义。但是，随着时间的推移，人们越来越多地意识到大数据对企业的重要性。"大数据"时代已经降临，在商业、经济及其他领域中，决策将日益基于数据和分析而做出，而非基于经验和直觉。

3. 大数据的特征

舍恩伯格·库克耶在《大数据时代》一书中定义大数据：不用随机分析法（抽样调查）这样的捷径，而采用所有数据进行分析处理。大数据的"4V"特点：Volume（大量）、Velocity（高速）、Variety（多样）、Value（价值），如图7-3所示。

（1）数据体量巨大（Volume）（图7-4）

大数据首要特征体现为"量大"，存储单位从GB到TB，直至PB、EB。1 PB = 1 024 TB，1 EB = 1 024 PB。大数据的重点不在于"大"，而在于"用"。

图7-3　大数据的"4V"特点

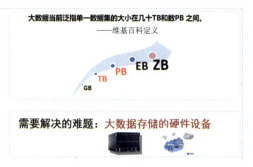

图7-4　数据体量巨大

(2) 数据类型多样性（Variety）（图 7-5）

丰富的数据来源导致大数据的形式多样，这要求大数据的存储管理系统能适应对各种非结构化数据进行高效管理的需求。在人类活动产生的全部数据中，仅有非常小的一部分（1%）数值型数据得到深入分析和挖掘，而占总量近 60% 的语音、图片、视频等非结构化数据则难以有效分析。

(3) 价值密度低（Value）（图 7-6）

价值密度的高低与数据总量的大小成反比。以视频为例，一部 1 h 的视频，在连续不间断的监控中，有用数据仅有一两秒，如何通过强大的机器算法迅速地完成数据的价值"提纯"，成为目前大数据背景下急待解决的难题。

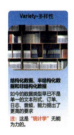

图 7-5　数据类型多样性（Variety）

图 7-6　价值密度低（Value）

(4) 处理速度快（Velocity）

大数据对处理数据响应的速度有严格要求：处理速度快，需对数据实时分析，数据输入处理几乎要求无延迟。

任务 7.1.2　大数据技术

1. 大数据关键技术

大数据技术围绕大数据产业链在技术角度涉及的 4 个环节而展开。主要分为大数据采集，大数据存储、管理和处理，大数据分析和挖掘，大数据呈现和应用。大数据领域已经涌现出了大量新的技术，它们成为大数据采集、存储、处理和呈现的有力武器，如图 7-7 所示。

(1) 大数据采集（图 7-8）

大数据采集技术指通过 RFID 射频数据、传感器数据、社交网络交互数据、移动互联网数据和应用系统数据抽取等技术获得的各种类型的结构化、半结构化和非结构化的海量数

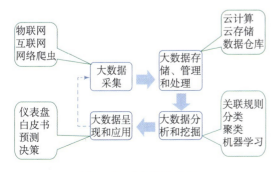

图 7-7　大数据产业链

图 7-8　大数据采集

据,是大数据知识服务模型的根本,也是大数据的关键环节。按获取的方式不同,大数据采集分为设备数据采集和互联网数据采集。

(2) 大数据存储管理和处理

大数据在存储管理之前进行数据预处理,包括数据清理、数据转换、数据集成、数据规约。大数据存储是利用存储器把经过预处理后的数据存储起来,建立相应的数据库,形成数据中心,并进行管理和调用。分布式文件系统在大数据领域是最基础、最核心的功能组件。人们常用的分布式磁盘文件系统是 HDFS(Hadoop 分布式文件系统)、GFS(Google 分布式文件系统)、KFS(Kosmos 分布式文件系统)等;常用的分布式内存文件系统是 Tachyon 等,如图 7 – 9 所示。

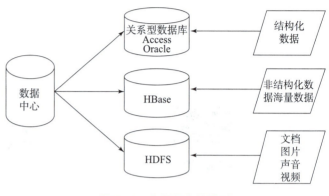

图 7 – 9　大数据存储模型

(3) 大数据分析和挖掘

大数据处理主要是分布式数据处理技术,它与分布式存储形式及业务数据类型有关。目前主要的数据处理计算模型包括 MapReduce 分布式计算框架、分布式内存计算系统、分布式流计算系统等,如图 7 – 10 所示。

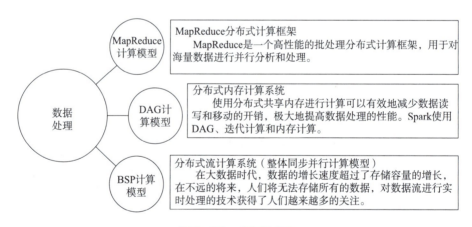

图 7 – 10　大数据处理

大数据分析是大数据技术的核心,是提取隐含在数据中的,人们事先不知道的,但又存在潜在价值的信息和知识的过程。大数据分析技术包括对已有数据信息进行分析的分布式统计分析技术,以及对未知数据信息进行分析的分布式挖掘和深度学习技术。分布式统计分析技术基本可由数据处理技术直接完成,而分布式挖掘和深度学习技术则可以进一步细分为关联分析、聚类、分类和深度学习。

(4) 大数据呈现和应用

大数据服务于决策支持场景下,将分析结果直观呈现给用户,是大数据分析的重要环节。大数据应用中，一般由机器根据数据直接应用分析结果，而无须人工干预，这种场景下，展现环节非必要环节。

2. 大数据典型案例解析——朝阳大悦城的大数据运用案例

步骤1：通过 WiFi + 微信的登入方式获取客户消费数据。

①会员分析。朝阳大悦城在商场的不同位置安装了将近 200 个客流监控设备，并通过 WiFi 站点的登录情况获知客户的到店频率，通过与会员卡关联的优惠券得知受消费者欢迎的优惠产品。

②建立信息关联，提供针对性服务。微信用户捆绑实体会员卡，会员的消费数据、阅读行为、会员资料互通后，更好地了解消费者的消费偏好和消费习惯，从而更有针对性地提供一系列会员服务。

步骤2：大数据助力大悦城转型"预测型销售"。

通过对大数据的分析，可以充分掌握每家店铺的详细特征，从而进一步根据其特点进行销售规划。需要按商业逻辑进行深入细致的分析，根据商户的商业特点和潜力进行销售规划。"大数据"在这一销售过程中起到了至关重要的作用，成功帮助大悦城由传统的商业型销售转变为以大数据为主导的预测型销售。

大数据分析：显示两家店的销售额相同，进一步进行数据分析可以发现，第一家的客流量较大，提袋率较高，但是客单价相对较低；第二家店客流量较低，提袋率也不是非常高，但是客单价相对较高。

原因分析：第一家商户属于低价产品快速行销，第二家商户则属于通过有忠诚度的消费者进行单次购买来支撑销售。可以想象，若想提升两家商户的销售额，第二家商户就要提高交易笔数，而对于第一家商户，只要客流量继续提升，就能够起到增加销售额的效果。

销售策略：第一家商户的销售提升手段可以是促销型活动，而第二家商户的销售提升手段则是体验型活动。

步骤3：由传统营销的盲目宣传走向"智慧营销"。

在妇女节举办活动之前，首先对大悦城的女性消费群体进行了系统的数据分析，从大悦城女性会员消费情况分析中获取了大量有效的信息。通过数据分析发现，这些女性消费者多数到店频率较高，而购买消费金额较低。多数消费者属于日常工作压力较大，工作相对较紧张的工作人群。妇女节这天，这些女性消费者往往希望放假，但很多公司可能由于各种原因无法休假。大悦城就策划了一次"你逛街，我付工资"的活动。在妇女节这天，为到店的前二十名女性支付北京市基本工资的半天工资。

效果：活动策划完毕后，便在大悦城的微信和微博上进行相应宣传。活动一经发布，就得到了大悦城众多女性消费者相当高效的传播。这项活动的成功策划也为大悦城带来了喜人的效果，"这项活动策划实施经费实际上不过 3 000 多元支出，但是当天客流增长了近 68%，销售额增加了 50% 左右。报道和传播的品牌收益更是不可估量"。

3. 大数据应用

（1）工业应用

工业大数据采取科学的大数据技术，涉及工业设计、生产管理等流程，让工业系统拥有各种智能化模块,如诊断、预测、描述、控制等。

研发设计环节：通过大数据的科学分析,合理处理好产品数据,构建企业级产品数据库,满足工程组织设计相关要求。

供应链环节：通过射频识别技术、产品电子识别技术、互联网技术等得到完整产品供应链大数据,不断优化供应链,采用科学数据分析工具、预测工具提升商业运营、用户体验。

生产制造环节：智能生产,在生产线配置传感器,采集数据资料,实现生产过程实时监测,将工厂从被动式管理走向智能网络化管理,有效控制生产成本。

（2）农业应用

大数据在农业领域应用非常广泛,主要应用于农业生产智能化,如运用地面观测传感器、遥感和地理信息技术等,加强农业生产环境、生产设施和动植物本体感知数据的采集,汇聚和关联分析,完善农业生产进度智能监控体系,加强农植保肥、农药、饲料、疫苗、农机作业等相关数据实时监测与分析。

大数据应用于农业资源环境精准检测、农业自然灾害预测预报、动物疫情和植物病虫害监测预警、农业产品质量安全全程追溯、农作物种业全产业链信息查询和可追溯、农产品产销信息监测预警、农业科技创新数据资源云平台等。

（3）教育应用

大数据将成为驱动未来教育发展新引擎,解学校治理之困。大数据正在成为学校治理现代化新途径,可运行和维护学校各类人事信息教育经费办学条件和服务管理的数据,全方位整合、分析、研判这些数据,为学校科学管理提供数据支撑。助精准教学之力,利用大数据技术,能全面、真实、动态记录教育教学全过程,通过数据分析与应用,有力改变传统教育教学模式,使精准教学成为可能,帮助学生更准确地认识自我、发展自我。

（4）医疗应用

大数据促进精准医疗,通过全面分析病人特征数据和疗效数据,比较多种干预措施的有效性,个性化地为病人出具诊疗方案。远程病人监控,对慢性病人的远程监控系统收集数据,并将分析结果反馈给监控设备,从而确定今后的用药和治疗方案。大数据的使用可以改善公共健康监控,公共卫生部门通过覆盖全国的患者电子病历数据库快速检测传染病,进行全面的疫情监测,并通过集成疾病监测和响应程序加速进行响应。

（5）政府治理和民生应用

运用大数据提升政府治理能力,推进政府政务服务模式创新；通过大数据推进政府管理和社会治理,实现政府决策,科学社会治理精准化、公共服务高效化；充分利用大数据技术和手段,更好地解决社会治理和民生服务痛点、难点。

项目7.2　云计算

项目目标

- 理解云计算概念
- 了解云计算的服务模式 IaaS、PaaS、SaaS
- 了解云计算技术

单元 7　新一代信息技术

项目描述

每年的"双11"你"剁手"了吗？每年零点抢爆款在支付的时候拥堵感是否没有上一年的强？天猫、淘宝是如何响应同一时间的超大规模买卖的呢？仅百十个服务器、几百个计算资源，根本无法快速响应，这就需要通过云计算来处理。

任务7.2.1　理解什么是云计算

如今云计算频繁出现在人们的视野中，越来越多的应用都建立在云平台上，如天猫、淘宝、美团、携程、12306等。实际上，云服务已近诞生了十多年，已经应用到各行各业中。灵活的调度、强大的计算能力、低廉的价格，使得云计算成为潮流，那么什么是云计算呢？

1. 云计算概念

（1）"云"是什么？

"云"是云计算服务模式和技术的形象说法。"云"是由大量基础单元组成的，这些基础单元之间通过网络汇聚为庞大的资源池，可以看作一个庞大的网络系统、一个云内可以包含数千甚至上万个服务器。

（2）云计算的定义

云计算是一种通过网络统一组织和灵活调用各种ICT（信息与通信技术）信息资源，实现大规模计算的信息处理方式。云计算利用分布式计算和虚拟资源管理等技术，通过网络将分散的ICT资源（包括计算与储存、应用运行平台、软件等）集中形成共享资源池，以动态按需和可度量方式向用户提供服务。用户可使用各种形式的终端（如PC、平板电脑、智能手机、智能电视等）通过网络获取ICT资源服务。

（3）云计算具备四方面核心特征

①网络连接，"云"不在用户本地，要通过网络接入"云"才可以使用服务，"云"内节点之间也通过内部高速网络相连。

②ICT资源共享，"云"内ICT资源并不为某一个用户所专有，而是通过一定方式让符合条件的用户实现共享。

③快速、按需、弹性服务方式，用户可按实际需求迅速获取或释放资源，可根据需求对资源进行动态扩展。

④服务可测量，服务提供者按照用户对资源的使用量计费。

2. 云计算服务模式

云计算是一种新的技术，也是一种新的服务模式。根据云计算服务提供的资源不同，可划分为3类：基础设施即服务（IaaS）、平台即服务（PaaS）、软件即服务（SaaS）。

（1）IaaS：基础设施即服务

IaaS就是云计算模式将IT基础设施即IT硬件资源和操作系统的虚拟化封装成服务给用户使用。把虚拟化的资源做成资源池，然后把资源池的多种资源组装成虚拟机供应给用户使用，如亚马逊的AWS弹性计算云EC2和简单存储服务S3。在IaaS中给用户提供虚拟机，这个虚拟机的资源有CPU、内存、硬盘、存储、网络等，用户相当于使用裸机和磁盘，可以运行不同的操作系统，可以做任何想做的事情。同时，IaaS负责虚拟机供应过程、运行状态的监控和计量等工作，如图 7-11 所示。供应商有亚马逊、阿里云等。

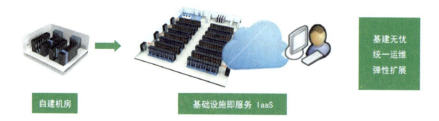

图 7-11 基础设施即服务

（2）PaaS：平台即服务

PaaS 提供了一个开发和部署平台，用来在云计算中运行应用程序。

例如，开发人员在设计高扩展性系统时，通常必须写大量的代码来处理缓存、进行异步消息传递和数据库扩展等工作；而在许多 PaaS 解决方案中，开发人员可以根据使用 API（操作系统留给应用程序的一个调用接口）接入大量第三方解决方案，提供类似故障转移、高服务等级协议等一系列服务，从而快速市场化，无须消耗大量的人力、物力来思考解决方案及进行后期的管理和维护工作，如图 7-12 所示。供应商有微软、谷歌等。

图 7-12 平台即服务

（3）SaaS：软件即服务

SaaS 将特定的应用软件功能封装成服务，它是专门为某些用途的服务而调用的。SaaS 不像 PaaS 一样提供计算或存储类的服务，也不像 IaaS 一样提供虚拟机服务，它提供的是应用软件方面的服务。典型的如 Salesforce 公司提供的在线客户关系管理 CRM 服务，如图 7-13 所示。供应商有 SalesForce.com（CRM）、Clarizen.com（项目管理）等。

图 7-13 软件即服

任务7.2.2　云计算技术

1. 云存储技术

与传统的存储设备相比，云存储不仅是一个硬件，还是一个由网络设备、存储设备、服务器、应用软件、公用访问接口、接入网和客户端程序等多个部分组成的复杂系统。各部分以存储设备为核心，通过应用软件来对外提供数据存储和业务访问服务。云存储系统的结构由4层组成。

分布式存储与传统的网络存储并不完全一样，传统的网络存储系统采用集中的存储服务器存放所有数据，存储服务器成为系统性能的"瓶颈"，不能满足大规模存储应用的需要。分布式网络存储系统采用可扩展的系统结构，利用多台存储服务器分担存储负荷，利用位置服务器定位存储信息，它不但提高了系统的可靠性、可用性和存取效率，还易于扩展。

在当前的云计算领域，Google 的 GFS 和 Hadoop 开发的开源系统 HDFS 是比较流行的两种云计算分布式存储系统。

GFS（Google File System）技术：谷歌的非开源的 GFS（Google File System）云计算平台满足大量用户的需求，并行地为大量用户提供服务，使得云计算的数据存储技术具有高吞吐率和高传输率的特点。

HDFS（Hadoop Distributed File System）技术：大部分 ICT 厂商，包括 Yahoo、Intel 的"云"计划采用的都是 HDFS 的数据存储技术。未来的发展将集中在超大规模的数据存储、数据加密和安全性保证及继续提高 I/O 速率等方面。

2. 虚拟化技术

虚拟化是云计算最重要的核心技术之一，它为云计算服务提供基础架构层面的支撑，是 ICT 服务快速走向云计算的最主要驱动力。

从技术上讲，虚拟化是一种在软件中仿真计算机硬件，以虚拟资源为用户提供服务的计算形式，旨在合理调配计算机资源，使其更高效地提供服务。它把应用系统各硬件间的物理划分打破，从而实现架构的动态化，实现物理资源的集中管理和使用。虚拟化的最大好处是增强系统的弹性和灵活性，降低成本、改进服务、提高资源利用效率。

（1）服务器虚拟化

将服务器物理资源抽象成逻辑资源，让一台服务器变成几台，甚至上百台相互隔离的虚拟服务器，不再受限于物理上的界限，而是让 CPU、内存、磁盘、I/O 等硬件变成可动态管理的"资源池"，从而提高资源的利用率，简化系统管理，实现服务器整合。

（2）网络虚拟化

网络虚拟化技术将硬件设备和特定的软件结合，以创建和管理虚拟网络。网络虚拟化将不同的物理网络集成为一个逻辑网络，或让操作系统分区，具有类似于网络的功能。

3. 编程模式

从本质上讲，云计算是一个多用户、多任务、支持并发处理的系统。高效、简捷、快速是其核心理念，它旨在通过网络把强大的服务器计算资源方便地分发到终端用户手中，同时保证低成本和良好的用户体验。在这个过程中，编程模式的选择至关重要。云计算项目中分布式并行编程模式将被广泛采用。

分布式并行编程模式创立的初衷是更高效地利用软、硬件资源，让用户更快速、更简单地使用应用或服务。在分布式并行编程模式中，后台复杂的任务处理和资源调度对于用户来说是透明的，这样用户体验能够大大提升。MapReduce 是当前云计算主流并行编程模式之一。MapReduce 模式将任务自动分成多个子任务，通过 Map 和 Reduce 两步实现任务在大规模计算节点中的高度与分配。

MapReduce 是 Google 开发的 Java、Python、C++ 编程模型，主要用于大规模数据集（大于 1TB）的并行运算。MapReduce 模式的思想是将要执行的问题分解成 Map（映射）和 Reduce（化简）的方式，先通过 Map 程序将数据切割成不相关的区块，分配（调度）给大量计算机处理，达到分布式运算的效果，再通过 Reduce 程序将结果汇整输出。

4. 大规模数据管理

处理海量数据是云计算的一大优势，而如何处理则涉及很多层面的内容，因此，高效的数据处理技术也是云计算不可或缺的核心技术之一。对于云计算来说，数据管理面临巨大的挑战。云计算不仅要保证数据的存储和访问，还要能够对海量数据进行特定的检索和分析。由于云计算需要对海量的分布式数据进行处理、分析，因此，数据管理技术必须能够高效地管理大量的数据。

Google 的 BT（BigTable）数据管理技术和 Hadoop 团队开发的开源数据管理模块 HBase 是业界比较典型的大规模数据管理技术。

（1）BT（BigTable）数据管理技术

BigTable 是非关系的数据库，是一个分布式的、持久化存储的多维度排序。BigTable 与传统的关系数据库不同，它把所有数据都作为对象来处理，形成一个巨大的表格，用来分布存储大规模结构化数据。BigTable 的设计目的是可靠地处理 PB 级别的数据，并且能够部署到上千台机器上。

（2）开源数据管理模块 HBase

HBase 是 Apache 的 Hadoop 项目的子项目，定位于分布式、面向列的开源数据库。HBase 不同于一般的关系数据库，它是一个适合非结构化数据存储的数据库。另一个不同是，HBase 采用的是基于列的而不是基于行的模式。作为高可靠性分布式存储系统，HBase 在性能和可伸缩方面都有比较好的表现。利用 HBase 技术可在廉价 PC Server 上搭建起大规模结构化存储集群。

5. 分布式资源管理

云计算采用了分布式存储技术存储数据，那么自然要引入分布式资源管理技术。在多节点的并发执行环境中，各个节点的状态需要同步，并且在单个节点出现故障时，系统需要有效的机制来保证其他节点不受影响。而分布式资源管理系统恰是这样的技术，它是保证系统状态的关键。

另外，云计算系统所处理的资源往往非常庞大，少则几百台服务器，多则上万台，还可能跨越多个地域。此外，云平台中运行的应用也数以千计，如何有效地管理这批资源，保证它们正常提供服务，需要强大的技术支撑。因此，分布式资源管理技术的重要性可想而知。

全球各大云计算方案/服务提供商们都在积极开展相关技术的研发工作。其中，Google 内部使用的 Borg 技术很受业内称道。另外，微软、IBM、Oracle/Sun 等云计算巨头都有相应解决方案提出。

项目 7.3　区块链

项目目标
- 理解区块链的概念
- 了解区块链的特性
- 了解区块链的应用

项目描述

2019 年，"区块链"一词上榜十大热搜榜，越来越多的人谈论区块链，那么区块链技术又将如何改善人们的生活的呢？

任务 7.3.1　解读区块链

1. 比特币与区块链

2008 年 1 月 1 日，一个自称"中本聪"的人在一个隐秘的密码学讨论邮件组上贴出了一篇研究报告，阐述了他对电子货币的新构想。比特币就此问世，区块链也随之产生，但区块链并不等同于比特币，而是比特币及加密数字货币的底层实现技术体系。

比特币作为区块链的第一个应用，其交易信息都被记录在去中心化的账本上，这个账本就是区块链。如果把区块链类比成一个实体账本，那么每个区块就相当于账本中的一页，每 10 min 生成一页新的账本，每页账本上记载着比特币网络的交易信息。每个区块之间依据数码学原理，按照时间顺序依次相连，形成链状结构，因此得名"区块链"。

2. 区块链概念

区块链是一种由多方共同维护，使用密码学保证传输和访问安全，能实现数据一致存储，难以篡改，防止抵赖的记账技术，也称为分布式账本技术。

区块链技术是一种多学科跨领域的技术，涉及操作系统、网络通信、密码学、数学、金融、生产等。区块链是分布式数据存储、点对点传输、共识机制、加密算法等计算机技术在互联网时代的创新应用模式。

3. 区块链特性

区块链特性包括去中心、透明性和可溯源性、不可篡改性等。

（1）去中心化

与传统中心化系统不同的是，区块链中并不是由某一个特定中心处理数据的记录、存储和更新。每一个节点都是对等的，整个网络数据维护都由所有节点共同参与。在传统中心化系统中，如果攻击者攻击中心节点，将导致整个网络不可控，区块链的去中心化特点提高了整个系统的安全性。

举例来说，你给别人的转账，不会因为转账机构要放假，所以延迟几天到账；不会因为记账机构要盈利，所以要付很高的手续费；更不会因为记账机构作弊而受到损失。因为记账是全网共同进行的，你给别人转账记录的账本，不会因为你这里或者对方那里的账本数据丢失而无法统一，因为这个账本是全网共同维护，每个全节点都有备份。

（2）透明性和可溯源性

在区块链中，所有交易公开，任何节点都可以得到一份区块链上的所有交易记录，除了交易双方私有信息被加密，否则，区块链上数据都可以通过公开接口查询。又因区块链以时间序列记录数据，保证了用户可溯源交易。

（3）不可篡改性

区块链所有信息一旦通过验证、共同识别并写入区块链之后，这个数据是不可篡改的，如果篡改数据，代价很大且难实现。

任务 7.3.2 区块链的应用

1. 区块链适用场景

作为一项新兴技术，区块链具有在诸多领域展开应用的潜力，技术上去中心化、难以篡改鲜明特点，使其在限定场景中具有较高的应用价值。

区块链技术广泛应用于金融服务、供应链管理、文化娱乐、智能制造、社会公益及教育就业等经济社会各领域，必将优化各行业的业务流程、降低运营成本、提升协同效率，为经济社会转型升级提供系统化支撑，如图 7-14 所示。

图 7-14 区块链应用生态圈

2. 区块链经典应用

（1）区块链+食品安全

新发布的《食用农产品市场销售质量安全监督管理办法》调整了产地准出与市场准入机制，要求入市提供可溯源凭证和合格证明文件，无法提供可溯源凭证的食用农产品不能上市销售，从而保障食用农产品的来源信息可追溯。

案例:一票通食品安全追溯

一票通食品安全追溯解决方案是利用云计算、物联网、大数据、区块链等技术为源头种养殖企业、生产加工企业、流通物流企业、终端零售企业及政府监管部门精心打造的集应用、监管、服务于一体的信息化解决方案。采取"一票通"模式,提供上家准出、下架准入证明,构成食品供应链追溯链条,如图7-15所示。

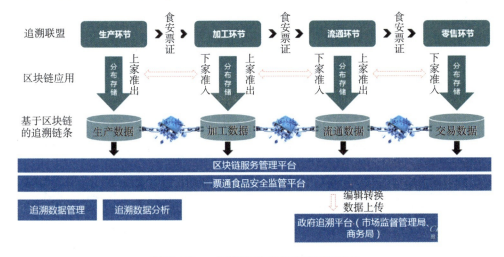

图7-15 一票通食品安全追溯解决方案

(2)区块链+金融

区块链最先应用于金融行业,其特点和特征能极大降低金融服务成本,提升金融服务效率。众多金融机构早已开展区块链技术研究与应用,并将其作为金融科技核心技术之一,这使得区块链技术在交易结算、贸易金融、股权、票据、金融衍生品、信贷、反洗钱反诈骗、供应链金融等多个领域的应用受到从业者广泛关注。

案例:区块链上的 P2P 交易所

由于 P2P 网贷平台风险频发,跑路的 P2P 企业数量大幅增加,北京、上海、深圳等地均在 2016 年年初暂停了 P2P 企业的注册。这一事件充分说明了目前我国的互联网金融、P2P 票据企业仍然处于不成熟的状态。

区块链技术应用于 P2P 票据交易所有四个好处:一是提升票据、资金、理财计划等相关信息的透明度;二是重建公众、政府及监管部门对 P2P 票据交易所的信心;三是降低 P2P 票据交易所的监管成本;四是推进服务实体的经济发展。

步骤1:将票据资产数字化,建立票据托管机制。

通过区块链技术实现票据资产数字化,然后引入托管银行。在 P2P 票据交易中,由托管银行发布票据托管、托收、款项收回等信息,确保交易资产真实、有效,确保票据的托收及收回款项的及时、准确、可信赖。

步骤2:专家团集中评审,建立信用评级机制。

P2P 票据交易所应当积极发挥自身的引领作用,然后找第三方外部专家团集中评审票据承兑人或持票人的信用状况,建立完整的信用评级机制。信用评级机制为 P2P 票据交易所健康、有序发展提供了前提条件。

步骤3：建立区块交易模式，创新P2P交易手段。

区块链技术可以将P2P票据的评级、托管、登记、认购、转让、结清等环节作为一个完整的交易闭环来处理。区块链分布式账本的记账方式可以及时、有效地推进P2P票据交易的达成，不仅提升了交易效率，还能保证票据及资金的安全。

步骤4：保证全程公开透明，建立投融资信任机制。

区块链交易模式保证了全程公开透明，实现对交易所的标的票据、交易资金、托收资金、理财计划实时监控与信息发布，建立了有效的投融资信任机制，为P2P票据交易所的发展壮大提供了有利条件。

（3）区块链＋医疗健康

各地方医疗服务机构保存大量居民健康数据、药品来源信息、电子保单等重要敏感信息，利用区块链技术安全可靠的分布式记账技术可以防止敏感信息的丢失。区块链作为一种多方维护、全量备份、信息安全的分布式记账技术，为医疗数据共享带来了创新思路。区块链的特性使系统不会出现单点失效情况，很好地维护了系统的稳定性。

案例：区块链电子处方

蚂蚁金服和上海复旦大学附属华山医院推出首个区块链处方方案。以内分泌科为试点，患者可直接通过支付宝的华山医院生活号进行线上就诊，医生线上开具处方，药品直接送货上门。通过区块链，电子处方线、线上开药、配药、送药、签收药物等流程都将被记录，不可篡改且可追溯，也可避免处方滥用问题。

（4）区块链＋社会公益

区块链利用分布式技术和共识算法，重新构造一种信任机制。公益流程的相关信息如捐赠项目、募集明细、资金流向、受助人反馈等，均可存放于区块链上。在满足项目参与者隐私保护及其相关法律法规的要求基础上，有条件的，公开公示。公益组织、支付机构、审计机构均可加入区块链系统节点，以联盟形式运转，方便公众和社会监督，让区块链真正成为"新任机器"，助力社会公益加快健康发展

案例：为听障儿童募集资金——支付宝与公益基金合作

2016年7月，支付宝与公益基金会合作，在其爱心捐赠平台上线设立了第一个基于区块链的公益项目，为听障儿童募集资金，帮助他们"重获新声"。在该项目中，捐赠人可以看到一项"爱心传递记录"反馈信息，在必要隐私保护基础上，展示自己捐款从支付平台划拨到基金会账号，以及最终进入受助人指定账号的整个过程。所有信息都来源于区块链数据，从技术上保障了公益数据真实性，帮助公益项目节省信息披露成本。

项目7.4　虚拟现实

📌 项目目标

- 理解区块链的概念
- 了解区块链的特性、核心技术
- 了解区块链的应用

项目描述

当《清明上河图》遇上虚拟现实,就有了高科技互动艺术展演《清明上河图3.0》,观展者可以轻松入画,跟随张择端细腻的笔触,品味当年汴京街头流动的盛宴。虚拟现实已经全面进入人们的生活,将会点亮更加智慧、美好的未来。

任务7.4.1 如真如幻——虚拟现实

虚拟现实并非新概念,早在20世纪80年代就已被提出并应用于模拟军事训练中。与单一的人机交互模式不同,虚拟现实旨在建立一个完全仿真的虚拟空间,提供沉浸性、多感知性、交互性的互动体验,正因如此,虚拟现实被视作下一代信息技术集大成者和计算平台。

近年来,伴随着大数据、云计算、人工智能等技术日趋成熟,虚拟现实的应用场景不断拓展。身临其境的VR电影,足不出户的VR购物,用于辅助治疗的VR医疗,打造沉浸式课堂的VR教育……蓬勃发展的虚拟现实技术,大有"飞入寻常百姓家"的趋势。

1. 虚拟现实概念

虚拟现实(Virtual Reality,VR)从概念上讲,就是一种综合计算机图形技术、多媒体技术、传感器技术、人机交互技术、网络技术、立体显示技术及仿真技术等多种技术而发展起来的通过模拟产生逼真的虚拟世界,给用户提供完整的视觉、听觉、触觉等感官体验,让用户身临其境地实现在自然环境下的各种感知的高级人机交互技术。

理想的VR技术可以对情境进行全方位的"重现"乃至"创造",包括对情境下特有的感官,如视像、声音气味、触感等做出精确的模拟。例如,4D电影就是一种较为初级的VR技术,观众不但可以通过3D眼镜获得与现实世界相同的三维视效,而且能够随着影片情节的进展获得其他相应的感官体验,如在电影展示地震情节时,影院的座椅也会颤动。

2. 虚拟现实特性

虚拟现实具有多感知性。根据美国国家科学院院士J. Gibson提出的概念模型,人的感知系统可划分为视觉、听觉、触觉、嗅/味觉和方向感五个部分,虚拟现实应当在视觉、听觉、触觉、运动、嗅觉、味觉方面向用户提供全方位体验。中国通信标准化协会编制的《云化虚拟现实总体技术研究白皮书(2018)》指出,虚拟现实体验具有3I特征,分别是沉浸感(Immersion)、交互性(Interaction)、想象性(Imagination)。

①沉浸感,是利用计算机产生的三维立体图像,让人置身于一种虚拟环境中,就像在真实客观世界中一样,给人一种身临其境的感觉。

②交互性,在计算机生成的这种虚拟环境中,可利用一些传感设备进行交互,像在真实客观世界中互动一样。

③想象性,虚拟环境可使用户沉浸其中,从而萌发联想。

3. 虚拟现实核心技术

虚拟现实的建模、显示、传感、交互等重点环节提升了虚拟现实体验感。动态环境建模、实时三维图形生成、多元数据处理、实时动作捕捉、实时定位跟踪、快速渲染处理等是虚拟现实的关键技术。虚拟现实核心硬件包括视觉图形处理器(GPU)、物理运算处理器(PPU)、高性能传感处理器、新型近眼显示器件。

虚拟现实的核心技术包括：

（1）近眼显示技术

实现 30 PD（每度像素数）单眼角分辨率、100 Hz 以上刷新率、毫秒级响应时间的新型显示器件及配套驱动芯片的规模量产。发展人类光学系统，解决因辐合调节冲突、画面质量过低等引发的眩晕感。加速硅基有机发光二极管、微发光二极管、光场显示等微显示技术的产业化储备，推动近眼显示向高分辨率、低时延、低功耗、广视角、可变景深、轻薄小型化等方向发展。

（2）感知交互技术

加快六轴及以上 GHz 惯性传感器、3D 摄像头等的研发与产业化。发展鲁棒性强、毫米级精度的自内向外追踪定位设备及动作捕捉设备。加快浸入式声场、语音交互、眼球追踪、触觉反馈、表情识别、脑电交互等技术的创新研发，优化传感融合算法，推动感知交互向高精度、自然化、移动化、多通道、低功耗等方向发展。

（3）渲染处理技术

基于视觉特性、头动交互的渲染优化算法，高性能 GPU 配套时延优化算法的研发与产业化。新一代图形接口、渲染专用硬加速芯片、云端渲染、光场渲染、视网膜渲染等关键技术，推动渲染处理技术向高画质、低时延低功耗方向发展。

（4）内容制作技术

全视角 12 K 分辨率、60 帧/s 帧率、高动态范目（HDR）、多摄像机同步与单独曝光、无线实时预览等影像捕捉技术，以及高质量全景三维实时拼接算法，实现开发引擎、软件、外设与头显平台间的通用性和一致性。

4. VR 与 AR

早期学术界通常在 VR 研讨框架下提出 AR 主题，随着产业界在 AR 领域持续发力，部分从业者从 VR 概念框架抽离出 AR。两者在关键器件、终端形态上相似性较大，在关键技术和应用领域上有所差异。VR 通过隔绝式音、视频内容带来沉浸感体验，对显示画质要求较高；AR 强调虚拟信息与现实环境的"无缝"融合，对感知交互要求较高。VR 侧重于游戏、视频、直播与社交等大众市场，AR 侧重于工业、军事等垂直应用。广义上虚拟现实 VR 包含增强现实 AR，狭义上彼此独立。

任务7.4.2　VR+

虚拟现实融合应用多媒体、传感器、新型显示、互联网和人工智能等多领域技术，能拓展人类感知能力，改变产品形态和服务模式，给经济、科技、文化、军事、生活等领域带来深刻影响。随着计算机图像处理、移动计算、空间定位和人机交互等技术快速发展，虚拟现实开始全面进入人们生活，这一轮虚拟现实热潮，涵盖工业生产、医疗、教育、娱乐等多个领域，也进一步向艺术领域渗透。

1. VR + 购物

案例 1：Myer 的虚拟现实百货商店

据报道，美国老牌电商 eBay 宣布与澳大利亚零售商 Myer 合作推出全球首个 VR 虚拟现实百货商店。在 Myer 的虚拟现实百货商店中，消费者可以通过"eBay 视觉搜索"随意浏览或者挑选商品，还可以在线购买 12 500 种商品。在购买时，消费者只需要注视自己想要的商品几秒钟，便可将其放入购物车内，整个购买过程十分简单。如今 eBay 拥有 1.65 亿的活跃用户，预期很快超过 2 亿用户。

案例 2：阿里巴巴的 Buy + 计划

2016 年，阿里巴巴也在"双 11"活动之际全面启动 Buy + 计划，消费者可以在 Buy + 计划中利用虚拟现实技术在 VR 环境中购物，增强购物真实性，一扫原先网络购物真实性欠缺的弱势，将彻底颠覆传统购物体验。对此，阿里巴巴的首席营销官董本洪在接受采访时说："Buy + 使用 VR 加 AR 技术，将提高用户的购物舒适度，使购物更加便捷，阿里巴巴将使用这些技术来促进市场变革。"

2. VR + 教育

案例：北京黑晶科技有限公司 VR 超级教室

北京黑晶科技有限公司针对 VR 教育市场推出的超级教室解决方案，以教室实际教学需求为基础，通过 VR/AR 技术重新制作并显现教学内容。VR 超级教室分为 AR 超级教室和 VR 超级教室。

（1）AR 超级教室（主要针对幼儿园、小学课堂）

利用 AR 技术，将教学内容进行立体互动式转化，通过联合教育专家为幼小教育机构定制的系列 AR 科普、AR 英语、AR 美术等课程内容平台并匹配系列辅助教具（神卡王国、星球大冒险、美术棒等产品）方式构建一个"立体生动"的超级教室，旨在充分发挥 AR 技术虚实融合、实时交互、三维跟踪特点，根据不同学科需求有针对性地开发 AR 课程。

（2）VR 超级教室（初中、高中教育）

将 VR 虚拟现实技术应用于初、高中阶段教学，将传统难以理解的知识点以虚拟场景呈现，通过 VR 虚拟设备，让学生沉浸于虚拟情境的交互学习，提升学生对知识点的理解和领悟能力。

3. VR + 文化

案例：百度用 AR"复活"

故宫推出了高科技互动艺术展览《清明上河图 3.0》。进入展厅，就步入了一场跨越千年的"梦回大宋"之旅，长 36 m、高 4.8 m 的《清明上河图》巨幅互动长卷在墙上缓缓流动。画中 814 个角色、上百个大小客船、车马树木，都是全手工描线勾勒，极致还原了原作的质感。

4. VR + 医疗健康

案例：柳叶刀客

上海医微讯数字科技有限公司推出的"柳叶刀客"模拟手术工具 App，结合虚拟现实技术与外科手术，让用户可身临其境地进行手术学习、观摩和模拟训练。柳叶刀客基于不同手术学习场景，设计手术模拟和 360° VR 全景视频直播/录播两大功能。手术模拟分为教学和考核模式。教学模式根据配音提示，指导用户进行虚拟手术操作，学习完之后，可进入考核模式，系统根据用户的操作准确度打分，达到一定积分后，可解锁进阶手术场景。同时，

App 支持通过消费购买方式解锁、360°VR 全景视频直播/录播功能实现较为复杂，需多路摄像机协同拍摄，包括 30°全景摄像机、3D 摄像机及腹腔镜、电子显微镜等，还要保证相机镜头与拍摄场景安全距离。

5. VR + 制造

案例：数字孪生

数字孪生（Digital Twin）是充分利用物理模型、传感器更新、运行历史等数据，集成多学科、多物理量、多尺度、多概率的仿真过程，在虚拟空间中完成映射，反映相对应的实体装备的全生命周期过程。2018 年 11 月，在第七届国防科技工业试验与测试技术发展战略高层论坛上，中国工程院院士刘永才表示，数字孪生是一个双向进化的过程，是现实世界和数字虚拟世界沟通的"桥梁"。物理实体运行的数据是数字虚拟的"营养液"，数字虚体的模拟或数字指令信息输送到实体，达到诊断或预防的目的。数字孪生是用数据馈送来映射物体实体的技术，是现实世界中物理实体的配对数字虚体。

单元综合实训七

1. 谈谈你对大数据的认识。
2. 谈谈你身边云计算的应用。
3. 谈谈你对区块链的理解。
4. 谈谈你对虚拟现实核心技术的理解。

高手支招